KB000015
사람은 누구나 창의적이랍니다!
창의력 과학 의
세계로 오심을
환영합니다 !!

결국은 창의력입니다.

창의력은 유익하고 새로운 것을 생각해 내는 능력입니다.
창의력의 요소로는 자기만의 의견을 내는 독창성, 다른 주제와 연관성을 나타내는 융통성, 여러 의견을 내는 유창성, 조금 더 정확하고 치밀한 의견을 내는 정교성, 날카롭고 신속한 의견을 내는 민감성 등이 있습니다.
한편, 각종 입시와 대회에서는 창의적 문제해결력을 측정하고 평가합니다.
최근 교육계의 가장 큰 이슈가 되고 있는 STEAM 교육도 서로 별개로 보아 왔던 과학, 기술 분야와 예술 분야를 융합할 수 있는"창의적 융합인재 양성"을 목표로 하고 있습니다.

창의력과학 세페이드 시리즈는 과학적 창의력을 강화시킵니다.

창의력과학 세페이드 시리즈의 구성

1F 2F 3F 4F 5F

1F 중등 기초(상,하)

물리(상,하) 화학(상,하)

과학을 처음 접하는 사람
과학을 차근차근 배우고 싶은 사람
창의력을 키우고 싶은 사람

2F 중등 완성(상,하)

물리(상,하) 지구과학(상,하)
화학(상,하) 생명과학(상,하)

중학교 과학을 완성하고 싶은 사람
중등 수준 창의력을 숙달하고 싶은 사람

3F 고등 I (상,하)

물리(상,하) 지구과학(상,하)
화학(상,하) 생명과학(상,하)

고등학교 과학 I 을 완성하고 싶은 사람
고등 수준 창의력을 키우고 싶은 사람

4F 고등 II (상,하)

물리(상,하) 지구과학(상,하)
화학(상,하) 생명과학(상,하)

고등학교 과학 II 을 완성하고 싶은 사람
고등 수준 창의력을 숙달하고 싶은 사람

5F 실전 문제 풀이

물리, 화학, 생물, 지구과학

고급 문제, 심화 문제, 융합 문제를 통한
각 시험과 대회를 대비하고자 하는 사람

1. 고개를 숙인다.
2. 고개를 든다.
3. 뛰어간다.
4. 무한상상한다.

세페이드

3F. 지구과학(상)

윤찬섭
무한상상 영재교육 연구소

〈온라인 문제풀이〉

「스스로실력높이기」는 동영상 문제풀이를 합니다.

http://cafe.naver.com/creativeini

▶ 배너 아무 곳이나 클릭하세요.

무한상상 http://cafe.naver.com/creativeini

단원별 내용 구성

이론 - 유형 - 창의력 - 과제 등의 단계별 학습으로 가장 효과적인 자기주도학습이 가능합니다. 새로운 문제에 도전해 보세요!

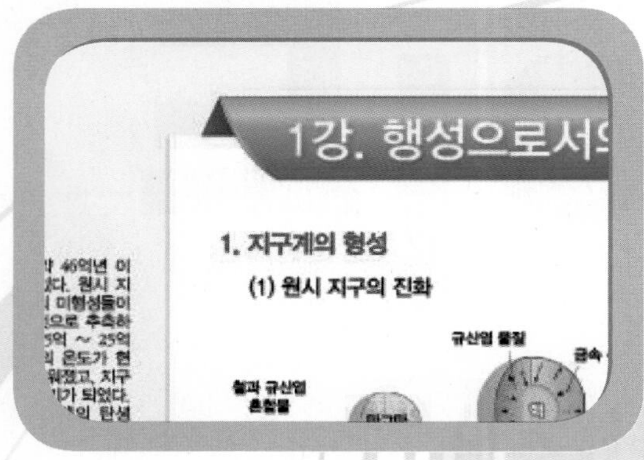

1.강의

관련 소단원 내용을 4~6편으로 나누어 강의용/학습용으로 구성했습니다. 개념에 대한 이해를 돕기 위해 보조단에는 풍부한 자료와 심화 내용을 수록했습니다.

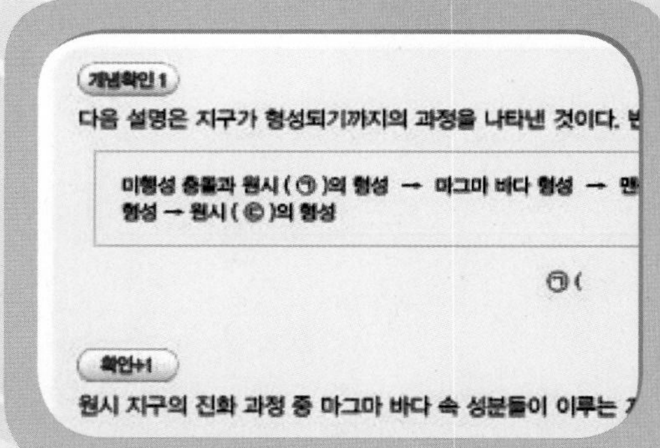

2.개념확인, 확인+,

강의 내용을 이용하여 쉽게 풀고 내용을 정리할 수 있는 문제로 구성하였습니다.

3.개념다지기

관련 소단원 내용을 전반적으로 이해하고 있는지 테스트합니다. 내용에 국한하여 쉽게 해결할 수 있는 문제로 구성하였습니다.

4. 유형익히기 하브루타

관련 소단원 내용을 유형별로 나누어서 각 유형에 따른 대표 문제를 구성하였고, 연습문제를 제시하였습니다.

5.창의력 & 토론 마당

주로 관련 소단원 내용에 대한 심화 문제로 구성하였고, 다른 단원과의 연계 문제도 제시됩니다. 논리 서술형 문제, 단계적 해결형 문제 등도 같이 구성하여 창의력과 동시에 논술, 구술 능력도 향상할 수 있습니다.

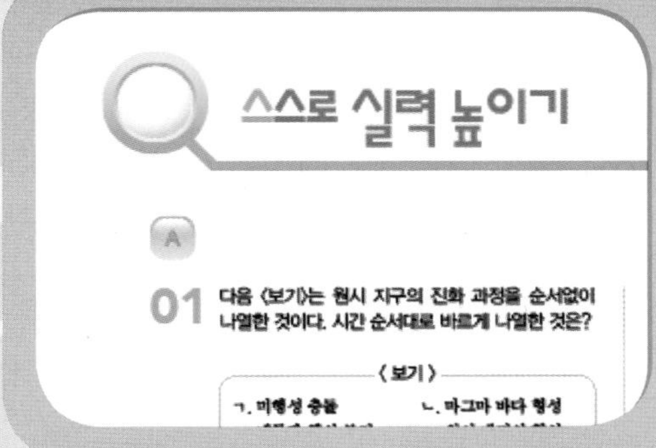

6.스스로 실력 높이기

A단계(기초) – B단계(완성) – C단계(응용) – D단계(심화)로 구성하여 단계적으로 자기주도 학습이 가능하도록 하였습니다.

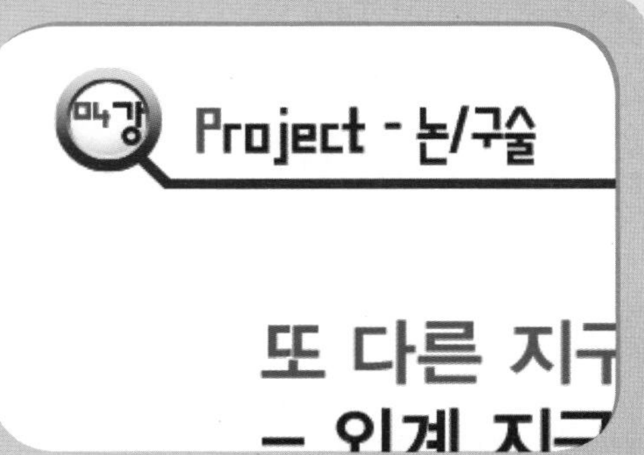

7.Project

대단원이 마무리될 때마다 읽기 자료, 실험 자료 등을 제시하여 서술형/논술형 답안을 작성하도록 하였고, 단원의 주요 실험을 자기주도적으로 실시하여 실험보고서 작성을 할 수 있도록 하였습니다.

CONTENTS / 목차

3F. 지구과학(상)

1.지구

2. 고체 지구의 변화

3F. 지구과학(하)

1. 유체 지구의 변화

2. 천문학

I

지구

약 46억 년 동안 지구에서는 어떤 일들이 벌어졌을까?

1강. 행성으로서의 지구

1. 지구계의 형성

(1) 원시 지구의 진화

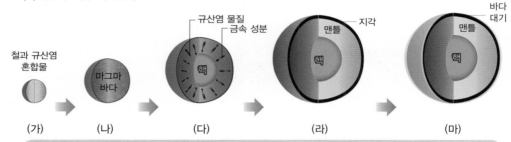

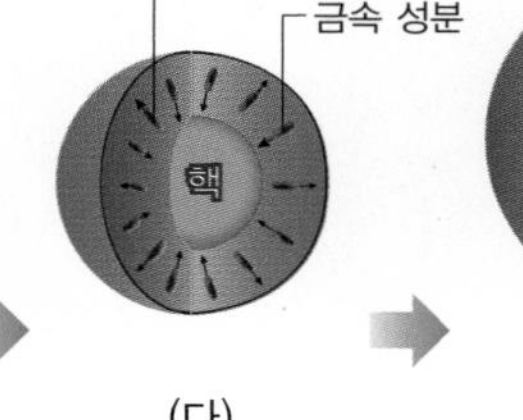

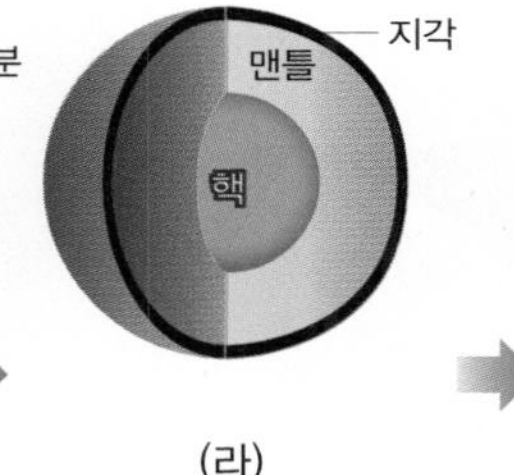

(가) 미행성 충돌과 원시 대기의 형성 → (나) 마그마 바다 형성 → (다) 맨틀과 핵의 분리 → (라) 원시 지각, 바다 형성 및 원시 대기의 진화

(가) **미행성 충돌과 원시 대기의 형성** : 수많은 미행성체들이 충돌하면서 크기가 점점 커져서 원시 지구의 크기가 달의 크기 정도까지 되었다. 이때 미행성체에 포함되어 있던 수증기, 이산화 탄소, 수소 등이 방출되면서 원시 대기를 이루었다.

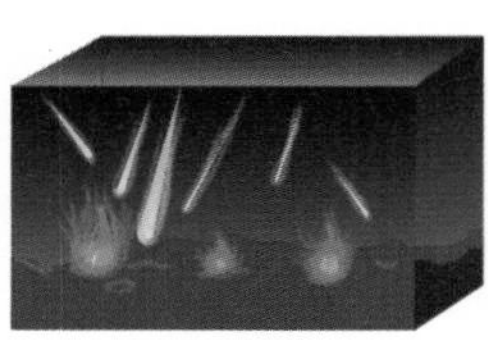
▲ (가)

(나) **마그마 바다 형성** : 미행성체들의 충돌에 의한 열에너지와 원시 대기의 수증기로 인한 온실효과로 인하여 지구를 구성하고 있는 모든 물질들이 녹아 마그마 바다가 형성되었다.

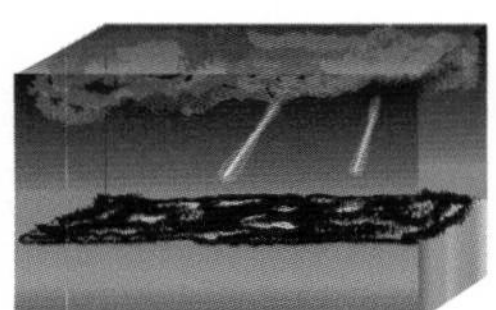
▲ (나)

(다) **맨틀과 핵의 분리** : 마그마 바다 속 철과 니켈과 같은 무거운 금속 성분들은 중심으로 가라앉아 핵을 이루고, 상대적으로 가벼운 규산염 물질들은 핵의 바깥쪽으로 맨틀을 이루었다.

(라) **원시 지각, 바다 형성** : 미행성체들의 충돌이 줄어들면서 지구의 온도가 내려갔고, 대기 중에 있던 수증기가 비로 되어 내리면서 지표가 더욱 냉각되어 원시 지각을 형성하였다. 이때 내린 비와 마그마에서 빠져나온 물은 원시 바다를 형성하였다.

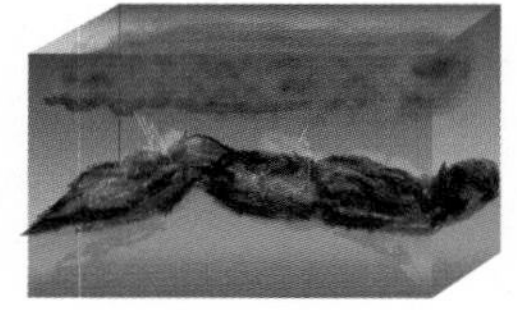
▲ (라)

개념확인 1

다음 설명은 지구가 형성되기까지의 과정을 나타낸 것이다. 빈칸에 각각 알맞은 말을 쓰시오.

> 미행성 충돌과 원시 (㉠)의 형성 → 마그마 바다 형성 → 맨틀과 핵의 분리 → 원시 (㉡)의 형성 → 원시 (㉢)의 형성

㉠ (　　　　), ㉡ (　　　　), ㉢ (　　　　)

확인+1

원시 지구의 진화 과정 중 마그마 바다 속의 다음 성분들이 이루는 지권의 구조를 각각 쓰시오.

(1) 철과 니켈과 같은 무거운 금속 성분들 (　　)

(2) 상대적으로 가벼운 규산염 물질들 (　　)

지구의 나이

지구의 나이는 약 46억 년이라고 추정하고 있다. 원시 지구는 태양 주위의 미행성들이 뭉쳐서 탄생한 것으로 추측하고 있으며, 약 35억 ~ 25억 년 전쯤에 지표의 온도가 현재의 온도와 가까워졌고, 지구 환경도 안정한 시기가 되었다. 지구의 원시 생명체의 탄생 시기도 이즈음인 35억 년 전이다.

지구의 크기 변화

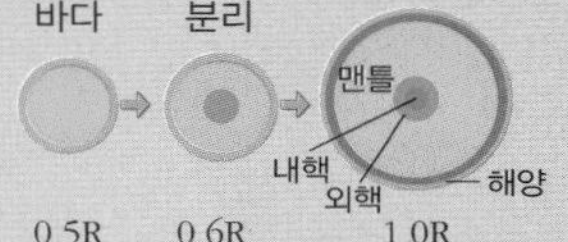

(R : 현재 지구의 반지름)

태양계 행성의 내부 구조

주로 철과 니켈로 이루어진 핵이 있고, 규산염으로 이루어진 맨틀이 있다.(지구는 외핵과 내핵으로 구분)

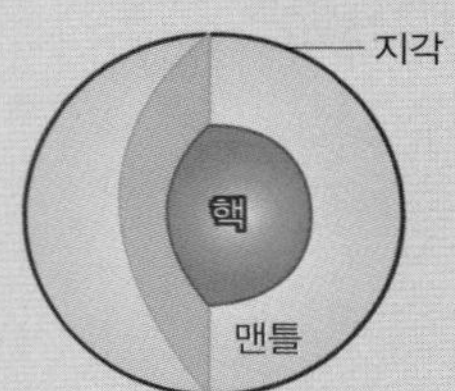

▲ 금성의 내부 구조

목성은 금속성 수소가 암석질로 이루어진 핵을 둘러싸고 있다.

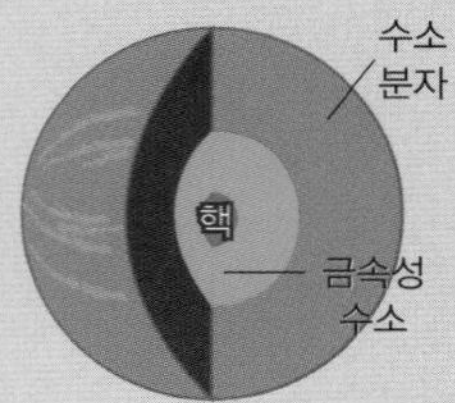

▲ 목성의 내부 구조

미니사전

미행성체 [微 작다 － 행성체] 반지름 10km 정도, 질량은 10^{15}g 정도의 작은 천체로, 이것이 충돌하여 합쳐지면서 원시 행성으로 성장

2. 원시 지구 환경의 변화

(1) **원시 지각의 변화** : 지표면의 냉각으로 형성된 원시 지각은 해양 지각과 대륙 지각의 구분이 없었다. 지구 내부의 맨틀에서 대류가 일어나면서 지각 변동이 활발해지게 되어 초기의 원시 지각은 대부분 소멸하였고, 대륙 지각(화강암질)이 형성되었다. 이후 풍화, 침식, 퇴적 작용으로 오늘날의 지각으로 진화하였다.

(2) **원시 바다의 변화** : 원시 바다의 해저에서도 화산 분출이 활발하게 일어나면서 해양 지각(현무암질)을 형성하였다. 이때 많은 양의 염화 이온이 원시 바닷속으로 녹아들어 갔고, 강한 산성의 비와 강물이 육지의 지각으로부터 나트륨, 마그네슘, 칼슘 등의 광물질들을 녹여서 바다로 운반하여 현재와 같은 바닷물을 만들게 되었다.

(3) **원시 대기의 변화** : 원시 대기는 미행성 충돌과 화산 활동으로 방출된 기체들인 수증기, 이산화 탄소, 수소, 메테인, 암모니아 등으로 이루어졌을 것으로 추정된다.

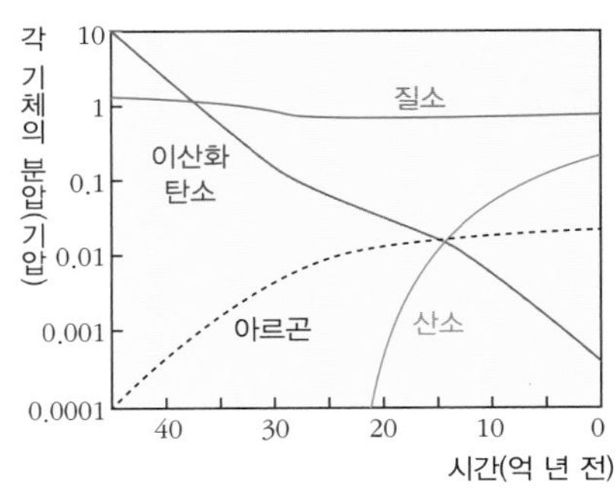

▲ 대기의 조성 변화

산소	생물의 광합성에 의해 대기 중에 공급되기 시작하였다. 또한, 수증기가 강한 햇빛을 받아 수소와 산소로 분해되기도 하였다.
이산화 탄소	초기 원시 대기의 주요 성분으로 바다가 형성된 후 많은 양이 바닷물에 용해되면서 석회암을 형성하였다.
질소	대기 중 함량 변화가 거의 없다. 화산 가스 외에 암모니아의 분해로도 생성되었다.

(4) **생물계의 변화** : 원시 생명체는 태양풍과 자외선을 피해 원시 바다에서 출현하였으며 광합성을 하여 바다에 산소를 공급하였다. 이후 대기 중 산소의 양이 늘어나면서 생명체의 진화가 급격히 이루어졌고, 오존층이 형성된 이후에는 육상 생물이 등장하였다.

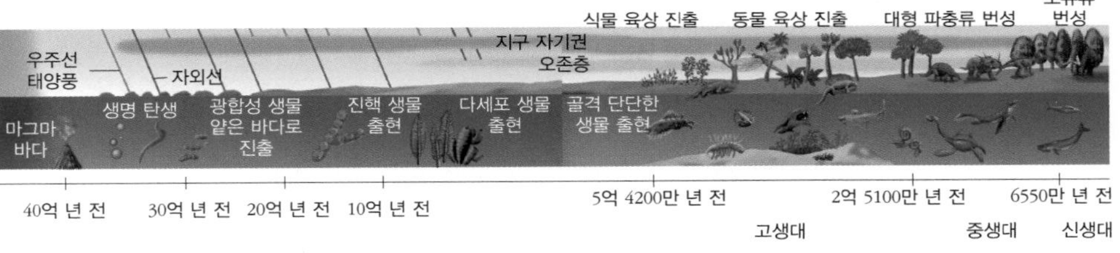

개념확인 2 정답 및 해설 02쪽

원시 지구 환경의 변화에 대한 설명으로 옳은 것은 ○표, 옳지 않은 것은 ×표 하시오.

(1) 원시 지각이 대륙 지각으로 변하였다. ( )

(2) 원시 대기의 이산화 탄소가 바닷물에 용해되면서 석회암을 형성하였다. ( )

(3) 원시 바닷물과 현재 바닷물의 성분은 동일하다. ( )

확인+2

육상 생물이 등장한 것은 대기 중 산소의 양이 늘어나면서 형성된 이것 때문이었다. 이것은 무엇인가?

( )

대륙 지각과 해양 지각

대륙 지각은 밀도 약 2.7 g/cm³ 인 화강암질이며, 해양 지각은 밀도 약 3.0 g/cm³ 인 현무암질로 구성된다. 대륙 지각은 더 가벼우므로 지각 평형을 이루기 위해 해양 지각보다 더 두껍다.

대기 중 아르곤의 변화

아르곤은 원시 지구가 형성될 당시 화산 활동으로 인하여 방출된 기체이다. 원시 지각이 형성된 후 화산 활동이 줄어들면서 거의 일정하게 유지되었다.

대기 중 산소의 축적 과정

약 35억년 전 바닷속에 나타난 해조류의 광합성에 의해 대기 중에 산소가 축적되기 시작하였다.

약 4억년 전 광합성 식물이 번성하기 시작하면서 대기 중의 산소가 충분해지기 시작하였고, 축적된 산소에 의해 오존층이 형성되면서 산소 호흡을 하는 동물들이 육상에서 살 수 있게 되었다.

오존층은 자외선을 차단한다.

지표면으로부터 13~50km 사이의 성층권에 분포하는 오존층은 태양광 중 자외선을 흡수하여 지표면의 생명체를 보호한다. 오존층이 형성된 이후에 육상 생물이 등장한 이유이다.

3. 생명체가 살 수 있는 지구

(1) **생명 가능 지대(골디락스 지대)** : 항성의 둘레에서 물이 액체 상태로 존재할 수 있는 거리의 범위를 말한다.

① **중심별의 질량에 따라** : 중심별(항성)의 질량이 클수록 광도가 크므로 생명 가능 지대가 중심별에서 멀어지고 그 폭은 넓어진다.

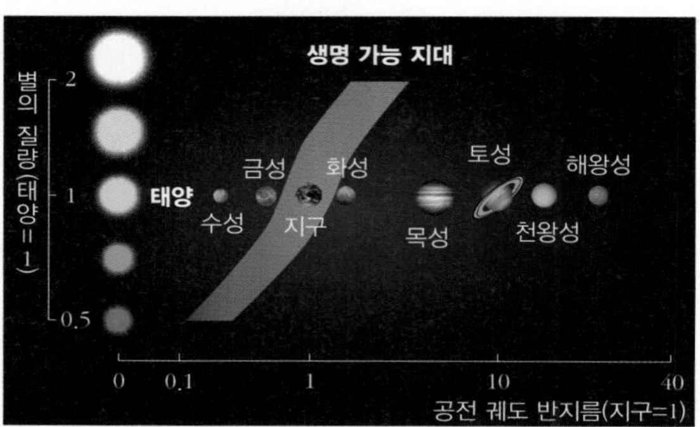

▲ 별의 질량에 따른 생명 가능 지대 범위 : 별과 행성들의 크기는 실제 비례와 맞지 않다.

② **중심별과 행성 사이의 거리에 따라** : 중심별(항성)과의 거리가 멀면 물이 얼음이 되고, 너무 가까우면 물이 모두 증발하게 된다.

(2) **지구에 생명체가 살 수 있는 조건**

① **액체 상태의 물이 존재** : 항성인 태양에서 적당한 거리만큼 떨어져있기 때문에 액체 상태의 물이 존재한다.

② **지구 자전축의 경사** : 지구 자전축이 약 23.5° 기울어진채 공전하기 때문에 계절 변화가 생기고, 자전축의 경사각의 변화가 긴 시간에 걸쳐 서서히 변하므로 다양한 생명체들이 환경과 기후에 적응할 수 있다.

③ **대기와 자기장의 존재** : 적당한 두께의 대기(대기압)와 대기 구성 성분으로 인한 온실효과에 의해 적절한 온도가 유지되며, 자기장이 존재하여 자외선이나 방사선과 같은 해로운 우주선을 막아 주어 생명체를 보호해준다.

④ **지구 공전 궤도의 작은 이심률** : 지구 공전 궤도의 이심률이 작아서 일 년 동안 온도 변화가 크지 않기 때문에 생명체가 살기에 좋은 환경이다.

⑤ **태양의 충분한 수명** : 에너지원(태양)의 충분한 수명으로 지구에 지속적인 에너지가 공급된다.

⑥ **달의 인력** : 달의 인력은 지구 자전축의 기울기를 안정적으로 유지하는데 큰 역할을 하며 밀물과 썰물로 인하여 갯벌에 다양한 생명체들이 살 수 있게 되었다.

개념확인 3

항성의 둘레에서 물이 액체 상태로 존재할 수 있는 거리의 범위를 말하며, 골디락스 지대라고도 하는 과학 용어를 쓰시오.

( )

확인+3

지구에 생명체가 살 수 있는 조건이 아닌 것은?

① 액체 상태의 물이 있다.
② 지구 자전축이 기울어져있다.
③ 태양의 수명이 길다.
④ 지구 공전 궤도의 이심률이 크다.
⑤ 달에 의한 조석 현상이 일어난다.

중심별의 질량에 따른 생명 가능 지대

· 별의 질량이 큰 경우(별의 질량이 클수록 별의 중심 온도가 높으며, 별의 광도가 증가한다.) : 별의 중심 온도가 높을수록 별 중심의 에너지 소모율도 높아지기 때문에 별의 수명이 짧아진다. → 생명체가 발생하여 진화할 만큼 충분한 시간 동안 에너지의 확보가 어렵다.

· 별의 질량이 작은 경우 : 생명 가능 지대가 중심별과 가까워진다. → 중심별의 영향으로 행성들의 자전 주기가 길어지고, 행성의 자전 주기가 공전 주기와 같아지게 된다. 결국 행성의 중심별을 향하는 면이 항상 같게 되어 낮과 밤이 없어지게 되므로 생명체가 살기가 어려워진다.

지구 자전축의 안정성

지구 자전축의 경사는 약 41,000년을 주기로 약 21.5° ~ 24.5° 사이에서 긴 시간에 걸쳐 서서히 변한다.

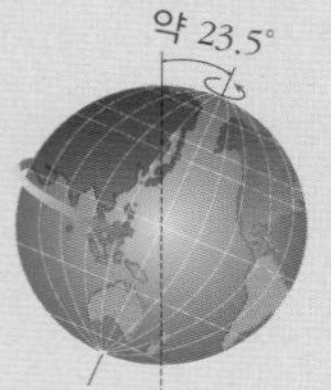

▲ 현재 지구 자전축의 경사

지구 공전 궤도 이심률

태양을 돌고 있는 지구의 공전 궤도 이심률은 0.017로 원에 가까운 타원으로, 약 10만 년을 주기로 원에 가까웠다가 타원으로 변한다.

미니사전

궤도 이심률 [軌 수레 道 길 離 떨어지다 心 중심 率 비율] 타원이 찌그러진 정도로 숫자가 작을수록 원에 가깝고, 클수록 많이 찌그러진 모양이라는 것을 의미

4. 지구와 다른 행성의 환경 비교

(1) 금성, 지구, 화성의 물리적 특성 비교 : 태양계의 금성과 화성은 지구와 생성 원인이 비슷하지만 환경은 지구와 매우 다르다.

구분	금성	지구	화성
태양과의 거리	1억 750만 km	1억 5000만 km	2억 2800만 km
	0.7AU	1AU	1.5AU
적도 반지름	6,051.80 km	6,378.14 km	3,396.20 km
	0.95	1	0.53
질량	4.8690×10^{24} kg	5.9742×10^{24} kg	6.4191×10^{23} kg
	0.82	1	0.11
평균 밀도	5.24g/cm^3	5.51g/cm^3	3.93g/cm^3
평균 온도	480℃	15℃	−63℃
자전 주기	243일	23시간 56분	24시간 37분
자전축의 기울기	177°	23.5°	25.2°
주요 대기 성분	이산화 탄소, 질소	질소, 산소	이산화 탄소, 질소
대기압	95기압	1기압	0.01기압
물의 존재	없음	있음	거의 없음

(2) 금성에 생명체가 살 수 없는 이유

① **태양과의 거리** : 태양과의 거리가 너무 가까워 물이 모두 끓어 증발해버리기 때문에 액체 상태의 물이 존재할 수 없다.

② **높은 대기압과 짙은 이산화 탄소 농도** : 높은 대기압과 짙은 이산화 탄소의 농도로 인한 온실효과로 평균 온도가 너무 높기 때문에 물과 생명체가 모두 존재할 수 없다.

▲ 금성

(3) 화성에 생명체가 살 수 없는 이유

① **태양과의 거리** : 태양과의 거리가 너무 멀어 지표상의 물이 모두 얼어버리기 때문에 액체 상태의 물이 존재할 수 없다.

② **낮은 대기압과 낮은 이산화 탄소 농도** : 태양과의 거리가 멀기 때문에 대기 중의 이산화 탄소가 대부분 드라이아이스로 변하여 이산화 탄소 농도가 낮아지고, 대기압도 낮아 온실효과가 거의 없어 일교차가 매우 크기 때문에 생명체가 살 수 없는 환경이다.

▲ 화성

금성 자전축의 기울기
- 태양과 다른 행성의 인력에 의해 거꾸로 된 상태의 177 ° 를 루고 있다.
- 따라서 공전궤도면 상에서 금성은 다른 행성의 공전 방향과 반대인 동→서 로 자전한다.

액체 상태의 물
- 비열이 높아 많은 양의 열을 긴 시간 동안 보존할 수 있다.
- 다양한 물질을 녹일 수 있는 좋은 용매로 생명체가 탄생하고 진화할 수 있는 좋은 환경을 제공한다.
- 물은 얼음이 되면서 밀도가 감소하여 물 위에 뜨게 된다. 이 때문에 물 속 생물들이 겨울에 물 표면이 얼더라도 살아갈 수 있다.

외계 지적 생명체 탐사(SETI)

SETI는 'Search for Extra-Terrestrial Intelligencce'의 줄임말로 외계의 지적 생명체를 찾기 위한 전반적인 활동을 의미한다.

외계 행성으로부터 오는 전자기파를 찾거나 지구로 부터 전자기파를 보내서 외계 생명체를 찾는 것이 목적이다. 해외에서는 민간 기부자들의 도움으로 진행되고 있다.

아래의 사이트에 접속하면 활동에 참여할 수 있다.

⇨ http://setiathome.berkeley.edu/

개념확인 4 정답 및 해설 02쪽

금성에 생명체가 살 수 없는 이유에는 '금', 화성에 생명체가 살 수 없는 이유에는 '화'를 쓰시오.

(1) 태양과 너무 먼 거리 (　　)

(2) 높은 대기압과 짙은 이산화 탄소 농도 (　　)

확인+4

생명체가 살기 위한 행성에 꼭 필요한 것 한 가지는 무엇인가?

(　　　　　　　　)

개념 다지기

01 다음 중 원시 지구의 진화 과정에 대한 설명으로 옳은 것은?

① 원시 지각이 생성된 후 원시 대기가 형성되었다.
② 원시 바다가 생성된 후 원시 지각이 형성되었다.
③ 맨틀과 핵이 분리된 후 마그마 바다가 이루어졌다.
④ 원시 지각이 생성되면서 육상 생물이 살 수 있는 환경이 조성되었다.
⑤ 수많은 미행성체들이 충돌하면서 원시 지구의 크기가 달의 크기 정도까지 되었다.

02 지구에서 원시 바다가 형성된 과정에 대한 설명으로 옳지 않은 것은?

① 원시 바다에는 해저 화산 폭발로 다량의 기체가 용해되었다.
② 물의 순환에 의해 지각에 포함된 일부 성분들이 바다에 축적되었다.
③ 지구의 적절한 표면 온도가 바다를 형성하는 데 중요한 영향을 미쳤다.
④ 최초의 바다는 화산 활동에 의해 지구 내부에서 빠져나온 물로 형성되었다.
⑤ 원시 지구의 물은 미행성 충돌에 의해 방출된 수증기가 응결되어 생성되었다.

03 오른쪽 그래프는 지구 탄생 이후 현재까지 지구 대기의 성분 변화를 나타낸 것이다. 옳은 것만을 〈보기〉에서 있는 대로 고른 것은?

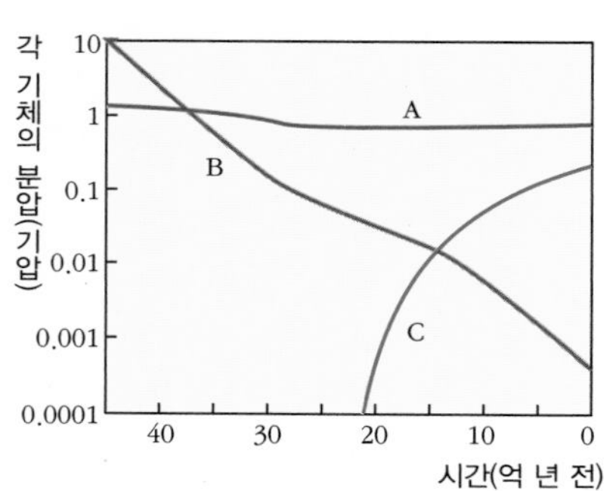

〈 보기 〉

ㄱ. A는 질소이다.
ㄴ. B가 감소한 주된 이유는 바닷물에 용해되었기 때문이다.
ㄷ. C가 증가한 이유는 광합성 생물의 출현으로 대기 중에 공급되었기 때문이다.

① ㄱ ② ㄱ, ㄴ ③ ㄴ, ㄷ ④ ㄱ, ㄷ ⑤ ㄱ, ㄴ, ㄷ

04 육상 생물이 등장할 수 있던 배경에 대한 설명으로 옳은 것은?

① 미행성의 충돌이 멈추었다.
② 지표면의 냉각으로 단단한 대륙 지각이 형성되었기 때문이다.
③ 대기 중의 산소의 양이 늘면서 오존층이 형성되었기 때문이다.
④ 초기 원시 대기의 성분 중 이산화 탄소의 양이 줄어들었기 때문이다.
⑤ 많은 양의 염화 이온이 원시 바닷속으로 녹아들어가 원시 해양 생물이 탄생할 수 있었다.

05

생명체가 살아가는 데 액체 상태의 물이 필요한 이유에 대한 설명으로 옳은 것은?

① 산소와 수소로 이루어져있기 때문이다.
② 비열이 낮아 온도 변화가 쉽기 때문이다.
③ 0℃에 물이 얼고, 100℃에 물이 끓기 때문이다.
④ 일정한 이산화 탄소 농도를 조절해주기 때문이다.
⑤ 다양한 물질을 녹일 수 있는 좋은 용매이기 때문이다.

06

생명 가능 지대에 대한 설명으로 옳은 것은?

① 중심별과의 거리와는 상관이 없다.
② 태양계에서는 금성, 지구, 화성이 속한다.
③ 중심별의 질량이 클수록 중심별에서 멀어지고 그 폭은 좁아진다.
④ 중심별의 질량이 작을수록 중심별에서 가까워지고 그 폭은 좁아진다.
⑤ 항성의 둘레에서 물이 고체, 액체, 기체 상태로 모두 존재할 수 있는 거리의 범위를 말한다.

07

지구에 생명체가 살 수 있는 조건으로 옳은 것만을 〈보기〉에서 있는 대로 고른 것은?

〈 보기 〉

ㄱ. 지각이 대륙 지각과 해양 지각으로 구분되었다.
ㄴ. 지구 자전축 경사각의 변화가 긴 시간에 걸쳐 서서히 변한다.
ㄷ. 적당한 두께의 대기와 자기장의 존재로 해로운 우주선을 막아주어 생명체를 보호한다.

① ㄱ ② ㄱ, ㄴ ③ ㄴ, ㄷ ④ ㄱ, ㄷ ⑤ ㄱ, ㄴ, ㄷ

08

금성에 생명체가 살 수 없는 이유에 설명으로 옳은 것은?

① 달과 같은 위성이 없다.
② 태양과의 거리가 너무 가깝다.
③ 물이 모두 얼음 상태로 존재한다.
④ 대기 중의 이산화 탄소 농도가 낮다.
⑤ 온실효과가 거의 없어 일교차가 매우 크다.

유형 익히기&하브루타

[유형1-1] 지구계의 형성

다음 그림은 원시 지구의 형성 과정을 나타낸 것이다. 이와 관련된 설명으로 옳지 않은 것은?

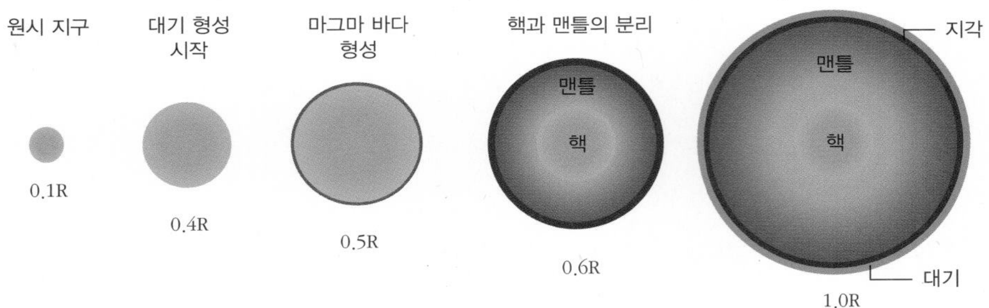

① 원시 지구는 미행성체의 충돌에 의해 점차 성장하였다.
② 맨틀과 핵의 분리 이후 더 이상 미행성의 충돌은 없었다.
③ 수증기가 응결하여 비로 내리면서 원시 해양이 형성되었다.
④ 마그마를 이루는 물질의 밀도 차이에 의해 핵과 맨틀의 분리가 일어났다.
⑤ 원시 대기가 형성될 당시 대기의 성분은 주로 수증기와 이산화 탄소였다.

01 다음 그림은 지구계의 형성 과정을 순서없이 나타낸 것이다. 각 과정을 바르게 나열한 것은?

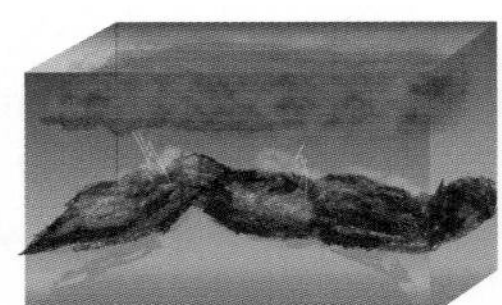
(가) 원시 지각, 바다 형성

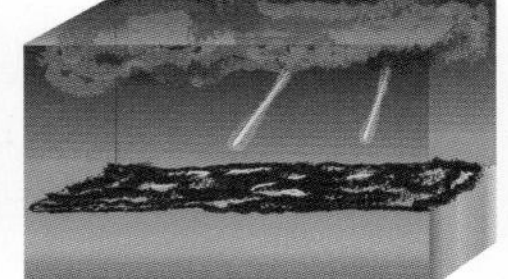
(나) 마그마 바다 형성

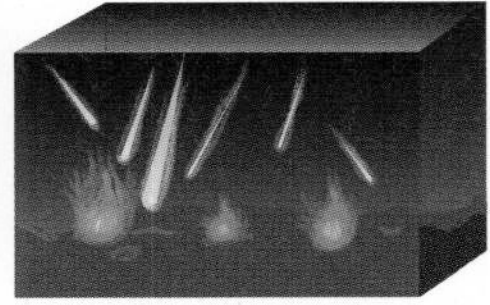
(다) 미행성 충돌

① (가) - (나) - (다)　② (가) - (다) - (나)　③ (나) - (가) - (다)
④ (나) - (다) - (가)　⑤ (다) - (나) - (가)

02 원시 지각이 형성된 원인에 대한 설명으로 옳은 것을 모두 고르시오. (2개)

① 미행성체들이 계속 충돌하면서 지각이 점점 두꺼워졌다.
② 미행성체들의 충돌이 줄어들면서 지구의 온도가 내려갔다.
③ 대기 중에 있던 수증기가 비로 되어 내리면서 지표를 냉각시켰다.
④ 원시 대기의 수증기로 인한 온실효과로 인하여 원시 지각이 형성되었다.
⑤ 마그마 바다의 밀도차에 의해 무거운 금속 성분들은 가라앉고, 상대적으로 가벼운 물질들은 바깥쪽으로 이동하면서 지각이 형성되었다.

[유형1-2] 원시 지구 환경의 변화

다음 그래프는 원시 지구가 탄생한 후 대기의 조성 변화를 나타낸 것이다. 이에 대한 설명으로 옳은 것은?

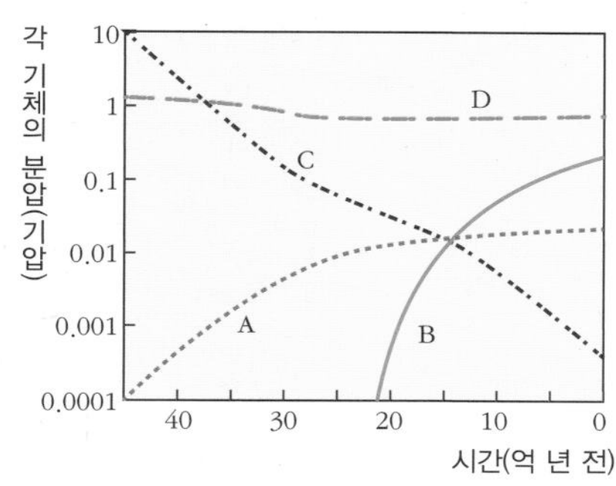

① A는 생물의 광합성에 의해 대기 중에 공급되기 시작하였다.
② B는 이산화 탄소이다.
③ C는 초기 원시 대기의 주요 성분으로 많은 양이 바닷물에 용해되면서 석회암을 형성하였다.
④ D는 화산 활동이 줄어들면서 거의 일정하게 유지되었다.
⑤ 대기의 조성과 생명체의 진화와는 전혀 상관이 없다.

03

원시 지구 환경의 변화에 대한 설명으로 옳은 것은?

① 원시 생명체는 육지에서부터 등장하였다.
② 원시 대기는 화산으로 방출된 기체들로만 이루어졌다.
③ 원시 바다의 해저에서 일어난 화산 활동으로 해양 지각이 형성되었다.
④ 원시 지각은 오늘날의 지각과 같이 대륙 지각과 해양 지각으로 구분되었다.
⑤ 많은 양의 염화 이온이 원시 바닷속으로 녹아 들어가서 현재와 같은 바닷물을 만들었다.

04

다음 〈보기〉는 생물계의 변화를 순서없이 나타낸 것이다. 시간의 순서대로 바르게 나열한 것은?

〈 보기 〉

ㄱ. 오존층이 형성되었다.
ㄴ. 육상 생물이 등장하였다.
ㄷ. 광합성에 의해 바다에 산소를 공급하였다.
ㄹ. 태양풍과 자외선을 피해 원시 바다에 생명체가 출현하였다.

① ㄱ - ㄴ - ㄷ - ㄹ ② ㄴ - ㄷ - ㄹ - ㄱ ③ ㄷ - ㄹ - ㄱ - ㄴ
④ ㄹ - ㄱ - ㄴ - ㄷ ⑤ ㄹ - ㄷ - ㄱ - ㄴ

유형 익히기&하브루타

[유형1-3] 생명체가 살 수 있는 지구

다음 그림은 중심별의 질량에 따른 생명 가능 지대를 나타낸 것이다. 이와 관련된 설명으로 옳은 것은?

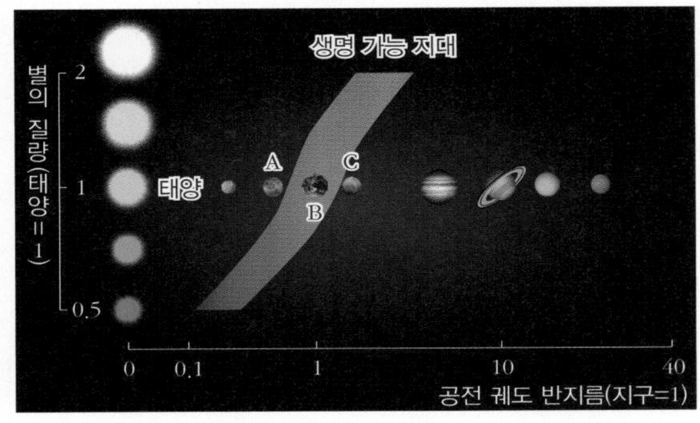

① B가 중심별이 된다.
② A와 C에도 생명체가 존재한다.
③ 중심별과의 거리가 멀면 행성의 물이 모두 증발해버린다.
④ 중심별의 질량이 작을수록 생명 가능 지대의 폭이 좁아진다.
⑤ 중심별의 질량이 클수록 생명 가능 지대가 중심별에서 가까워진다.

05 다음은 지구에 생명체가 살 수 있는 조건에 대한 설명이다. 빈칸에 들어갈 말이 바르게 짝지어진 것은?

> (1) 항성인 태양에서 적당한 거리만큼 떨어져있기 때문에 (㉠) 상태인 물이 존재한다.
> (2) 지구 공전 궤도의 이심률이 (㉡), 일 년 동안 온도 변화가 크지 않기 때문에 생명체가 살기에 좋은 환경이다.

	㉠	㉡
①	기체	작아
②	액체	작아
③	고체	작아
④	기체	커서
⑤	액체	커서

06 중심별의 질량이 클수록 주변 행성에서 생명체가 살기 어려워지는 이유에 대한 설명으로 옳은 것은?

① 중심별의 영향으로 낮과 밤이 없어지기 때문이다.
② 중심별의 영향으로 행성들의 자전 주기가 길어지기 때문이다.
③ 중심별의 영향으로 행성의 자전 주기와 공전 주기가 같아지기 때문이다.
④ 중심별의 에너지에 의해 물이 모두 증발하여 액체 상태의 물이 존재할 수 없기 때문이다.
⑤ 중심별의 수명이 짧아지기 때문에 생명체가 진화할 만큼 충분한 시간 확보가 어렵기 때문이다.

[유형1-4] 지구와 다른 행성의 환경 비교

다음 그림은 태양계 내에서 생성 원인이 비슷한 세 행성을 나타낸 것이다. 각 물음에 해당하는 행성을 고르시오.

(가)

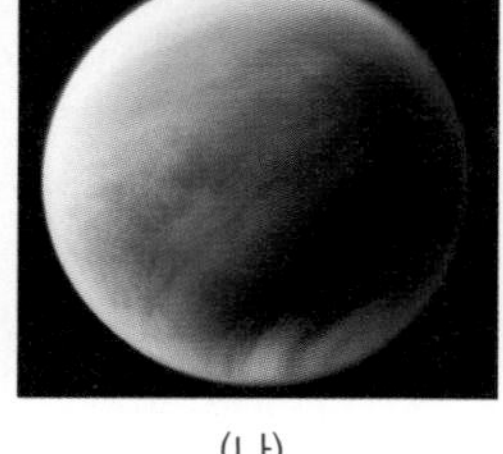
(나)

(다)

(1) 지구의 95배에 달하는 높은 대기압과 짙은 이산화 탄소 농도로 인한 온실효과로 평균 온도가 너무 높기 때문에 물과 생명체가 모두 존재할 수 없는 행성은?

( )

(2) 표면에 물이 흐른 흔적과 비슷한 지형은 있으나 태양과의 거리가 너무 멀어 지표상의 물이 모두 얼어버리기 때문에 액체 상태의 물이 존재할 수 없는 행성은?

( )

07

다음 그림은 화성이다. 화성에 생명체가 살 수 없는 이유에 설명으로 옳은 것은?

① 자전 주기가 지구와 비슷하기 때문이다.
② 지구와 가까운 곳에 위치해 있기 때문이다.
③ 태양과의 거리가 가까워 지표상의 물이 모두 끓어 증발해버리기 때문이다.
④ 낮은 대기압과 낮은 이산화 탄소 농도로 인하여 일교차가 매우 크기 때문이다.
⑤ 포보스와 데이모스라는 두 개의 위성이 화성 주위를 공전하고 있기 때문이다.

08

다음 표는 세 행성의 물리적 특성을 나타낸 것이다. 이에 대한 설명으로 옳은 것만을 〈보기〉에서 있는 대로 고른 것은?

구분	A	B	C
태양과의 거리	0.7AU	1AU	1.5AU
평균 온도	480℃	15℃	−63℃
주요 대기 성분	이산화 탄소, 질소	질소, 산소	이산화 탄소, 질소
대기압	95기압	1기압	0.01기압

〈 보기 〉

ㄱ. B에서는 액체 상태의 물이 존재할 수 있다.
ㄴ. C에서 대기 성분과 대기압으로 보아 생명체가 존재할 수 있다.
ㄷ. A의 대기압과 대기 성분으로 보아 온실 효과에 의해 평균 온도가 매우 높은 것을 알 수 있다.

① ㄱ ② ㄴ ③ ㄷ
④ ㄱ, ㄴ ⑤ ㄱ, ㄷ

01

미국의 천문학자이자 천체물리학자인 프랭크 드레이크는 1961년 '은하에 존재하는 통신 가능한 지구 밖 문명의 수'를 구하기 위한 방정식인 '드레이크 방정식'을 만들어 냈다. 이는 지구 밖에 있는 문명의 수를 추측하는 하나의 근거가 된다. 드레이크 방정식은 다음과 같다.

$$N = R_* \times f_p \times n_e \times f_l \times f_i \times f_c \times L$$

N = 통신 가능한 지구 밖 문명의 수
R_* = 1년 동안 형성되는 항성의 수
f_p = 행성을 가진 항성의 비율
n_e = 항성이 행성을 가진 경우 생명 가능 지대 안의 행성 수
f_l = 생명 가능 지대 범위 안에 있는 행성에서 생명이 탄생하는 비율
f_i = 탄생한 생명이 지적 생명체까지 진화하는 비율
f_c = 지적 생명체가 행성 간 통신을 하는 비율
L = 문명의 존속 기간

드레이크는 위의 드레이크 방정식을 이용하여 다음과 같이 순서대로 대입하여 계산을 하였다. 이를 참고로 하여 스스로 천체물리학자가 되어 은하에 존재하는 통신 가능한 지구 밖 문명의 수를 구해보시오.

$$N = 10 \times 0.5 \times 2 \times 1 \times 0.01 \times 0.01 \times 10{,}000 = 10$$

02

원시 지구는 태양계 성운에서 미행성체들의 충돌에 의한 열과 대기 중의 이산화 탄소와 수증기에 의한 온실효과로 인하여 온도가 점점 높아지게 되었다. 그 결과 지구 표면을 이루고 있던 암석들이 모두 녹아 마그마 바다를 이루었다. 이때 형성된 마그마는 철, 마그네슘, 칼슘이 많은 현무암질 마그마였다. 온도가 점점 올라가면서 내부의 방사성 물질도 붕괴되면서 지구 내부 물질들도 녹기 시작하였다. 모든 물질이 녹아 점성이 생기면서 밀도 차이에 따라 맨틀과 핵이 각각 형성되면서 층상 구조를 이룬 것이다.

만약 마그마 바다의 형성없이 지구가 바로 식어버렸다면 현재 지각의 암석에는 어떤 변화가 나타났을까?

창의력&토론마당

03 다음 그래프는 지구의 형성 초기부터 현재까지 지구 대기 조성비의 변화를 나타낸 것이다. 물음에 답하시오.

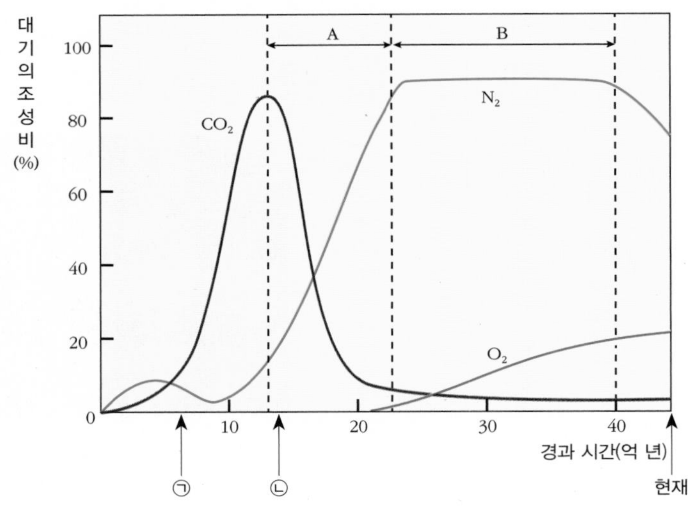

(1) 지각이 형성된 시기와 바다가 형성된 시기를 ㉠과 ㉡ 중 각각 고르시오.

지각 형성 시기 (　　　　　　)

바다 형성 시기 (　　　　　　)

(2) A시기와 B 시기에 대기 조성에 변화 과정과 그 이유를 각각 서술하시오.

04

다음 그래프는 중심별의 질량과 행성의 공전 궤도 반지름에 따른 생명 가능 지대의 분포를 나타낸 것이다. 다음 물음에 답하시오.

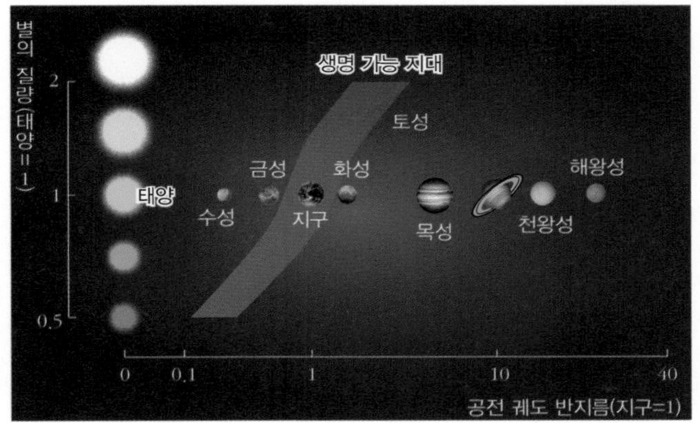

(1) 태양의 질량이 현재 질량의 2배가 되었을 때 생명 가능 지대의 범위의 변화에 대하여 서술하시오.

(2) 화성이 생명 가능 지대 범위에 들어가려면 어떠한 변화가 필요할까?

(3) 지구 주위를 돌고 있는 달도 생명 가능 지대 범위에 위치해 있지만 달에는 액체 상태의 물이 존재하지 않는다. 그 이유를 서술하시오.

스스로 실력 높이기

01 다음 〈보기〉는 원시 지구의 진화 과정을 순서없이 나열한 것이다. 시간 순서대로 바르게 나열한 것은?

〈 보기 〉
ㄱ. 미행성 충돌　ㄴ. 마그마 바다 형성
ㄷ. 맨틀과 핵의 분리　ㄹ. 원시 대기의 형성
ㅁ. 원시 바다 형성　ㅂ. 원시 지각 형성

① ㄱ - ㄴ - ㄷ - ㄹ - ㅁ - ㅂ
② ㄱ - ㄴ - ㄹ - ㅁ - ㅂ - ㄷ
③ ㄱ - ㄷ - ㄴ - ㄹ - ㅂ - ㅁ
④ ㄱ - ㄷ - ㄹ - ㄴ - ㅁ - ㅂ
⑤ ㄱ - ㄹ - ㄴ - ㄷ - ㅂ - ㅁ

02 다음 그림은 지구계의 형성 과정을 나타낸 것이다. 이에 대한 설명 중 옳은 것은 ○표, 옳지 않은 것은 ×표 하시오.

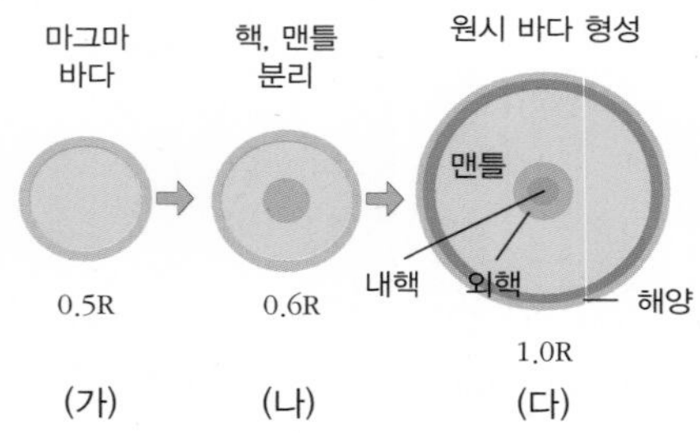

(1) 최초의 원시 지구는 (가)보다 크기가 컸다. ( )

(2) (가)와 (나) 과정 사이에 원시 대기가 형성되었다. ( )

(3) (나)와 (다) 과정 사이에 원시 지각이 형성되었다. ( )

(4) (가) 과정 이후에 미행성의 충돌이 멈추었다. ( )

03 다음은 지구계의 형성 과정 중 일부에 대한 설명이다. 빈칸에 알맞은 말을 각각 쓰시오.

미행성체들의 충돌에 의한 열에너지로 마그마 바다가 형성되었다. 이때 마그마 바다 속 철과 니켈과 같은 금속 성분은 (㉠)을 이루고, 상대적으로 가벼운 규산염 물질들은 (㉡)을 이루었다.

㉠ ( ), ㉡ ( )

04 원시 대기에서 많은 양을 차지했으나 원시 바다가 형성된 이후 대부분 바닷물에 녹아들어간 후 침전되어 석회암을 이루면서 급격히 그 양이 감소한 기체는 무엇인가?

( )

05 다음 빈칸에 알맞은 말을 고르시오.

원시 바다의 해저에서 화산 분출이 일어나면서 해양 지각이 형성되었다. 이때 많은 양의 (㉠ 염화 이온, ㉡ 수소 이온)이 원시 바닷속으로 녹아들어갔고, 육지의 지각으로부터 광물질들도 바다로 녹아들어가서 현재와 같은 바닷물을 만들게 되었다.

06 다음 그래프는 지구의 형성 시기부터 현재까지 대기의 조성 변화를 나타낸 것이다. 각 기호에 해당하는 기체를 각각 쓰시오.

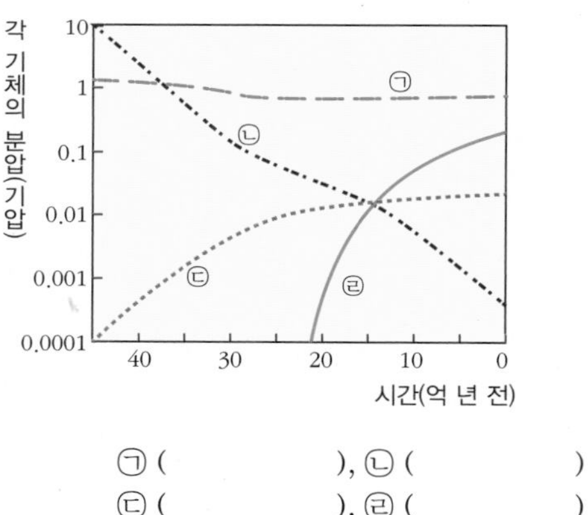

㉠ ( ), ㉡ ( )
㉢ ( ), ㉣ ( )

07 다음 빈칸에 알맞은 말을 고르시오.

지구는 지구 공전 궤도의 이심률이 (㉠ 커서, ㉡ 작아서) 일 년 동안 온도 변화가 (㉠ 작기, ㉡ 크기) 때문에 생명체가 살기에 좋은 환경이다.

08 다음 중 생명 가능 지대에 영향을 주는 것을 모두 고르시오.(2개)

① 중심별의 질량
② 중심별의 대기 환경
③ 중심별의 자전 주기
④ 중심별과 행성 사이의 거리
⑤ 중심별을 돌고 있는 행성의 공전 주기

09 다음 중 지구에 생명체가 살 수 있는 조건과 관련이 없는 것은?

① 달의 인력　② 지구 자기장
③ 지구 자전축　④ 태양의 수명
⑤ 지구의 수명

10 다음은 지구에 생명체가 살 수 있는 이유 중 하나에 대한 설명이다. 빈칸에 들어갈 말이 바르게 짝지어진 것은?

> 지구는 태양계에서 (㉠)과 (㉡) 사이에 존재하고 있기 때문에 액체 상태의 물이 존재할 수 있으므로 생명체가 살 수 있는 환경이 되었다.

	㉠	㉡
①	수성	금성
②	금성	화성
③	화성	목성
④	목성	토성
⑤	수성	토성

[11-12] 다음 그림은 지구계의 형성 과정을 순서없이 나타낸 것이다. 물음에 답하시오.

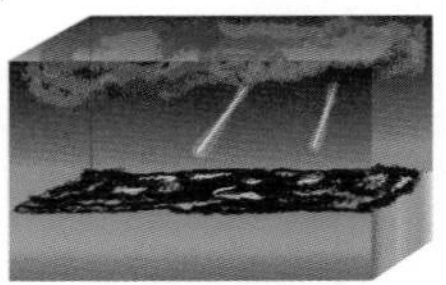
(가) 마그마 바다 형성

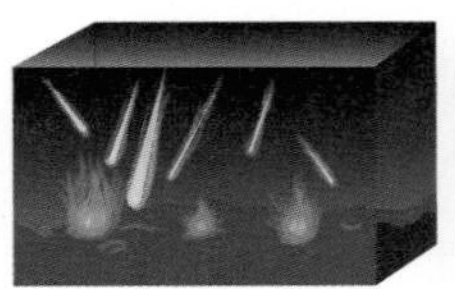
(나) 미행성 충돌

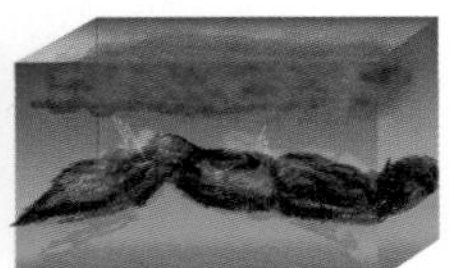
(다) 원시 지각, 바다 형성

11 다음 중 생명체가 탄생한 시기로 옳은 것은?

① (가) 과정 이후
② (나) 과정 이후
③ (다) 과정 이후
④ (가) → (나) 과정 사이에서
⑤ (나) → (다) 과정 사이에서

12 다음 중 지권의 층상 구조가 형성된 시기로 옳은 것은?

① (가) → (나) 과정 사이에서
② (가) → (다) 과정 사이에서
③ (나) → (가) 과정 사이에서
④ (나) → (다) 과정 사이에서
⑤ (다) → (나) 과정 사이에서

13 다음은 지구계의 형성 과정이다. 이에 대한 설명으로 옳은 것만을 〈보기〉에서 있는 대로 고른 것은?

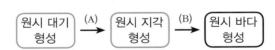

원시 대기 형성 —(A)→ 원시 지각 형성 —(B)→ 원시 바다 형성

〈 보기 〉
ㄱ. A에서 마그마 바다가 형성된 후 지구가 냉각되면서 원시 지각이 형성되었다.
ㄴ. 원시 바다가 형성된 후 대기 중 산소의 양이 늘어나기 시작하였다.
ㄷ. A보다 B에서 온실효과에 의한 지구의 온도 상승 폭이 더 크다.
ㄹ. 원시 지각이 형성된 후 생명체가 탄생하였다.

① ㄱ, ㄴ　② ㄴ, ㄷ　③ ㄷ, ㄹ
④ ㄱ, ㄴ, ㄷ　⑤ ㄴ, ㄷ, ㄹ

스스로 실력 높이기

14 다음 그래프는 지구의 탄생부터 지금까지 대기 조성의 변화를 나타낸 것이다. 이에 대한 설명으로 옳지 <u>않은</u> 것은?

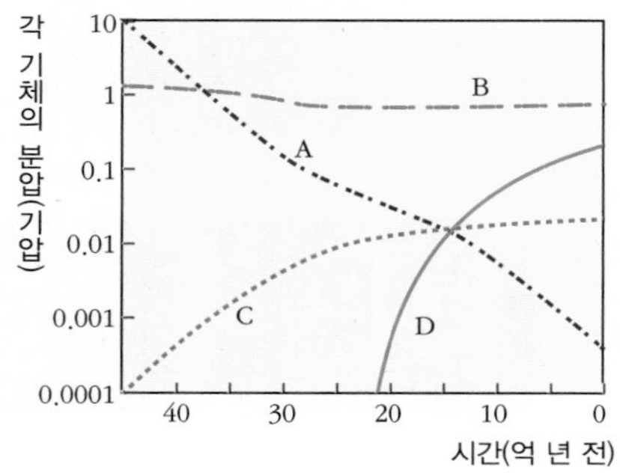

① A의 분압이 높았던 시기에는 현재보다 온실 효과로 인하여 지구의 온도가 더 높았을 것이다.
② B는 대기 중 함량 변화가 거의 없는 것으로 보아 질소이다.
③ C의 변화는 화산 활동과 관련이 깊다.
④ C가 증가하면서 오존층이 형성되었다.
⑤ D는 생물의 진화와 관련되어 있다.

15 다음 중 원시 생명체의 탄생부터 생물계의 변화에 대한 설명이다. 빈칸에 들어갈 말이 바르게 짝지어진 것은?

> 원시 생명체는 원시 바다에서 출현하였으며 (㉠)을 하여 바다에 (㉡)를 공급하기 시작하였다. 이후 대기 중 (㉡)의 양이 증가하면서 (㉢)이 형성되었고 육상 생물이 등장할 수 있게 되었다.

	㉠	㉡	㉢
①	호흡	산소	오존층
②	호흡	이산화 탄소	오존층
③	광합성	산소	오존층
④	광합성	이산화 탄소	대기권
⑤	광합성	질소	대기권

16 원시 지구가 처음 형성될 시기에는 이산화 탄소의 비율은 현재보다 매우 높았다. 하지만 현재 대기 중 이산화 탄소의 비중은 0.035%로 낮아지게 되었다. 이와 같이 낮아진 이유에 대한 설명으로 옳은 것은 ?

① 강한 자외선에 의해 분해되었기 때문이다.
② 생물체의 호흡에 의해 소모되었기 때문이다.
③ 화산 활동이 멈추어 대기 중에 분출되는 것이 없기 때문이다.
④ 해수 속에 녹아서 해양 생물체에 흡수되거나 석회암을 형성하였기 때문이다.
⑤ 미행성 충돌이 멈추어서 미행성체에 포함되어 있던 이산화 탄소의 방출이 멈추었기 때문이다.

17 생명체가 존재하는 데 액체 상태의 물은 꼭 필요하다. 다음 〈보기〉 중 액체 상태의 물이 생명체에게 중요한 이유로 옳은 것만을 있는 대로 고른 것은?

〈 보기 〉

ㄱ. 무색 투명하다.
ㄴ. 0℃에 얼음이 된다.
ㄷ. 다양한 물질을 녹일 수 있다.
ㄹ. 비열이 커서 많은 양의 열을 오랜 시간 동안 보존할 수 있다.

① ㄱ, ㄴ　② ㄴ, ㄷ　③ ㄷ, ㄹ
④ ㄱ, ㄴ, ㄷ　⑤ ㄴ, ㄷ, ㄹ

18 태양의 질량이 더 커질 경우 생명 가능 지대의 변화와 관련된 설명으로 옳은 것은?

① 생명 가능 지대는 변함이 없다.
② 생명 가능 지대의 폭이 더 좁아진다.
③ 생명 가능 지대가 태양에서 더 멀어지게 된다.
④ 수성과 금성에도 액체 상태의 물이 존재할 수 있게 된다.
⑤ 생명 가능 지대의 폭은 넓어지고, 중심별에서 더 가까워지게 된다.

19 다음 그림은 중심별의 질량에 따른 생명 가능 지대의 분포를 나타낸 것이다. 이에 대한 설명으로 옳은 것은?

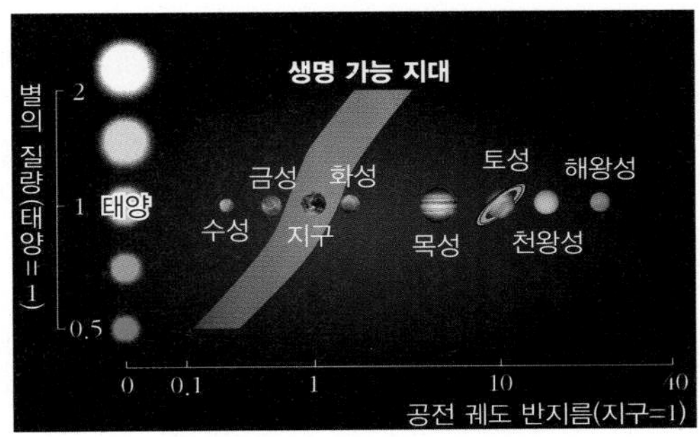

① 태양의 광도가 증가한다면 생명 가능 지대의 폭이 더 넓어질 것이다.
② 태양의 질량이 작아진다면 생명 가능 지대가 태양에서 멀어질 것이다.
③ 수성에 생명체가 살 수 없는 것은 금성보다 지구에서 멀리 떨어져 있기 때문이다.
④ 생명 가능 지대 근처의 행성인 금성, 화성, 지구에는 모두 액체 상태의 물이 존재한다.
⑤ 지구보다 태양에서 멀리 있는 행성들은 질량이 지구보다 크기 때문에 생명체가 살 수 없다.

20 다음 표는 두 행성의 물리적 특성을 나타낸 것이다. 이에 대한 설명으로 옳은 것만을 〈보기〉에서 있는 대로 고른 것은?

구분	A	B
태양과의 거리	0.7AU	1.5AU
평균 온도	480℃	−63℃
주요 대기 성분	이산화 탄소, 질소	이산화 탄소, 질소
대기압	95기압	0.01기압

〈 보기 〉

ㄱ. A는 수성, B는 금성이다.
ㄴ. 두 행성은 생성 원인이 다르기 때문에 생명체가 살 수 없다.
ㄷ. 두 행성의 이산화 탄소 농도는 다르다.
ㄹ. 두 행성에는 액체 상태의 물이 존재하지 않는다.

① ㄱ, ㄴ　② ㄴ, ㄷ　③ ㄷ, ㄹ
④ ㄱ, ㄴ, ㄷ　⑤ ㄴ, ㄷ, ㄹ

21 다음 그림은 원시 지구의 진화 과정의 일부를 나타낸 것이다. 이에 대한 설명으로 옳은 것은?

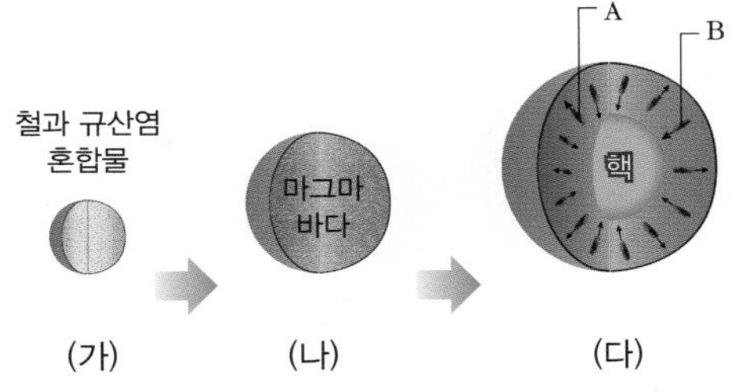

① A는 B보다 상대적으로 무거운 물질이다.
② B는 금속 성분들로 맨틀을 이루게 된다.
③ (가)와 (나) 과정 사이에 원시 바다가 형성되었다.
④ (다) 과정 이후에 원시 대기가 형성되었다.
⑤ (다) 과정 이후에 지구의 온도는 내려가기 시작하였다.

22 다음은 원시 지구의 진화 과정을 설명한 것이다. 이 과정 중 지구의 온도가 계속 상승한 것은 어느 과정까지 였을까?

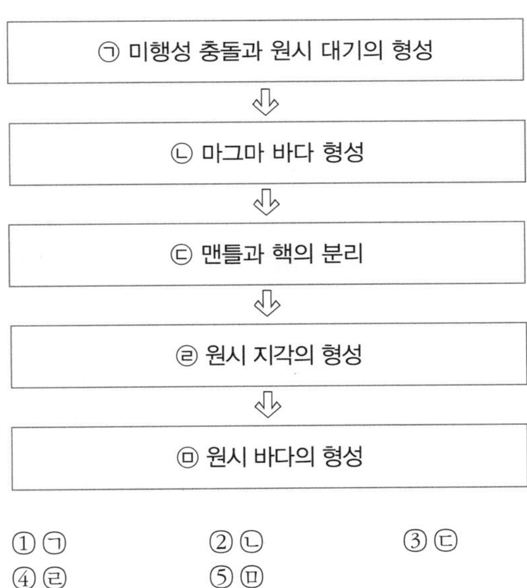

㉠ 미행성 충돌과 원시 대기의 형성
㉡ 마그마 바다 형성
㉢ 맨틀과 핵의 분리
㉣ 원시 지각의 형성
㉤ 원시 바다의 형성

① ㉠　② ㉡　③ ㉢
④ ㉣　⑤ ㉤

스스로 실력 높이기

23 다음 그래프는 원시 지구의 탄생 이후 지구 대기의 성분 변화를 나타낸 것이다.

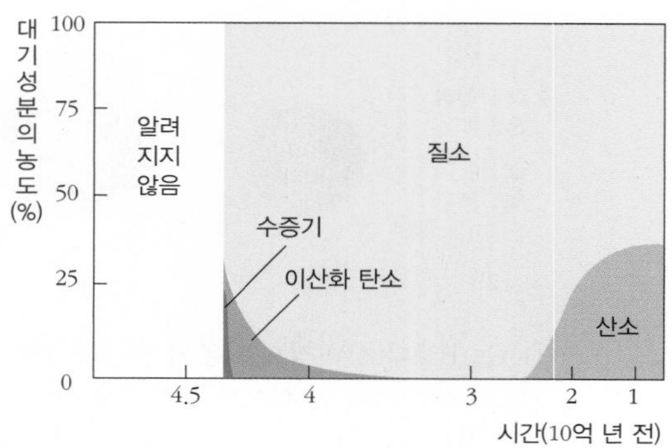

이에 대한 설명으로 옳은 것만을 〈보기〉에서 있는 대로 고른 것은?

〈 보기 〉

ㄱ. 산소의 급격한 증가는 광합성 생물의 출현에 따른 것이다.
ㄴ. 대기 조성의 변화는 수권, 생물권, 기권의 상호 작용의 결과이다.
ㄷ. 지구 탄생 초기 수증기의 급격한 감소로 원시 바다가 형성되었음을 알 수 있다.

① ㄱ ② ㄴ ③ ㄷ
④ ㄱ, ㄴ ⑤ ㄱ, ㄴ, ㄷ

24 다음 그림은 지구의 생명체의 진화 과정을 시간 순서대로 나타낸 것이다. 이에 대한 설명으로 옳은 것만을 〈보기〉에서 있는 대로 고른 것은?

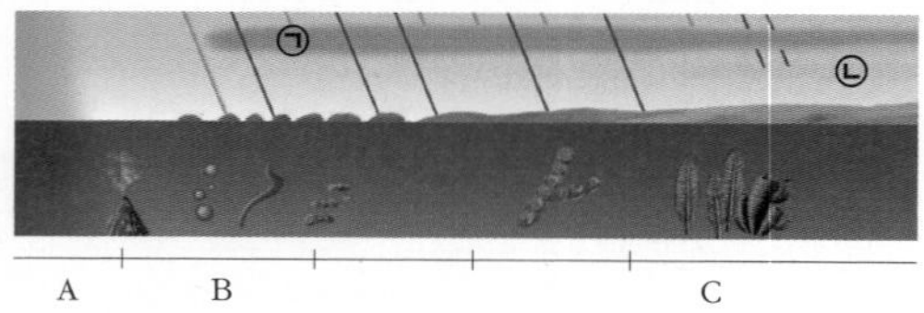

〈 보기 〉

ㄱ. ㉠은 지구 자기장, ㉡은 오존층이다.
ㄴ. A 시기의 이산화 탄소 분압이 C 시기의 분압보다 높다.
ㄷ. B 시기부터 대기 중 산소의 양이 늘어나기 시작하였다.
ㄹ. A 시기 보다 B 시기에 미행성의 충돌이 잦았다.

① ㄱ, ㄴ ② ㄴ, ㄷ ③ ㄷ, ㄹ
④ ㄱ, ㄴ, ㄷ ⑤ ㄴ, ㄷ, ㄹ

25 다음은 중심별의 질량에 따른 생명 가능 지대에 대한 설명이다. 각 빈칸에 들어갈 말이 바르게 짝지어진 것은?

> 중심별의 질량이 작은 경우 생명 가능 지대가 중심별과 (㉠)진다. 이는 중심별의 영향으로 행성들의 자전 주기가 (㉡), 행성의 자전 주기가 (㉢)(와)과 같아지게 되어, 결국 낮과 밤이 없어지게 되므로 생명체가 살기 어려워진다.

	㉠	㉡	㉢
①	멀어	짧아진다	공전 주기
②	멀어	길어진다	공전 주기
③	가까워	짧아진다	공전 주기
④	가까워	길어진다	공전 주기
⑤	가까워	없어진다	24시간

26 다음 그림은 태양계의 두 행성이다. 각 행성의 특징에 대한 설명으로 옳은 것은?

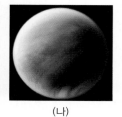

(가) (나)

① 두 행성의 생성 원인은 매우 다르다.
② 두 행성과 지구에는 모두 질소가 존재한다.
③ 두 행성은 모두 지구보다 태양에서 멀리 떨어져 있다.
④ (가) 행성은 대기 중 높은 이산화 탄소 농도로 인하여 일교차가 매우 크다.
⑤ (나) 행성에서 지표상의 물이 모두 얼어버리기 때문에 액체 상태의 물이 존재할 수 없다.

심화

27 다음 그림은 서로 다른 중심별 A와 B의 생명 가능 지대와 각 중심별 주위를 공전하는 행성들의 공전궤도를 나타낸 것이다. 이에 대한 설명으로 옳은 것만을 〈보기〉에서 있는 대로 고른 것은?

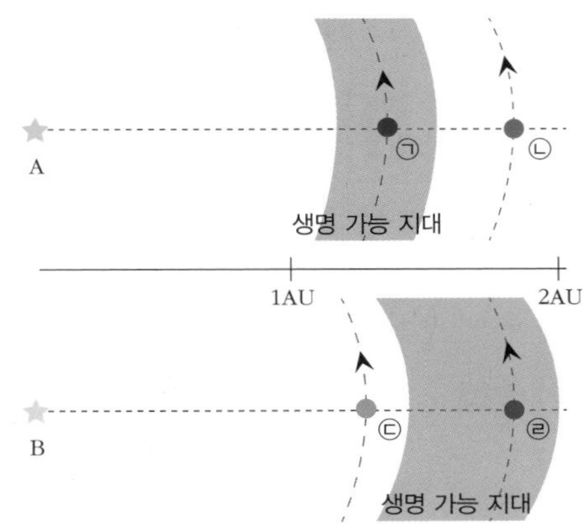

〈 보기 〉

ㄱ. A의 질량이 B의 질량보다 크다.
ㄴ. B의 광도가 A의 광도보다 크다.
ㄷ. ㉡과 ㉣은 중심별과의 거리가 같기 때문에 행성의 평균 표면 온도는 같다.
ㄹ. 액체 상태의 물이 존재하는 행성은 ㉠과 ㉣이다.

① ㄱ, ㄴ ② ㄴ, ㄷ ③ ㄴ, ㄹ
④ ㄱ, ㄴ, ㄹ ⑤ ㄴ, ㄷ, ㄹ

28 다음 그래프는 지구의 대기 조성 변화를 나타낸 것이다. A기체가 이동한 영역을 순서대로 바르게 나열한 것은?

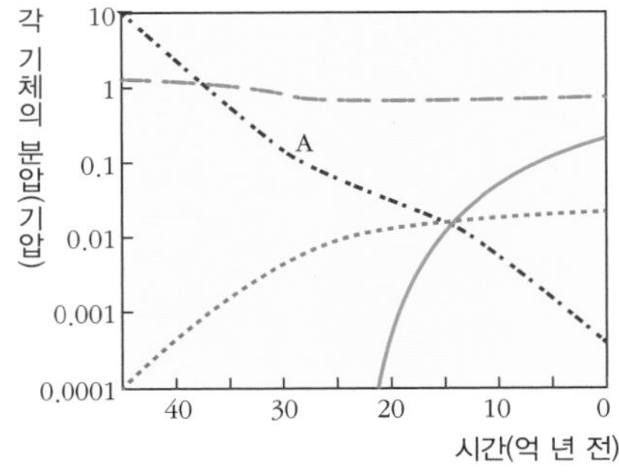

① 지권 → 수권 → 기권
② 수권 → 지권 → 기권
③ 기권 → 수권 → 지권
④ 기권 → 지권 → 수권
⑤ 수권 → 지권 → 기권

29 다음 그래프는 별의 질량과 행성의 공전 궤도 반지름에 따른 생명 가능 지대를 나타낸 것이다. 이에 대한 설명으로 옳은 것만을 〈보기〉에서 있는 대로 고른 것은?

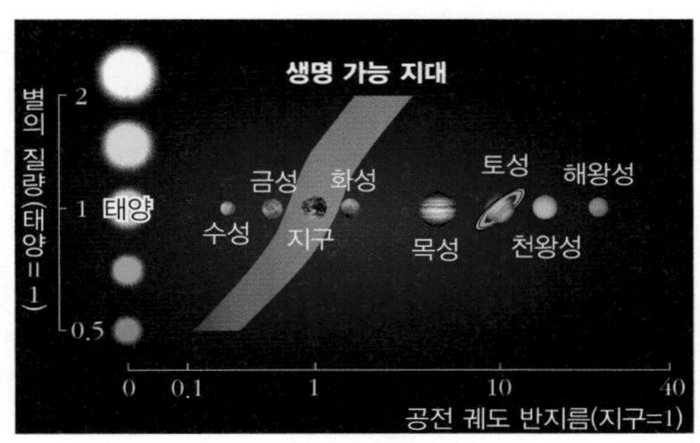

〈 보기 〉

ㄱ. 태양의 질량이 현재의 절반이 되어도 지구에는 액체 상태의 물이 존재할 수 있다.
ㄴ. 중심별의 질량이 태양의 2배인 별에서 공전 궤도의 반지름이 10AU인 행성에는 생명체가 존재할 것이다.
ㄷ. 현재 금성에는 물이 기체 상태로 존재하고, 화성에서 고체 상태로 존재할 수 있다.
ㄹ. 생명 가능 지대는 중심별의 질량이 작을수록 그 폭이 좁아진다.

① ㄱ, ㄴ ② ㄴ, ㄷ ③ ㄷ, ㄹ
④ ㄱ, ㄴ, ㄹ ⑤ ㄴ, ㄷ, ㄹ

30 지구 공전 궤도의 이심률이 현재보다 커진다면 지구의 물은 어떻게 변하게 될지 서술하시오.

2강. 지구계의 구성과 그 역할

1. 기권

(1) 지구계와 지구계의 구성 요소

① **지구계** : 지구를 구성하는 여러 요소들이 서로 연관되어 상호 작용하며 이루고 있는 하나의 시스템을 말한다.

② **지구계의 구성 요소** : 기권, 지권, 수권, 생물권, 외권

(2) 기권 : 지구를 둘러싸고 있는 기체가 분포하는 영역을 기권이라고 한다.

(3) 기권의 구성 성분 : 전체 대기의 99%는 약 30km 높이 아래 분포하고 있다. 주요 성분은 질소(78%), 산소(21%), 아르곤(0.9%), 이산화 탄소(0.03%), 수증기(0.003~0.03%)이다.

(4) 기권의 층상 구조

열권	· 중간권 위의 약 80km 높이 이상의 층 · 성층권과 같이 위로 올라갈수록 온도가 상승하여 대류 운동이 일어나지 않는다. · 전리층이 형성되어 있고, 오로라가 발생한다.
중간권	· 성층권 위의 약 50~80km 높이까지의 층 · 대류권과 같이 위로 올라갈수록 온도가 하강하여 대류가 일어나지만, 수증기가 거의 없어 기상 현상이 나타나지 않는다.
성층권	· 대류권 위의 약 50km 높이까지의 층 · 높이 20 ~ 40km 사이에 오존층이 존재하기 때문에 높이 올라갈수록 온도가 올라간다. · 대류 운동이 일어나지 않아 기층이 안정하다.
대류권	· 지표면으로부터 약 10~15km 높이까지의 층 · 대기 전체 질량의 약 75% 분포 · 대류 운동이 활발하고, 수증기에 의한 기상 현상이 나타난다.

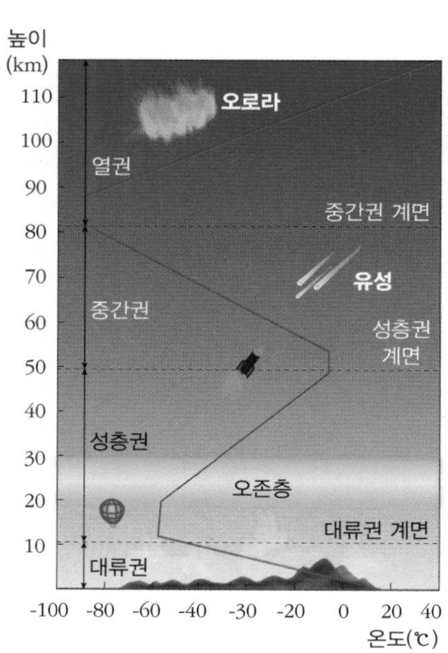

(5) 기권의 역할

① **생명 유지 활동에 필요한 기체 제공** : 생물체의 호흡에 필요한 산소, 광합성에 필요한 이산화 탄소를 제공한다.

② **생명체 보호** : 우주 공간으로부터 지구로 날아오는 유성체를 연소시켜 분해하고, 오존층이 태양으로부터 오는 유해한 자외선을 흡수하여 생명체를 보호한다.

③ **온실 효과와 기상 현상** : 수증기와 이산화 탄소가 온실효과를 일으켜 지표면을 보온하고, 온도를 일정하게 유지시키며 각종 기상 현상을 일으키는 역할을 한다.

개념확인 1

지구계를 구성하는 여러 요소들을 쓰시오.

( ), ( ), ( ), ( ), ( )

확인+1

기권의 층상 구조에 대한 설명이다. 열권에 대한 설명에는 '열', 중간권에 대한 설명에는 '중', 성층권에 대한 설명에는 '성', 대류권에 대한 설명에는 '대'를 쓰시오.

(1) 오로라가 발생한다. ( )

(2) 기상 현상이 나타난다. ( )

(3) 대류 운동은 일어나지만, 기상 현상은 나타나지 않는다. ( )

(4) 오존층이 존재한다. ( )

수증기의 역할

수증기는 기권을 이루는 성분 중 매우 적은 양을 구성하고 있지만 기상 현상을 일으키는 중요한 역할을 하며, 이산화 탄소와 함께 온실효과를 일으키기도 한다.

전리층(ionosphere)

이온(ion)이라는 단어와 영역(sphere)라는 단어가 결합되어 만들어진 단어로, 태양으로부터 받은 자외선이나 우주선 등에 의해 기체 분자가 이온화되어 자유전자와 이온이 밀집된 층을 말한다.

지상에서 보내는 전파를 흡수하고 반사하여 무선 통신에 중요한 역할을 한다.

오로라

태양에서 날아온 대전 입자들이 지구 자기장에 의해 대기로 끌어당겨져 진입하면서 공기 분자와 반응하여 빛을 내는 현상을 말한다.

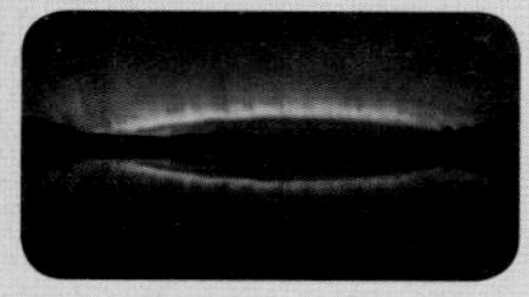

대류권 계면

대류권 계면은 대류 운동의 활발한 정도에 따라 높이가 달라진다. 대류 운동이 활발한 저위도 지방은 높고, 고위도 지방으로 갈수록 낮다. 중위도 지방의 경우 여름철에 대류 운동이 활발하여 높아지고, 겨울철에는 낮아진다.

미니사전

계면 [界 경계 面 면] 서로 맞닿아 있는 두 가지 상태의 경계면

2. 지권

(1) **지권** : 고체 지구를 이루는 딱딱한 부분인 지각과 지구 내부를 지권이라고 한다.

(2) **지권의 층상 구조** : 깊이에 따라 가장 안쪽부터 내핵, 외핵, 맨틀, 지각의 층상 구조를 이루고 있다.

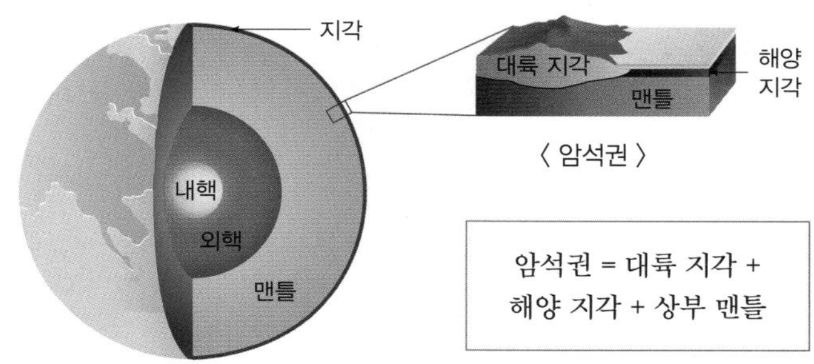

	지각		맨틀	외핵	내핵
	대륙 지각	해양 지각			
평균 깊이	약 35km	약 5km	약 2900km	2900 ~ 5100km	5100 ~ 6400km
평균 밀도	약 $2.7g/cm^3$	약 $3.0g/cm^3$	약 $3.3 \sim 5.7g/cm^3$	약 $10 \sim 12.2 g/cm^3$	약 $12.6 \sim 13.0 g/cm^3$
암석 (구성)	화강암질	현무암질	감람암질	액체 상태의 철, 니켈 및 소량의 황, 규소, 산소 등의 화합물로 이루어진 층	고체 상태의 철과 소량의 니켈로 이루어진 층
특징	· 지구의 겉부분으로 고체 상태로 이루어진 층 · 주로 산소와 규소로 구성		· 지구 내부에서 가장 많은 부피 차지(약 83%) · 유동성 있는 고체 상태인 연약권(상부 맨틀)이 존재		

(3) **지권의 역할**

① **생명체들의 서식 공간 제공** : 생물체들이 살아갈 수 있는 공간을 제공하고, 다양한 지형에 따라 서식하는 생물체가 달라진다.

② **기후 변화에 영향** : 지권에서 일어나는 화산 활동으로 많은 가스와 화산재가 발생을 하면 대기의 구성 물질에 변화가 일어나기 때문에 기후 변화에도 영향을 미친다.

③ **수권에 영향** : 지권의 대륙 분포의 변화는 태양 에너지의 흡수와 방출에 영향을 미치게 되어 해수 순환에 영향을 준다.

개념확인 2

정답 및 해설 08쪽

지권의 층상 구조를 깊이에 따라 가장 바깥쪽부터 차례대로 쓰시오.

( ), ( ), ( ), ( )

확인+2

다음 설명에 해당하는 지권의 층상 구조를 쓰시오.

지구 내부에서 가장 많은 부피를 차지하는 층으로 유동성 있는 고체 상태가 존재한다.

( )

● 지각을 이루는 구성 원소 (지각 구성의 8대 원소)

원소	질량비(%)	부피비(%)
O	46.6	93.8
Si	27.7	0.9
Al	8.1	0.5
Fe	5.0	0.4
Ca	3.6	1.0
Na	2.8	1.3
K	2.6	1.8
Mg	2.1	0.3

● 지각과 지구 전체의 구성 원소 비교

지각을 구성하는 원소는 산소 〉 규소 〉 알루미늄 순이지만 지구 전체를 구성하는 원소는 철(35%) 〉 산소(30%) 〉 규소(15%) 〉 마그네슘(13%) 순이다. 이는 핵의 약 88%가 철로 이루어져 있기 때문이다.

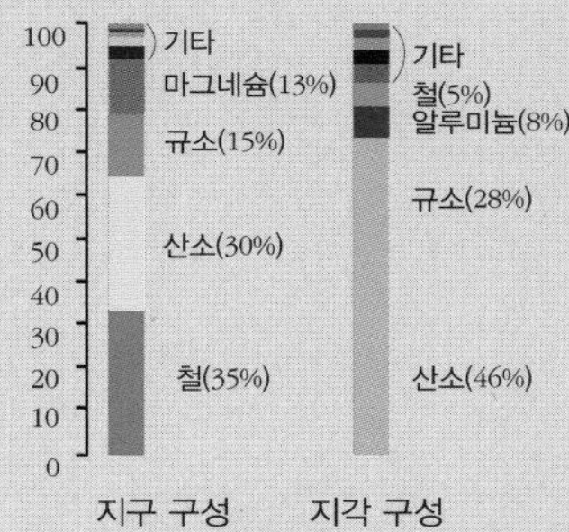

미니사전

연약권 [軟 연하다 弱 약하다 圈 구역] 상부 맨틀 밑의 유동성이 있는 고체 상태의 맨틀 부분으로 판을 이동시킨다.

3. 수권

(1) **수권** : 기권의 수증기를 제외한 지구 상의 모든 물을 말하며, 구성 성분에 따라 해수와 육수로 구분한다.

(2) **수권의 구성 성분**

① **육수의 구성 성분** : 육수에 녹아있는 성분의 함량에 따라

$$HCO_3^- > Ca^{2+} > SiO_2 > SO_4^{2-} > Cl^- > Na^+ > Mg^{2+}$$

② **해수의 구성 성분** : 해수에 녹아있는 염류를 구성하는 이온의 함량에 따라

$$Cl^- > Na^- > SO_4^{2-} > Mg^{2+} > Ca^{2+} > HCO_3^-$$

③ **육수와 해수의 구성 성분이 다른 이유** : 육수에 가장 많이 녹아 있는 탄산수소 이온(HCO_3^-)과 칼슘 이온(Ca^{2+})이 바다로 흘러들어가면 서로 결합하여 **탄산칼슘**($CaCO_3$) 석회암이 되어 가라앉거나 생물체에 먹이로 흡수되고, 해수에 가장 많이 녹아 있는 염화 이온(Cl^-)은 해저 화산 활동에 의해 해수에 공급되기 때문에 육수와 해수의 구성 성분이 다르다.

(3) **해수의 층상 구조** : 깊이에 따른 수온의 연직 분포에 의해 혼합층, 수온 약층, 심해층으로 구분한다.

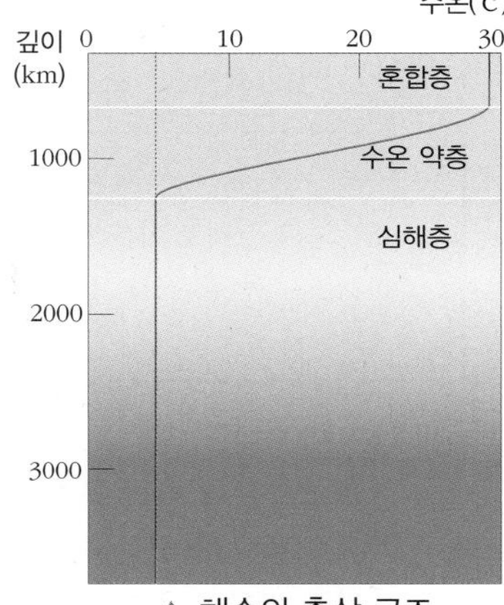

▲ 해수의 층상 구조

(4) **수권의 역할**

① **생명체들의 생존** : 생명체들은 물을 통해 화학 변화를 일으키고 생명 활동을 유지시킨다.

② **기후 형성** : 다량의 이산화 탄소가 녹아 있기 때문에 대기 중 이산화 탄소 농도를 조절하고, 수증기를 공급하여 기후를 형성하고 날씨 변화를 일으킨다.

③ **지형 변화** : 지표를 흐르는 물이 일으키는 침식 작용으로 지형을 변화시키고, 퇴적과 운반 작용으로 암석의 순환에도 영향을 준다.

④ **지구의 에너지 저장 및 분배** : 태양 복사 에너지에 의해 저장된 열을 해수의 순환을 통해 고르게 분배하여 지구 전체의 에너지가 일정하도록 해준다.

개념확인 3

해수의 층상 구조 중 바람의 혼합 작용으로 수온이 일정한 층은?

( )

확인+3

수권의 역할이 <u>아닌</u> 것은?

① 생명 활동을 유지하는데 도움을 준다.
② 태양 에너지를 흡수하여 생명체를 보호한다.
③ 지형을 변화시키고 암석의 순환에도 영향을 준다.
④ 대기 중 이산화 탄소 농도를 조절하고, 수증기를 공급하여 기후를 형성한다.
⑤ 순환을 통해 에너지를 고르게 분배하여 지구 전체의 에너지가 일정하도록 해준다.

수권의 분포

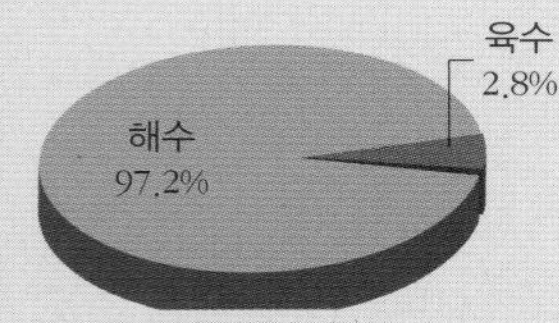

▲ 수권의 분포

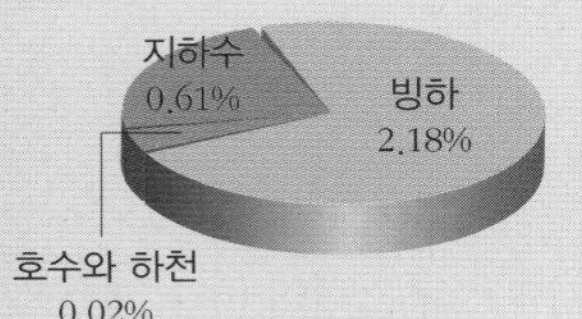

▲ 육수의 분포

해수의 층상 구조

혼합층	· 태양 복사 에너지의 흡수에 의해 수온이 가장 높다. · 바람의 혼합 작용으로 수온이 일정한 층이다.
수온약층	· 깊이에 따라 수온이 급격하게 낮아지는 층이다. · 매우 안정하여 대류가 일어나지 않기 때문에 혼합층과 심해층 사이에서 해수의 교류를 차단한다.
심해층	· 태양 복사 에너지가 거의 도달하지 않기 때문에 수온이 가장 낮고, 수온 변화가 거의 없는 층이다.

위도별 수온의 연직 분포

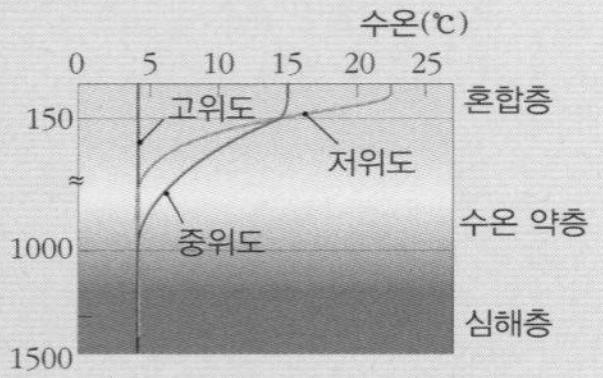

위도	특징
저위도	태양 복사 에너지를 많이 받아 표층과 심층의 수온차가 크고, 수온 약층이 잘 발달되어 있다.
중위도	바람이 강하게 불기 때문에 혼합층의 두께가 가장 두껍다.
고위도	태양 복사 에너지를 적게 받아 표층과 심층의 수온차가 거의 없어서 해수의 층상 구조가 나타나지 않는다.

4. 생물권과 외권

(1) **생물권** : 인간을 포함하여 지구에 살고 있는 모든 생물체와 아직 분해되지 않은 유기물이 분포하는 영역을 말한다.

① **분포** : 지구계를 구성하는 기권, 지권, 수권에 걸쳐 분포한다. 이 중 기권과 수권, 지권이 서로 접하고 있는 지표면 위에서 생물체가 가장 다양하게 번성한다.

② **역할**

지구 표면의 지형 변화	
· 식물에 의한 암석의 물리적 풍화 작용과 침식 작용이 일어나 지형이 변한다. · 토양 속 미생물에 의해 퇴적물과 토층이 형성된다.	
기후 형성	
· 산림은 토양을 비옥하게 만들며, 태양 에너지를 흡수하여 지표면 온도를 높여준다. · 식물의 광합성과 호흡 작용으로 산소와 이산화 탄소의 양을 조절하여 대기 조성 변화에 영향을 주며, 지구 전체의 온도를 조절해 준다.	

(2) **외권** : 지구 대기권 바깥 영역인 약 1000km 높이 이상의 우주 공간을 말한다.

① **특징** : 지구계와 외권 사이에 운석 이외의 물질 이동이 거의 일어나지 않는다. 하지만 에너지의 출입은 일어난다.

② **역할** : 지구 자기장에 의한 밴앨런대가 형성되어 있어 우주로부터 오는 유해한 우주 방사선이나 태양풍에 의한 고에너지 입자를 막아 주어 생명체와 지구를 보호한다.

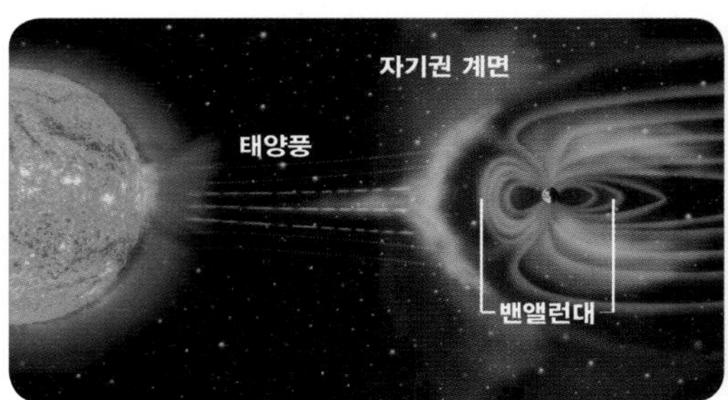

▲ 지구 자기장과 밴앨런대

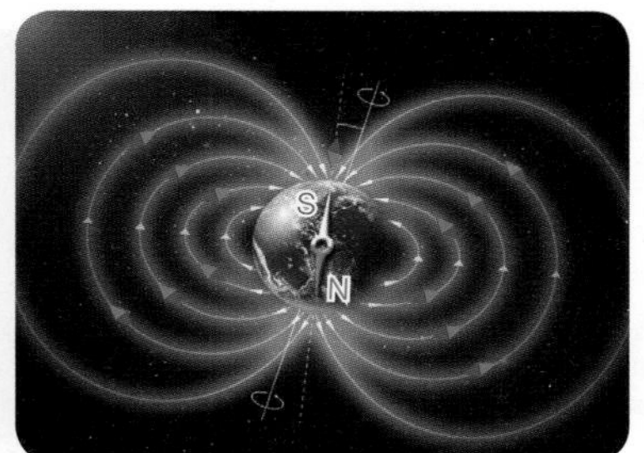

▲ 지구 자기장

개념확인 4 — 정답 및 해설 08쪽

다음 설명에 해당하는 지구계의 구성 요소를 쓰시오.

> 인간을 포함하여 지구에 살고 있는 모든 생물체와 아직 분해되지 않은 유기물이 분포하는 영역

( )

확인+4

생물권의 역할에는 '생', 외권의 역할에는 '외'를 쓰시오.

(1) 지구 표면의 지형을 변화시킨다. ( )

(2) 유해한 우주 방사선이나 태양풍에 의한 고에너지 입자를 막아 지구를 보호한다. ( )

지구 자기장
철과 니켈로 이루어진 외핵의 대류 현상에 의해 유도 전류가 만들어지고, 이 유도 전류에 의해 지구 자기장이 형성된다.

밴앨런대(Van Allen belt)
태양풍에서 지구의 자기장 안으로 유입된 대전 입자들이 지구 주위의 자기력선에 붙잡혀 도넛 형태로 분포하여 밀집되어 있는 공간을 말한다.

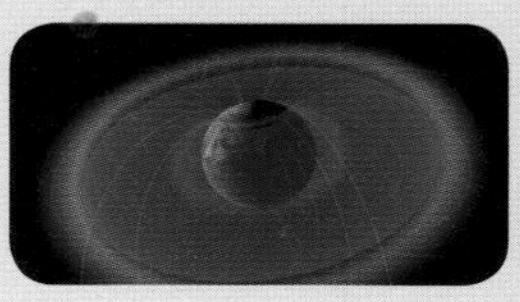

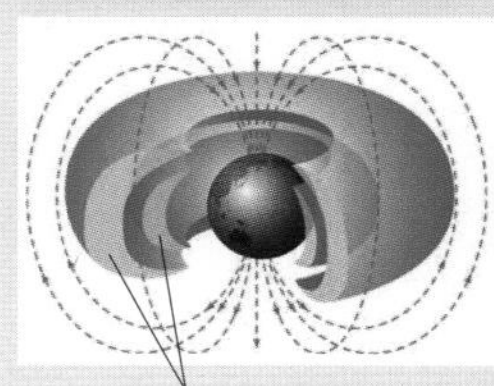

자기권 계면
지구 자기권의 바깥쪽 경계를 말하며, 지구에서 태양쪽으로 지구 반지름의 10배 정도의 거리에 위치한다.

미니사전
토층 [土 흙 層 층] 지각 맨 윗부분의 흙으로 된 층으로 토양층, 흙층이라고도 한다.
대전 [帶 데리고 있다 電 전기] 어떤 물체가 전기를 띠고 있는 것 또는 전기를 띠게 하는 것

개념 다지기

01 지구계의 구성 요소와 이에 대한 설명이 바르게 짝지어진 것은?

① 생물권 - 생물체들이 살아갈 수 있는 공간을 제공한다.
② 지권 - 깊이에 따라 혼합층, 수온약층, 심해층으로 구분된다.
③ 외권 - 지구계를 구성하는 기권, 지권, 수권에 걸쳐 분포한다.
④ 수권 - 지구계와 수권 사이에 물질 이동이 거의 일어나지 않는다.
⑤ 기권 - 수증기에 의한 기상 현상이 일어나는 층을 대류권이라고 한다.

02 다음 〈보기〉는 기권의 층상 구조에 대한 설명이다. 열권에 대한 설명으로 옳은 것만을 〈보기〉에서 있는 대로 고른 것은?

〈 보기 〉

ㄱ. 지표면 위 약 80km 높이 이상의 층이다.
ㄴ. 수증기는 존재하나 기상 현상이 나타나지 않는다.
ㄷ. 대기 전체 질량의 약 75%가 분포한다.
ㄹ. 전리층이 형성되어 있으며 오로라가 발생한다.

① ㄱ, ㄴ ② ㄱ, ㄷ ③ ㄱ, ㄹ ④ ㄴ, ㄷ ⑤ ㄷ, ㄹ

03 다음은 지권에 대한 설명이다. 각각에 해당하는 지권의 층상 구조를 쓰시오.

(1) 지구의 겉부분으로 고체 상태로 이루어진 층이다. ( )
(2) 밀도가 가장 큰 층이다. ( )
(3) 액체 상태의 철과 니켈 및 소량의 화합물로 이루어진 층이다. ( )
(4) 유동성이 있는 고체 상태인 연약권이 존재하는 층이다. ( )

04 지권의 층상 구조를 이루는 층들의 밀도 크기를 바르게 비교한 것은?

① 대륙 지각 〉 해양 지각 〉 맨틀 〉 외핵 〉 내핵
② 해양 지각 〉 대륙 지각 〉 맨틀 〉 외핵 〉 내핵
③ 맨틀 〉 외핵 〉 내핵 〉 대륙 지각 〉 해양 지각
④ 외핵 〉 내핵 〉 맨틀 〉 대륙 지각 〉 해양 지각
⑤ 내핵 〉 외핵 〉 맨틀 〉 해양 지각 〉 대륙 지각

05 다음은 수권에 대한 설명이다. 빈칸에 들어갈 말이 바르게 짝지어진 것은?

해수는 수온의 연직 분포에 따라 바람의 혼합 작용으로 수온이 일정한 층인 (㉠), 깊이에 따라 수온이 급격하게 낮아지는 층인 (㉡), 수온이 가장 낮고, 수온 변화가 거의 없는 층인 (㉢)로 구분한다.

	㉠	㉡	㉢
①	혼합층	심해층	수온 약층
②	심해층	혼합층	수온 약층
③	혼합층	수온 약층	심해층
④	심해층	수온 약층	혼합층
⑤	수온 약층	혼합층	심해층

06 수권에 대한 설명으로 옳은 것은?

① 육수와 해수의 구성 성분은 같다.
② 수권의 대부분은 빙하가 차지한다.
③ 해수에 가장 많이 녹아있는 성분은 염화 이온이다.
④ 수권은 구성 성분에 따라 해수, 육수, 빙하로 구분한다.
⑤ 수권은 대기 중 수증기를 포함한 지구 상의 모든 물을 말한다.

07 다음 중 생물권이 분포하지 않는 영역은?

① 기권 ② 수권 ③ 지표면 위 ④ 지권 ⑤ 외권

08 다음은 외권에 대한 설명이다. 빈칸에 들어갈 말을 보기에서 골라 기호로 쓰시오.

지구 대기권 바깥 영역인 외권에는 (㉠)에 의한 (㉡)가 형성되어 있기 때문에 우주로부터 오는 유해한 우주 방사선 등을 막아 주어 생명체와 지구를 보호한다.

〈 보기 〉

ㄱ. 외권 ㄴ. 지구 자기장 ㄷ. 오존층
ㄹ. 열권 ㅁ. 자기권 계면 ㅂ. 밴앨런대

㉠ (　　　　), ㉡(　　　　)

유형 익히기&하브루타

[유형2-1] 기권

오른쪽 그래프는 지구의 기권에서 높이에 따른 기온의 변화를 나타낸 것이다. 각 물음에 답하시오.

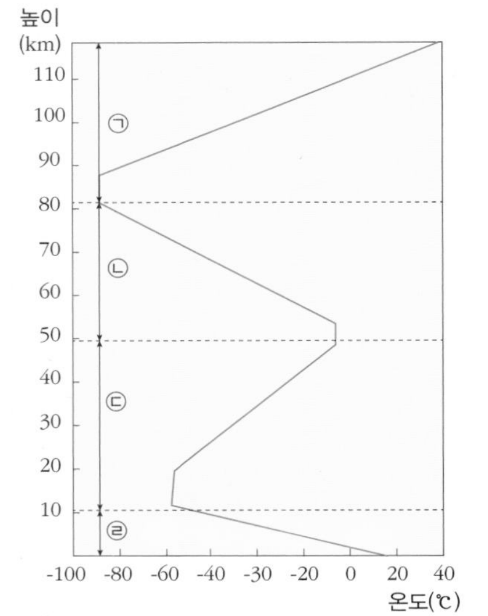

(1) 태양에서 날아온 대전 입자들이 지구 자기장에 의해 대기로 끌어당겨 져 진입하면서 공기 분자와 반응하여 빛을 내는 현상을 쓰고, 이 현상이 일어나는 층을 기호로 쓰시오.

(,)

(2) 대류 운동이 일어나는 층(A)과 대류 운동이 일어나지 않는 층(B)을 각각 골라 기호로 모두 쓰시오.

A ( ), B ( )

01 다음 중 기권의 역할에 대한 설명으로 옳지 않은 것은?

① 지구의 온도를 일정하게 유지해 준다.
② 온실효과를 일으켜 지표면을 보온한다.
③ 생명 유지 활동에 필요한 기체를 제공해 준다.
④ 지형을 변화시키고, 암석의 순환에도 영향을 준다.
⑤ 태양으로부터 오는 해로운 자외선을 흡수하여 생명체를 보호한다.

02 기권의 구성 성분 중 많은 양을 차지하는 기체부터 순서대로 바르게 나열한 것은?

① 수증기 〉산소 〉 질소 〉 아르곤 〉 이산화 탄소
② 산소 〉 질소 〉 수증기 〉 아르곤 〉 이산화 탄소
③ 질소 〉 산소 〉 수증기 〉 이산화 탄소 〉 아르곤
④ 질소 〉 산소 〉 이산화 탄소 〉 아르곤 〉 수증기
⑤ 질소 〉 산소 〉 아르곤 〉 이산화 탄소 〉 수증기

[유형2-2] 지권

다음 그림은 지구의 내부 구조를 나타낸 것이다. 이에 대한 설명으로 옳은 것은?

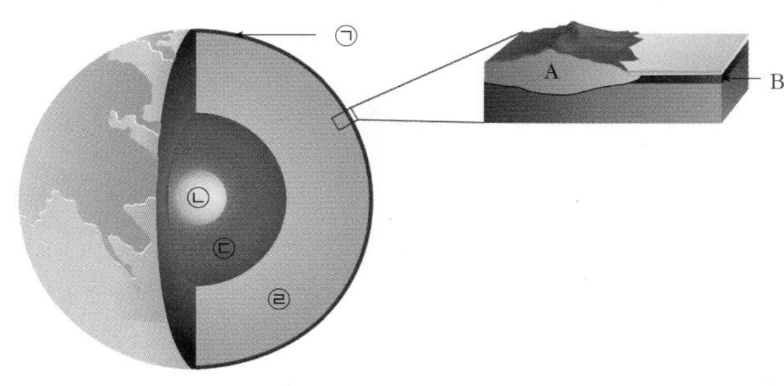

① ㉠은 주로 고체 상태의 철과 니켈로 구성되어 있다.
② ㉡은 지구의 내부 구조 중 밀도가 가장 작다.
③ ㉢은 주로 산소와 규소로 구성되어 있다.
④ ㉣은 지구 내부에서 가장 많은 부피를 차지한다.
⑤ A는 주로 현무암질, B는 화강암질로 이루어져 있다.

03

다음 설명에 해당하는 지권의 층상 구조는 무엇인가?

· 평균 밀도가 약 12.6 ~ 13.0g/cm^3 이다.
· 고체 상태의 철과 소량의 니켈로 이루어진 층이다.

① 맨틀　② 외핵　③ 내핵
④ 대륙 지각　⑤ 해양 지각

04

다음 중 지권의 역할에 대한 설명으로 옳은 것만을 〈보기〉에서 있는 대로 고른 것은?

〈 보기 〉

ㄱ. 생물체들이 살아갈 수 있는 공간을 제공한다.
ㄴ. 대륙 분포의 변화는 태양 에너지의 흡수와 방출에 영향을 미치게 되어 해수 순환에 영향을 준다.
ㄷ. 식물에 의한 암석의 물리적 풍화 작용과 침식 작용이 일어나 지형이 변한다.

① ㄱ　② ㄴ　③ ㄷ
④ ㄱ, ㄴ　⑤ ㄱ, ㄷ

유형 익히기 & 하브루타

[유형2-3] 수권

다음 그림은 수권의 분포를 나타낸 것이다. 이에 대한 설명으로 옳은 것은?

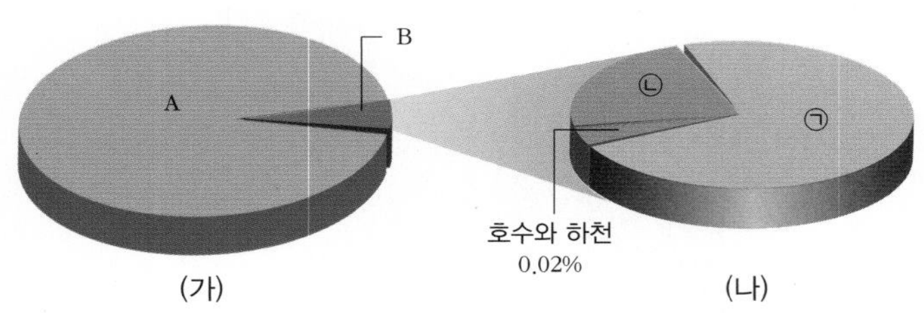

(가) (나)

① 수권의 대다수를 차지하는 A는 육수이다.
② A에 가장 많이 녹아 있는 이온은 HCO_3^-이다.
③ B의 대다수를 차지하는 ㉠은 지하수이고, ㉡은 빙하이다.
④ A에 가장 많이 녹아 있는 이온은 해저 화산 활동에 의해 공급된 성분이다.
⑤ B는 깊이에 따른 수온의 연직 분포에 의해 혼합층, 수온 약층, 심해층으로 구분된다.

05 다음 그래프는 해수의 깊이에 따른 수온의 연직 분포를 나타낸 것이다. 매우 안정하여 대류가 일어나지 않기 때문에 해수의 교류를 차단하는 층을 기호로 쓰고, 층의 이름을 쓰시오.

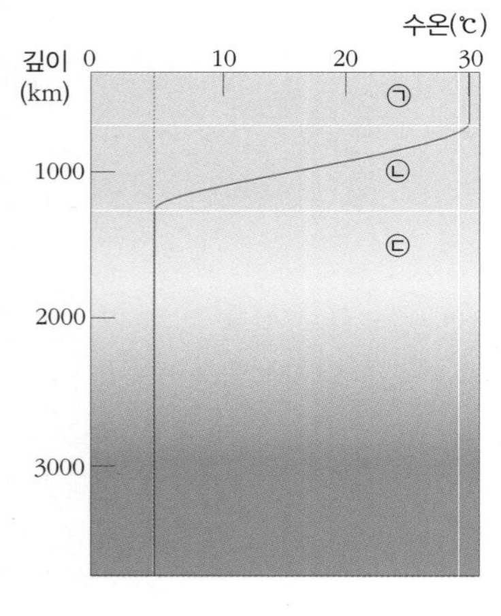

(,)

06 다음 〈보기〉는 수권에 대한 설명이다. 옳은 것만을 〈보기〉에서 있는 대로 고른 것은?

〈 보기 〉

ㄱ. 육수에 가장 많이 녹아 있는 이온은 Cl^-이다.
ㄴ. 수권은 97.2%가 해수, 2.8%는 육수로 이루어져 있다.
ㄷ. 태양 복사 에너지에 의해 저장된 열을 해수의 순환을 통해 고르게 분배하여 지구 전체의 에너지가 일정하도록 해준다.

① ㄱ ② ㄱ, ㄴ ③ ㄱ, ㄷ
④ ㄴ, ㄷ ⑤ ㄱ, ㄴ, ㄷ

[유형2-4] 생물권과 외권

다음 〈보기〉는 지구계의 구성 요소 중 외권과 생물권에 대한 설명이다. 각 요소에 대한 특징이 바르게 짝지어진 것은?

〈 보기 〉

ㄱ. 인간을 포함하여 지구에 살고 있는 모든 생물체들과 아직 분해되지 않은 유기물이 분포하는 영역을 말한다.
ㄴ. 지구 대기권 바깥 영역인 약 1000km 높이 이상의 공간을 말한다.
ㄷ. 지구계를 구성하는 기권, 지권, 수권에 걸쳐 분포한다.
ㄹ. 지구계와 이 구성 요소 사이에 물질 이동이 거의 일어나지 않지만, 에너지의 출입은 일어난다.
ㅁ. 지구 표면의 지형 변화를 일으키고, 기후 형성에 영향을 준다.

	외권	생물권
①	ㄱ, ㄴ	ㄷ, ㄹ, ㅁ
②	ㄱ, ㄷ	ㄴ, ㄹ, ㅁ
③	ㄴ, ㄷ	ㄱ, ㄹ, ㅁ
④	ㄴ, ㄹ	ㄱ, ㄷ, ㅁ
⑤	ㄱ, ㄷ, ㅁ	ㄴ, ㄹ

07 다음 그림은 태양과 지구 주위의 밴앨런대를 나타낸 것이다. 이에 대한 설명으로 옳은 것은?

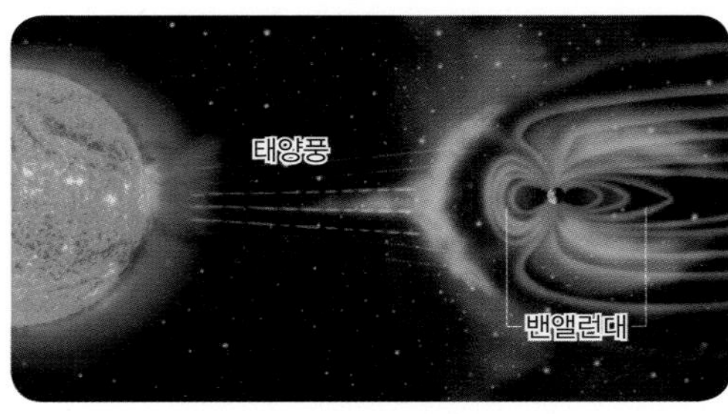

① 지구계의 구성 요소 중 기권 영역이다.
② 밴앨런대는 지구의 대기에 의해 형성된다.
③ 밴앨런대에 의해 지구 자기장이 형성된다.
④ 밴앨런대에 의해 우주 방사선이 차단되어 생명체와 지구를 보호한다.
⑤ 태양풍에 의한 고에너지 입자가 밴앨런대를 통과하여 지구에 도달한다.

08 다음 사진은 나무 뿌리에 의한 암석의 물리적 풍화 작용을 나타낸 것이다. 이와 관련이 있는 지구계 구성 요소는?

① 기권 ② 지권 ③ 수권
④ 외권 ⑤ 생물권

창의력&토론마당

01

다음 그래프는 우리나라의 황해와 동해의 어느 지역 앞바다에서 2월과 8월에 깊이에 따른 수온 분포를 측정하여 나타낸 것이다. 물음에 답하시오.

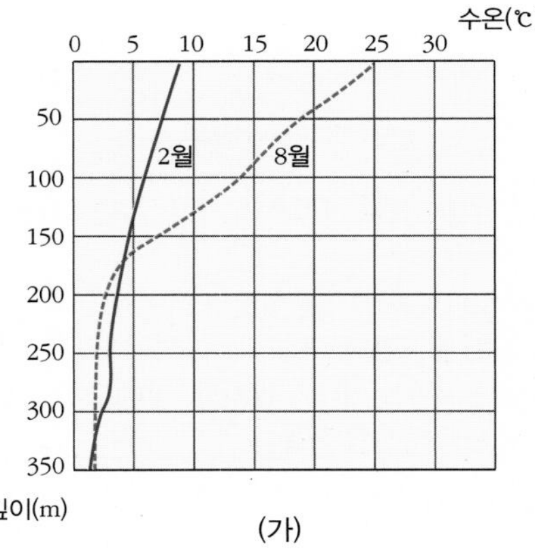

(가)

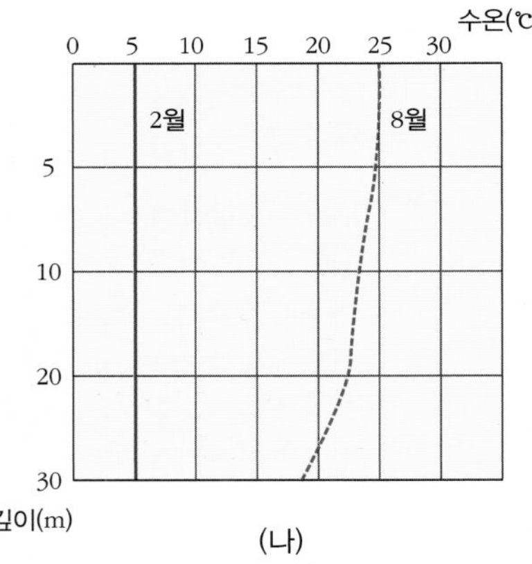

(나)

(1) (가)와 (나) 지역은 각각 황해와 동해 중 어느 곳인지 그 이유와 함께 쓰시오.

(2) 위 그래프에 대한 다음 〈보기〉의 설명 중 옳은 것을 모두 고르고, 옳지 않은 것은 바르게 고치시오.

〈 보기 〉

ㄱ. 표층 수온의 연 변화는 (가) 지역이 크다.
ㄴ. 두 지역 모두 여름철 해수가 겨울철 해수보다 수온이 높다.
ㄷ. 깊이에 따른 수온 분포의 차이는 모두 여름이 겨울보다 크다.

02 지구 내부는 내부로 들어갈수록 온도와 압력이 높아지기 때문에 현재 기술로는 최대 약 13km까지만 들어가 볼 수 있다. 그렇기 때문에 지구 내부 구조를 조사하기 위해 지진이 발생할 때 전달되는 지진파를 분석하는 방법을 사용한다. 지진파는 물질의 종류나 상태에 따라 전파 속도가 달라지고, 서로 다른 물질의 경계면에서는 굴절하거나 반사한다.

다음 그림은 지구 내부 구조에 따른 지진파의 전파 속도와 지구 내부 구조를 나타낸 것이다. 물음에 답하시오.

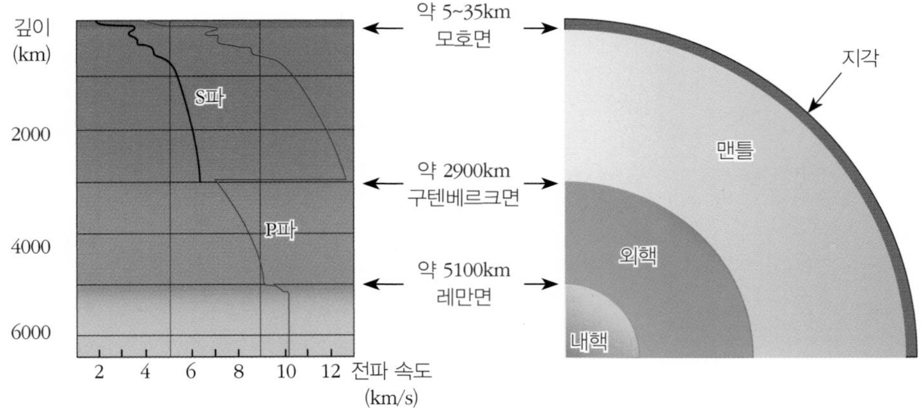

이를 통해 알 수 있는 P파와 S파의 성질을 비교하고, 맨틀의 온도에 따라 지진파의 속도 변화에 대하여 서술하시오.

창의력&토론마당

03 다음 그래프 (가)는 높이에 따른 기권의 온도 분포를 나타낸 것이고, 그래프 (나)는 높이에 따른 오존의 농도를 나타낸 것이다. 다음 〈보기〉에서 이에 대한 옳은 설명을 모두 고르고, 옳지 않은 것은 바르게 고치시오.

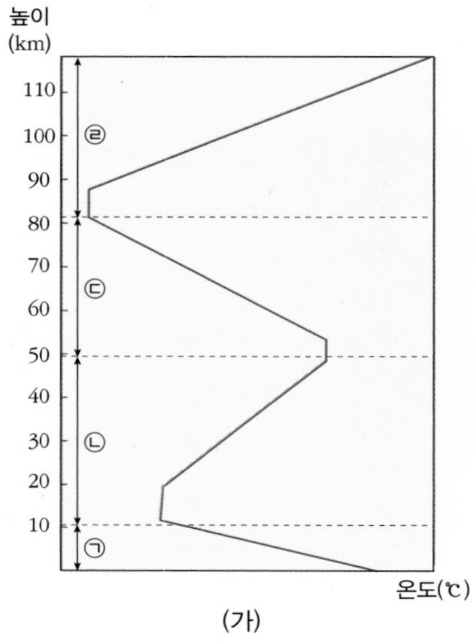

(가)

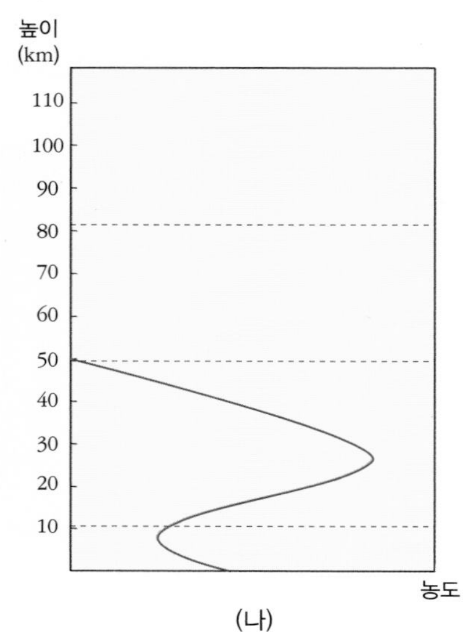

(나)

〈 보기 〉

ㄱ. 수권과 기권의 상호 작용이 가장 활발한 층은 ㉠ 이다.
ㄴ. ㉠에서의 온도 분포는 지표 복사 에너지와 관련이 깊다.
ㄷ. 성층권 중 오존의 농도가 최대인 곳에서 온도가 가장 높다.
ㄹ. 오존의 농도가 가장 높은 곳에서 해로운 우주 방사선이 모두 차단된다.
ㅁ. ㉠과 ㉢은 높이가 높아질수록 기온이 하강하고, ㉡과 ㉣은 기온이 상승한다.

04 오존은 산소 원자 3개로 이루어진 분자 물질이다. 오존의 90% 이상은 지표면으로부터 15 ~ 30km 위치의 성층권에 모여있는데, 이와 같이 오존의 밀도가 높은 층을 오존층이라고 한다. 다음은 성층권에서 오존의 생성과 소멸에 대한 설명이다. 다음 물음에 답하시오.

1단계 : 식물의 광합성에 의해 물이 분해될 때 산소 분자가 대기 중에 방출된다.	
2단계 : 산소 분자가 자외선에 의해 산소 원자로 쪼개진다.	$O_2 \xrightarrow{\text{자외선}} O + O$
3단계 : 산소 원자가 산소 분자와 충돌하여 오존을 생성한다.	$O + O_2 \xrightarrow{\text{충돌}} O_3$
4단계 : 오존이 자외선에 의해 산소 분자와 산소 원자로 쪼개진다.	$O_3 \xrightarrow{\text{자외선}} O_2 + O$
5단계 : 산소 원자가 오존과 충돌하여 2개의 산소 분자를 생성한다.	$O + O_3 \longrightarrow 2O_2$

(1) 자외선과 오존의 관계를 서술하시오.

(2) 성층권에 오존층이 형성되는 이유를 서술하시오.

스스로 실력 높이기

01 다음 설명에 해당하는 단어를 쓰시오.

> 지구를 구성하는 여러 요소들이 서로 연관되어 상호 작용하며 이루고 있는 하나의 시스템

(   )

02 다음 그림 속에 나타나지 <u>않은</u> 지구계의 구성 요소는 무엇인가?

① 기권 ② 지권 ③ 수권
④ 외권 ⑤ 생물권

03 다음 설명에 해당하는 기권의 구성 성분은 무엇인가?

> 기권을 이루는 성분 중 매우 적은 양을 구성하고 있지만 기상 현상을 일으키는 중요한 역할을 하는 성분이다.

(   )

04 다음 설명에 해당하는 단어를 고르시오.

> 태양으로 부터 받은 자외선이나 우주선 등에 의해 기체 분자가 이온화되어 자유전자와 이온이 밀집된 층을 말한다.

① 오존층 ② 혼합층 ③ 심해층
④ 전리층 ⑤ 수온 약층

05 다음은 지권의 구성 요소 중 지각과 맨틀에 대한 설명이다. 빈칸에 들어갈 말이 바르게 짝지어진 것은?

> 대륙 지각은 (㉠) 암석, 해양 지각은 (㉡) 암석, 맨틀은 (㉢) 암석으로 이루어져 있다.

	㉠	㉡	㉢
①	감람암질	현무암질	화강암질
②	현무암질	화강암질	감람암질
③	현무암질	감람암질	화강암질
④	화강암질	감람암질	현무암질
⑤	화강암질	현무암질	감람암질

06 지각을 이루는 구성 원소(A)와 지구 전체를 구성하는 원소(B) 중 각각에서 가장 많은 양을 차지하는 구성 원소를 바르게 짝지은 것은?

	A	B		A	B
①	산소	수소	②	질소	산소
③	산소	철	④	철	산소
⑤	규소	산소			

07 다음 중 수권의 역할에 대한 설명으로 옳은 것은 ○표, 옳지 않은 것은 ×표 하시오.

(1) 생명체들은 물을 통해 생명 활동을 유지할 수 있다. (   )

(2) 대기 중 이산화 탄소 농도를 조절한다. (   )

(3) 온실효과를 일으켜 지표면을 보호하고, 온도를 일정하게 유지시켜 준다. (   )

08 다음 그림은 수권의 분포를 나타낸 것이다. 각 기호가 의미하는 단어를 쓰시오.

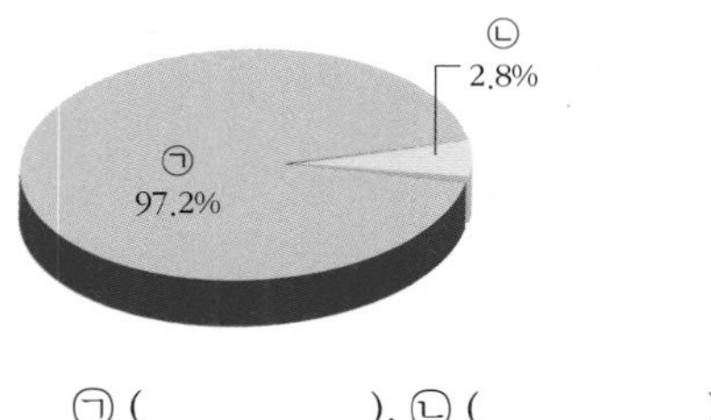

㉠ (   ), ㉡ (   )

09 다음 설명에 해당하는 지구계의 구성 요소를 쓰시오.

> 지구계를 구성하는 요소들 중 외권 이외의 모든 영역에 걸쳐 분포하며, 지구 전체의 온도를 조절해 주는 역할을 한다.

( )

10 다음 설명에 해당하는 단어를 쓰시오.

> 태양풍에서 지구의 자기장 안으로 유입된 대전 입자들이 지구 주위의 자기력선에 붙잡혀 도넛 형태로 분포하여 밀집되어 있는 공간

( )

11 지구를 구성하는 여러 요소들에 대한 설명 중 옳은 것은 ○표, 옳지 않은 것은 ×표 하시오.

(1) 지권은 단단한 고체 지구 영역이며 물질의 이동이 일어나지 않는다. ( )
(2) 기권은 지구 대기층을 말하며 물질과 에너지의 이동이 활발하다. ( )
(3) 외권에는 오존층이 존재하여 지구 생명체 유지에 중요한 역할을 한다. ( )
(4) 수권은 열용량이 크기 때문에 지구의 에너지 평형에 중요한 역할을 한다. ( )

12 다음 빈칸에 들어갈 말을 각각 고르시오.

> 대류권 계면의 높이는 대류 운동이 활발한 저위도 지방은 (㉠ 낮고, ㉡ 높고), 고위도 지방으로 갈수록 (㉠ 낮다, ㉡ 높다).

13 다음은 기권을 이루는 층상 구조 중 하나의 층에 대한 설명이다. 빈칸에 들어갈 말이 바르게 짝지어진 것은?

> (㉠) 위의 약 50 ~ 80km 높이까지의 층인 (㉡)은 위로 올라갈수록 온도가 낮아지기 때문에 대류가 일어나지만 기상 현상은 나타나지 않는다.

	㉠	㉡
①	대류권	성층권
②	성층권	중간권
③	중간권	열권
④	대류권	중간권
⑤	성층권	열권

14 다음 그림은 지구 내부 구조를 나타낸 것이다. 이에 대한 설명으로 옳은 것은?

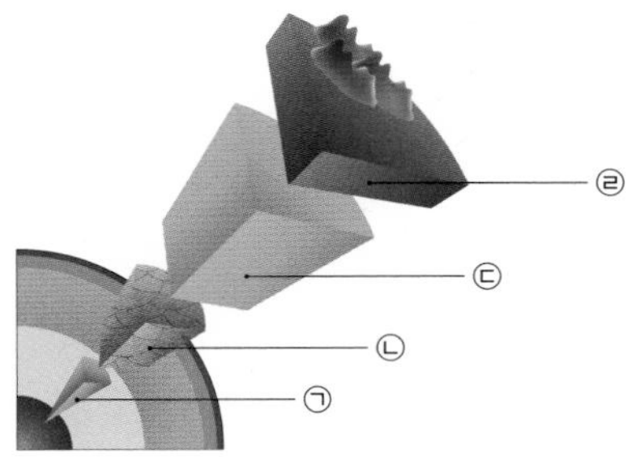

① 지구 내부 구조는 모두 고체 상태이다.
② ㉠은 내핵으로, 주로 철 성분으로 이루어져 있다.
③ ㉡은 주로 감람암질 암석으로 되어 있다.
④ ㉢은 암석권이라고도 한다.
⑤ ㉣을 이루는 구성 원소 중 가장 많은 질량비를 차지하는 것은 규소이다.

15 지권의 층상 구조를 이루는 층들의 두께를 바르게 비교한 것은?

① 대륙 지각 〉 해양 지각 〉 맨틀 〉 외핵 〉 내핵
② 해양 지각 〉 대륙 지각 〉 맨틀 〉 외핵 〉 내핵
③ 맨틀 〉 외핵 〉 내핵 〉 대륙 지각 〉 해양 지각
④ 외핵 〉 내핵 〉 맨틀 〉 대륙 지각 〉 해양 지각
⑤ 내핵 〉 외핵 〉 맨틀 〉 해양 지각 〉 대륙 지각

스스로 실력 높이기

16 다음 그림은 위도별 수온의 연직 분포를 나타낸 것이다. 이에 대한 설명으로 옳은 것만을 〈보기〉에서 있는 대로 고른 것은?

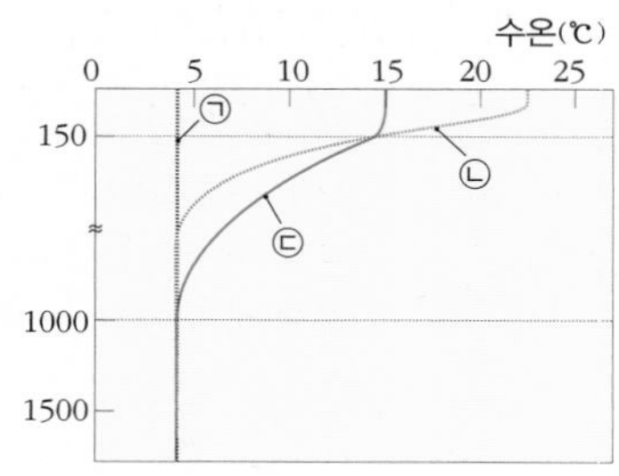

〈 보기 〉

ㄱ. ㉠은 고위도 지방으로 바람이 강하게 불기 때문에 해수의 층상 구조가 나타나지 않는다.
ㄴ. ㉡은 저위도 지방으로 태양 복사 에너지를 많이 받아 표층과 심층의 수온차가 크다.
ㄷ. ㉢은 중위도 지방으로 혼합층의 두께가 가장 두껍다.

① ㄱ ② ㄱ, ㄴ ③ ㄱ, ㄷ
④ ㄴ, ㄷ ⑤ ㄱ, ㄴ, ㄷ

17 다음은 육수와 해수의 구성 성분이 다른 이유에 대한 설명이다. 빈칸에 들어갈 말이 바르게 짝지어진 것은?

육수에 가장 많이 녹아 있는 (㉠)과 칼슘 이온(Ca^{2+})이 바다로 흘러들어가면서 서로 결합하여 가라앉거나 생물체에 흡수되고, 해수에 가장 많이 녹아 있는 (㉡) 은 해저 화산 활동에 의해 해수에 공급되기 때문에 육수와 해수의 구성 성분이 다르다.

	㉠	㉡
①	SiO_2	HCO_3^-
②	HCO_3^-	SiO_2
③	SiO_2	Cl^-
④	Cl^-	HCO_3^-
⑤	HCO_3^-	Cl^-

18 다음 중 생물권에 대한 설명으로 옳은 것만을 〈보기〉에서 있는 대로 고른 것은?

〈 보기 〉

ㄱ. 아직 분해되지 않은 죽은 생물들도 생물권에 포함된다.
ㄴ. 암석의 물리적 풍화 작용을 일으켜 지형을 변화시킨다.
ㄷ. 지구계를 구성하는 요소 중 지권과 수권에만 분포한다.
ㄹ. 태양 에너지를 흡수하여 지표면 온도를 높여주는 역할을 한다.

① ㄴ, ㄹ ② ㄱ, ㄴ, ㄷ ③ ㄱ, ㄴ, ㄹ
④ ㄱ, ㄷ, ㄹ ⑤ ㄴ, ㄷ, ㄹ

19 다음 〈보기〉의 지구 자기장에 관련된 설명 중 옳은 것만을 〈보기〉에서 있는 대로 고른 것은?

〈 보기 〉

ㄱ. 지구 자기장의 원인은 외핵의 움직임 때문이다.
ㄴ. 태양의 대전 입자가 자기장과 만나면 휘어지게 된다.
ㄷ. 자기장 안쪽에는 도넛 모양의 대전 입자들이 지구를 감싸고 있다.

① ㄱ ② ㄴ ③ ㄱ, ㄴ
④ ㄴ, ㄷ ⑤ ㄱ, ㄴ, ㄷ

20 다음은 지구계의 구성 요소들의 역할을 나타낸 것이다. 각 요소와 역할이 바르게 짝지어진 것은?

ㄱ. 화산 활동으로 인하여 대기의 구성 물질에 변화를 일으켜 기후 변화에 영향을 미친다.
ㄴ. 태양 복사 에너지에 의해 저장된 열을 분배하여 지구 전체의 에너지가 일정하도록 해준다.
ㄷ. 우주로부터 오는 유해한 우주 방사선을 막아준다.

	㉠	㉡	㉢
①	기권	지권	수권
②	수권	지권	기권
③	지권	수권	외권
④	외권	기권	수권
⑤	기권	생물권	외권

21 다음은 지구를 구성하는 원소에 대한 설명이다. 옳지 않은 것은?

① 기권을 구성하는 주요 원소는 질소와 산소이다.
② 수권을 구성하는 주요 원소는 수소와 산소이다.
③ 지각에서 가장 많은 양을 차지하는 원소는 규소이다.
④ 지구 전체에서 가장 많은 양을 차지하는 원소는 철이다.
⑤ 지구 중심부로 갈수록 무거운 원소들의 함량이 많아진다.

22 지구의 기권에 대한 설명 중 옳은 것만을 〈보기〉에서 있는 대로 고른 것은?

〈 보기 〉

ㄱ. 대류 운동은 대류권에서만 활발하게 일어난다.
ㄴ. 가장 기층이 안정한 층은 중간권이다.
ㄷ. 성층권에는 오존층이 형성되어 있어 자외선을 흡수하기 때문에 높이 올라갈수록 기온이 올라간다.
ㄹ. 열권에 형성되어있는 전리층은 지상에서 보내는 전파를 흡수하고 반사하여 무선 통신에 중요한 역할을 한다.

① ㄱ, ㄴ ② ㄴ, ㄷ ③ ㄷ, ㄹ
④ ㄱ, ㄴ, ㄷ ⑤ ㄴ, ㄷ, ㄹ

23 다음 표는 지구 내부 각 층의 물리적 특성을 나타낸 것이다. 이에 대한 설명으로 옳은 것만을 〈보기〉에서 있는 대로 고른 것은?

구분		깊이(km)	온도(℃)
지각	A	35	500
	B	5	
C		35(5) ~ 2,885	2,500
D		2,885 ~ 5,155	5,000
E		5,155 ~ 6,371	6,600

〈 보기 〉

ㄱ. A는 대륙 지각, B는 해양 지각이다.
ㄴ. 가장 많은 부피를 차지하는 층은 C이다.
ㄷ. 각 층을 구성하는 주요 물질은 같다.
ㄹ. C에는 고체 상태이지만 유동성이 있는 연약권이 존재한다.

① ㄱ, ㄴ ② ㄴ, ㄷ ③ ㄷ, ㄹ
④ ㄱ, ㄴ, ㄹ ⑤ ㄴ, ㄷ, ㄹ

24 지구의 수권에 대한 설명 중 옳은 것만을 〈보기〉에서 있는 대로 고른 것은?

〈 보기 〉

ㄱ. 육지의 물은 지하수로 존재하는 양이 가장 많다.
ㄴ. 해수의 염분에 포함되어 있는 염소 성분은 화산 활동을 통해 공급되었다.
ㄷ. 물이 순환할 때 물과 함께 에너지도 이동한다.
ㄹ. 수증기를 공급하여 기후를 형성하고 날씨 변화를 일으킨다.

① ㄱ, ㄴ ② ㄴ, ㄷ ③ ㄷ, ㄹ
④ ㄱ, ㄴ, ㄹ ⑤ ㄴ, ㄷ, ㄹ

스스로 실력 높이기

25 다음은 지구계에 대한 학생들의 대화이다. 지구계에 대하여 바르게 알고 있는 학생들을 바르게 짝지은 것은?

> 무한 : 앗, 갑자기 비가 내리네. 비가 내리는 기상 현상은 지구계의 구성 요소 중 기권과 가장 관련이 깊어.
>
> 상상 : 맞어. 하지만 지구계를 이루는 구성 요소들은 서로 관련이 없어서 각각의 영역에서만 역할이 있는 거야.
>
> 알탐 : 우리 같은 사람은 지구계의 구성 요소 중에서 생물권에 속하는 데 우리가 일으키는 환경 오염은 기권이나 수권, 지권에 모두 영향을 주잖아.
>
> 지학 : 그럼. 생물권에 속하는 식물이 광합성과 호흡 작용을 하면서 산소와 이산화 탄소를 조절해서 기권인 대기 조성 변화에 영향을 주는 것처럼 지구계는 모두 관련되어 있어.

① 무한, 상상　② 상상, 알탐
③ 알탐, 지학　④ 무한, 상상, 알탐
⑤ 무한, 알탐, 지학

26 다음은 외권에 대한 설명이다. 빈칸에 들어갈 말을 각각 쓰시오.

> 외권은 지구 대기권 바깥 영역인 우주 공간을 말한다. 지구계와 외권 사이에 (㉠) 이외의 물질 이동은 일어나지 않지만 (㉡)의 출입은 일어나며, (㉢)에 의해 형성되어 있는 공간에 의해 해로운 우주 방사선 등이 차단되어 생명체와 지구가 보호된다.

㉠ (　　　　), ㉡ (　　　　), ㉢ (　　　　)

심화

27 다음 그래프는 높이에 따른 기온과 기압 분포를 나타낸 것이다. 이에 대한 설명으로 옳은 것만을 〈보기〉에서 있는 대로 고르시오.

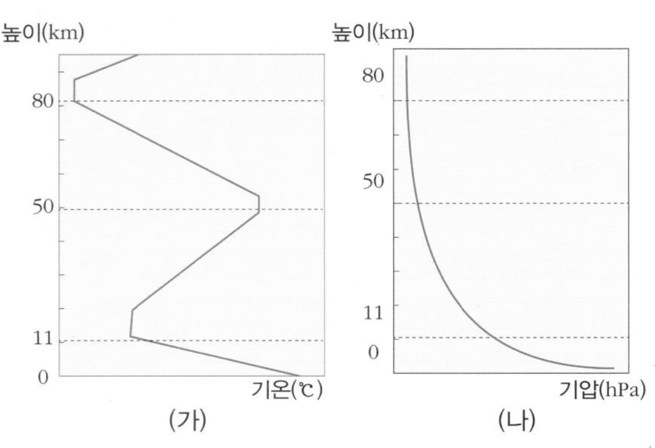

〈 보기 〉

ㄱ. 지면에서 높이 올라갈수록 기압이 감소하는 비율은 감소한다.
ㄴ. 공기의 밀도는 높이 올라갈수록 증가한다.
ㄷ. 기권의 층상 구조는 기온 분포에 따라 구분된다.
ㄹ. 대류권에는 대기 전체 질량의 약 50%가 분포한다.

(　　　　)

28 기온 분포에 따라 구분한 기권의 층상 구조 중에서 비행기의 항로로 이용되는 층을 쓰고, 그 이유를 쓰시오.

29 다음 표 (가)는 지구의 주요 원소 구성비와 (나)는 운석의 주요 원소 구성비를 나타낸 것이다. 이에 대한 설명으로 옳은 것만을 〈보기〉에서 있는 대로 고르시오.

[수능 기출 유형]

원소	지각	맨틀	핵	지구 전체
O	45.4	43.7	-	29.5
Si	25.8	22.5	-	15.2
Al	8.1	1.6	-	1.1
Mg	3.1	18.8	-	12.7
Fe	6.5	9.9	86.3	34.6
Ni	-	-	7.4	2.4

단위 (질량 %)

(가)

원소	석질 운석	철질 운석
O	33.2	-
Si	17.1	-
Al	1.2	-
Mg	14.3	-
Fe	27.2	90.8
Ni	1.6	8.6

단위 (질량 %)

(나)

〈 보기 〉

ㄱ. 석질 운석의 주요 원소 구성비는 지각과 가장 유사하다.
ㄴ. 철질 운석의 주요 원소 구성비는 핵과 가장 유사하다.
ㄷ. 지구 내부로 갈수록 무거운 원소의 구성 비율이 감소한다.
ㄹ. 석질 운석에 비해서 철질 운석의 밀도가 더 크다.

( )

30 다음 그래프는 위도가 다른 세 해역에서 깊이에 따른 수온의 변화를 나타낸 것이다. 이에 대한 설명으로 옳은 것만을 〈보기〉에서 있는 대로 고르시오.

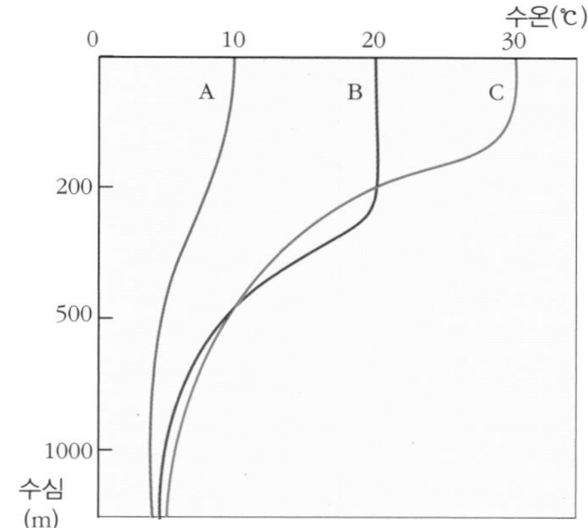

〈 보기 〉

ㄱ. 바람은 B해역에서 가장 강하다.
ㄴ. C해역이 가장 저위도 지역이다.
ㄷ. A해역의 수온 분포는 위도 30° ~ 60° 사이의 중위도 지방에서 잘 나타난다.
ㄹ. 1,000m 이상의 깊이에서는 항상 수온이 일정한 수온 약층이 나타난다.
ㅁ. 입사되는 태양 복사 에너지의 양은 C해역이 가장 많다.

( )

3강. 지구계의 순환과 상호 작용

1. 지구계의 에너지원

(1) **지구계의 에너지원** : 지구에서 일어나는 모든 자연 현상들은 태양 에너지, 지구 내부 에너지, 조력 에너지 등에 의해 일어난다.

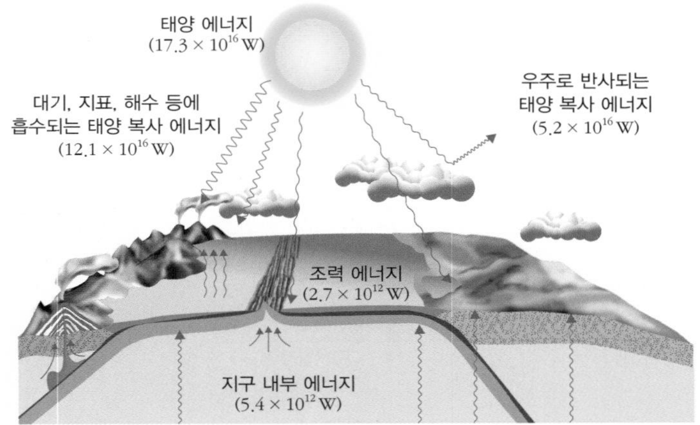

▲ 지구계의 에너지원

(2) **태양 에너지** : 지구계의 에너지원 중 가장 큰 비중을 차지하며, 지구 환경 변화에 가장 큰 영향을 주는 에너지이다.

① 태양의 수소 핵융합 반응에 의해 발생한 에너지이다.

② **태양 에너지와 지구계의 구성 요소와의 관계**

수권	지권	기권	생물권
물을 증발시켜 구름을 만들고, 해수를 순환시킨다.	풍화, 침식, 퇴적, 운반 작용을 일으켜 지표면을 변화시킨다.	바람과 대기의 순환을 일으켜서 날씨와 기후 변화를 만든다.	생명 활동의 에너지원이다.

(3) **지구 내부 에너지** : 지권에서 일어나는 모든 에너지의 근원이다.

① 지구 내부의 핵에서 방출되는 고온의 열에너지와 암석 속 방사성 원소의 붕괴에 의해 방출되는 에너지를 말한다.

② **지구 내부 에너지와 지구계의 구성 요소와의 관계** : 맨틀 대류에 의한 판의 운동과 지진이나 화산 활동, 조산 운동을 일으켜 지표를 변화시키고 다양한 지형을 만든다.

(4) **조력 에너지** : 달과 태양의 인력이 지구에 작용하여 생기는 에너지로 밀물과 썰물(조석 현상)을 일으켜 해안 지형을 변화시키고, 해안 주변의 생태계에도 영향을 준다.

개념확인 1

지구계의 에너지원 중 지구 환경 변화에 가장 큰 영향을 주는 에너지는?

( )

확인+1

다음 중 태양 에너지에 의해서 나타나는 현상이 아닌 것은?

① 물의 증발과 해수의 순환 ② 바람과 대기의 순환 ③ 침식, 퇴적 작용
④ 밀물과 썰물 작용 ⑤ 식물의 광합성 작용

● 수소 핵융합 반응

4개의 수소가 융합하여 1개의 헬륨이 되는 과정을 말한다. 이 과정에서 많은 에너지가 발생한다. 태양 내부의 수소 핵융합 반응에 의해 빛과 열에너지가 방출되는 것이다.

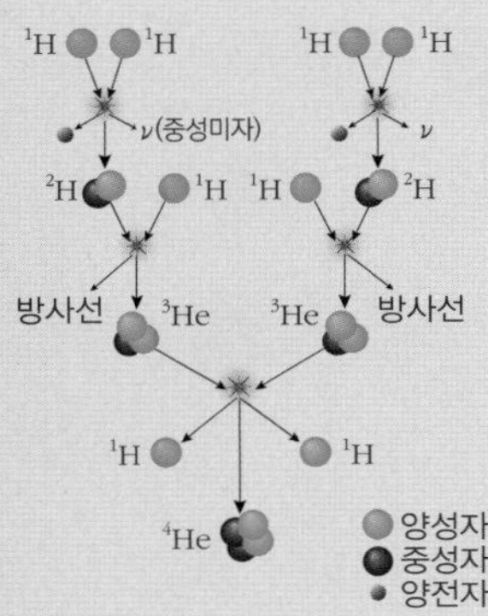

● 방사성 원소

원자핵이 불안정한 원소를 말하며, 이들이 방사선을 방출하고 붕괴하면서 안정한 원소가 된다.

● 밀물과 썰물을 일으키는 힘

밀물과 썰물을 일으키는 힘을 기조력이라고 한다. 기조력에 영향을 미치는 천체는 달과 태양이다.

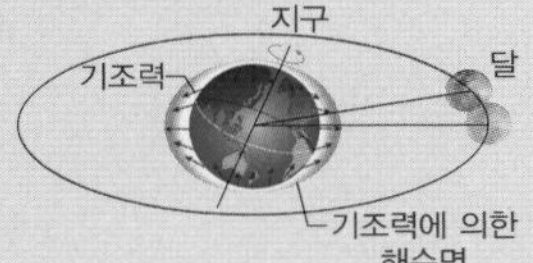

기조력의 크기는 천체의 질량에 비례하고 (지구와 천체사이의 거리)^{3}에 반비례한다. 따라서 태양은 달보다 질량은 크지만 거리가 더 멀기 때문에 태양에 의한 기조력은 달에 의한 기조력의 0.46배에 불과하다.

미니사전

조산 운동 [造 만들다 山 산 - 운동] 마그마에 의한 변성작용 없이 습곡이나 단층작용에 의해 대규모의 습곡 산맥을 만드는 지각 변동

2. 지구계의 순환 – 탄소 순환

(1) 지구계에서 탄소의 존재 형태 및 분포

① **탄소의 존재 형태** : 탄소는 지구상에서 다양한 형태로 존재한다.

지권	기권	수권	생물권
석회암($CaCO_3$)이나 화석 연료(석유, 석탄) 등의 형태로 존재	이산화 탄소(CO_2), 일산화 탄소(CO), 탄화수소류 등의 형태로 존재	탄산 이온(CO_3^{2-}), 탄산수소 이온(HCO_3^-) 등의 형태로 존재	생물체에 흡수된 탄소가 유기물의 형태로 존재

② **탄소의 분포** : 지구상에 분포하는 탄소의 약 99.9%가 지권에 포함되어 있다.

구분	기권	생물권	수권	지권	
	대기	생물	해양	화석 연료	퇴적암(석회암)
탄소의 양 ($\times 10^{12}$kg)	750	2,000	39,120	4,000	80,000,000

(2) 탄소 순환 : 탄소는 지권, 수권, 기권, 생물권을 순환하면서 균형을 이룬다.

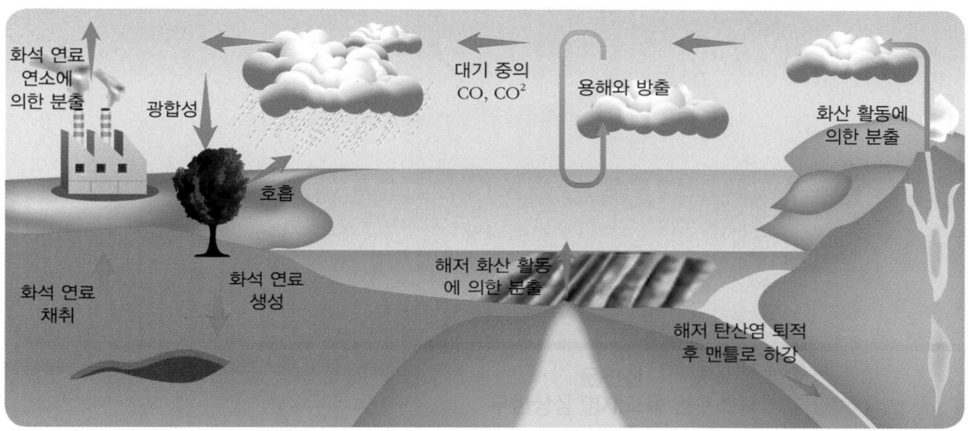

▲ 탄소 순환 : 탄소는 일반적으로 지권 → 기권 → 생물권(또는 수권) → 지권의 과정을 거친다

(예) 화산 활동으로 이산화 탄소, 일산화 탄소 등이 대기 중으로 방출 → 식물의 광합성을 통해 식물에 흡수 → 식물체가 죽어서 묻힌 유해가 화석 연료를 형성 → 인간의 활동으로 연소되어 대기 중으로 방출 (지권 → 기권 → 생물권 → 지권 → 기권)

(3) 탄소 순환의 변화에 의한 지구 온난화 : 인간 활동에 의한 화석 연료 사용의 증가로 대기 중 이산화 탄소의 농도가 증가하면서 탄소 순환의 균형이 무너지고 지구 온난화가 발생하고 있다.

개념확인 2

정답 및 해설 14쪽

다음 빈칸에 알맞은 지구계의 구성요소를 쓰시오.

지구상에 분포하는 탄소의 약 99.9%가 (   )에 분포한다.

확인+2

대기 중 탄소의 양이 감소하는 원인을 모두 고르시오.(2개)

① 식물의 호흡
② 식물의 광합성
③ 화석 연료의 연소
④ 화산 활동에 의한 분출
⑤ 해수에 용해

● 대기 중 탄소

· 대기 중 탄소가 증가하는 요인 : 호흡, 화산 활동, 해수에서 방출, 인간 활동을 통한 화석 연료의 연소

▲ 화석 연료의 연소

· 대기 중 탄소가 감소하는 요인 : 광합성, 해수에 용해

● 해수 중 탄소

기체는 온도가 낮을수록, 압력이 높을수록 더 많이 용해된다. 따라서 해수의 온도가 높을수록 이산화 탄소의 대기 중 방출량이 늘어나게 된다.

반대로 해수의 온도가 낮아지면 대기 중에 있던 이산화 탄소가 해수 속으로 더 많이 용해된다.

● 지권과 탄소

· 화석 연료 : 생물권에서 유기물의 형태로 저장되어 있던 탄소가 생물체의 죽음으로 땅속에 묻혀 오랜 시간 동안 열과 압력에 의해 화석 연료의 형태로 변한다.

· 석회암의 형성

① 화학적 침전 : 물속에 녹아 있던 탄산 이온(CO_3^{2-}), 탄산수소 이온(HCO_3^-)이 칼슘 이온(Ca^{2+})과 결합하여 석회암($CaCO_3$)을 형성한다.

▲ 석회 동굴

② 유기적 퇴적 : 산호나 조개와 같이 $CaCO_3$으로 구성된 생물체들의 유해가 땅속에 묻혀 석회암을 형성한다.

- 물의 상태 변화와 에너지 이동

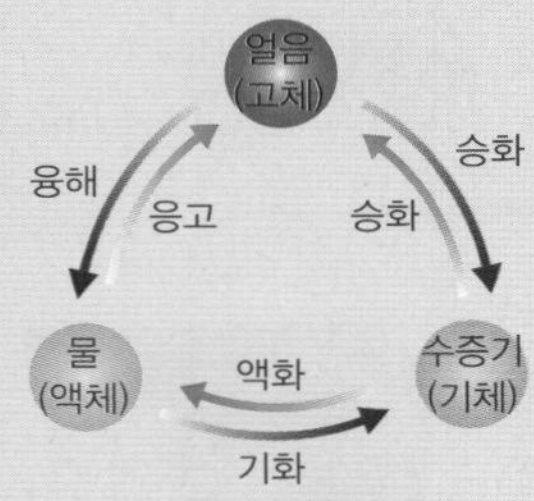

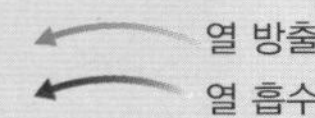

예 지표상의 물이 태양 복사 에너지를 흡수하여 수증기가 된다.

- 물의 순환에 의한 지표 변화

	특징
V자곡	하천의 상류에 만들어진 V자 모양의 경사가 급한 계곡
선상지	하천이 평지로 흘러나올 때 유속이 느려지면서 쌓인 퇴적물에 의해 형성된 부채꼴 모양의 지형
곡류	구불구불하게 휘어진 모양의 유속이 느린 하천
우각호	하천의 일부가 본래의 하천에서 분리되어 생긴 쇠뿔 모양 또는 초승달 모양 호수
삼각주	강이나 호수의 하구에 유수에 의해 운반되어 온 퇴적물들이 쌓여 이루어진 편평한 지형

미니사전

물수지 [물 收 거두다 支 유지하다] 일정 기간 동안 물의 유입과 유출이 균형을 이루는 상태

3. 자구계의 순환 – 물의 순환

(1) 지구계에서 물의 존재 형태 : 물은 지구상에서 다양한 형태로 존재한다.

기권	수권	생물권
수증기의 형태로 존재한다.	대부분 바다에 존재한다. 바다 다음으로는 빙하의 형태로 가장 많이 존재하며, 강이나 호수, 하천, 지하수 등으로도 존재한다.	생물체의 몸을 구성하는 성분으로 존재한다.

(2) 물의 순환 : 물을 순환시킬 수 있는 주요 에너지원은 태양 복사 에너지이다. 물은 순환을 하면서 에너지를 운반하여 지구 전체에 에너지를 고르게 분배할 뿐만 아니라 풍화와 침식 작용을 일으켜 지표 및 기후 변화에도 영향을 미친다.

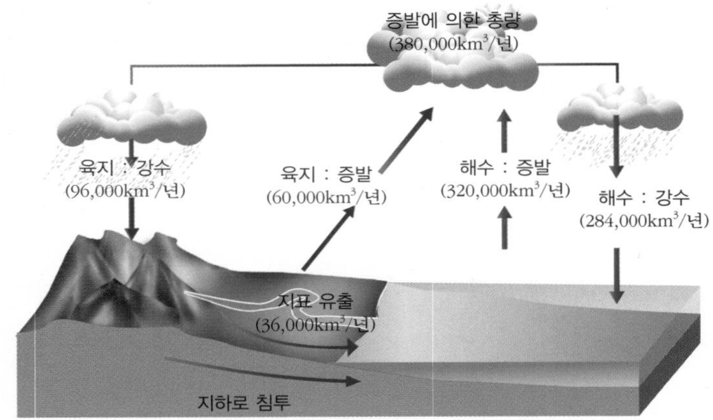

▲ **물의 순환** : 물은 그 상태(고체, 액체, 기체)를 바꿔가면서 계속 순환을 한다.

예 육지나 바다에서 물의 증발 → 증발한 수증기에 의한 구름의 생성 → 구름이 이동하여 육지나 바다에 눈이나 비가 내림 → 강이나 하천, 지하수가 되어 낮은 곳으로 이동(지표의 변화) → 바다로 유입 (수권 → 기권 → 수권)

(3) 물수지 평형 : 물이 순환할 때 물의 총량은 항상 일정하여 평형을 이룬다.

	해양	육지	비고
총 증발량 (해양 + 육지) = 총 강수량 (해양 + 육지)	증발량 〉 강수량	증발량 〈 강수량	육지에서 남는 물이 해양으로 이동함에 따라 물수지는 평형을 이룬다.

개념확인 3

물을 순환시킬 수 있는 주요 에너지원을 쓰시오.

( )

확인+3

다음은 물의 순환에 대한 설명이다. 알맞은 말을 각각 고르시오.

해양은 증발량이 강수량보다 (㉠ 많고, ㉡ 적고), 육지는 증발량이 강수량보다 (㉠ 많다, ㉡ 적다). 하지만 남는 물이 해양으로 이동함에 따라 지구상 물의 총량은 항상 일정하여 평형을 이룬다.

4. 지구계의 에너지 순환과 상호 작용

(1) 지구계의 에너지 순환 : 기권, 수권, 지권, 생물권의 상호 작용을 통해 지구계에 흡수된 에너지가 순환한다.

① **지구의 복사 평형** : 지구는 흡수한 태양 복사 에너지의 양과 같은 양의 에너지를 우주 공간으로 방출하기 때문에 지구의 평균 기온은 일정하게 유지된다.

② **위도별 에너지의 불균형** : 지구는 구형이기 때문에 고위도로 갈수록 입사하는 태양 복사 에너지가 감소한다. 하지만 대기와 해수의 순환을 통해 저위도의 과잉 에너지가 고위도로 이동하면서 지구의 에너지가 전체적으로 평형을 이루게 된다.

(2) 지구계의 상호 작용 : 지구계를 구성하고 있는 지권, 기권, 수권, 생물권은 서로 물질과 에너지를 주고받으며 상호 작용을 하고 있다.

① **열린계** : 지권, 기권, 수권, 생물권은 서로에 대하여 물질과 에너지가 모두 자유롭게 출입하는 열린계이다.

② 지구계의 상호 작용은 같은 영역 사이에서도 일어나고, 서로 다른 영역끼리도 일어난다.

▲ 지구계의 상호 작용

근원 \ 영향	기권	수권	지권	생물권
기권	기단과 전선을 형성하여 기상 변화를 일으키고 기후를 형성	파도와 표층 해류를 발생시키고, 엘니뇨와 라니냐 현상을 일으킴	바람에 의한 지표의 풍화, 침식 작용으로 지표 변화	바람에 의해 종자와 포자의 운반, 광합성과 호흡에 의한 가스 이동
수권	바다에서 많은 수증기를 공급, 태풍 발생	심층 해수의 순환과 해수의 혼합	물의 흐름에 의한 침식과 운반, 퇴적 작용으로 지표 변화	생물의 서식처를 제공하고, 물과 염류의 공급
지권	화산 활동에 의한 가스 분출과 화석 연료의 연소로 대기 조성 변화	지권의 물질이 용해되어 수권에 유입, 해저 화산 활동에 의한 해수 조성 변화	판의 운동으로 인한 지각 변동, 대륙 이동, 조산 운동	생물의 서식처를 제공하고, 광물질에 의한 영양분을 공급
생물권	생물의 광합성과 호흡을 통한 대기 조성 변화	수중 생물의 서식처 제공 및 생물체 유해 물질이 퇴적하여 이동	화석 연료와 토양의 생성과 생물에 의한 풍화 작용으로 지표 변화	먹이 사슬 유지

개념확인 4 정답 및 해설 14쪽

석회 동굴이 만들어지는 과정에서 상호 작용하는 지구계의 구성 요소를 모두 쓰시오.

( )

확인+4

다음은 기권에 의한 지구계의 구성 요소들의 변화를 나타낸 것이다. 수권의 변화에는 '수', 지권의 변화에는 '지', 생물권의 변화에는 '생'을 쓰시오.

(1) 식물의 종자와 포자가 운반된다. ( )
(2) 지표의 풍화와 침식 작용으로 지형이 변한다. ( )
(3) 엘니뇨와 라니냐 현상을 일으킨다. ( )

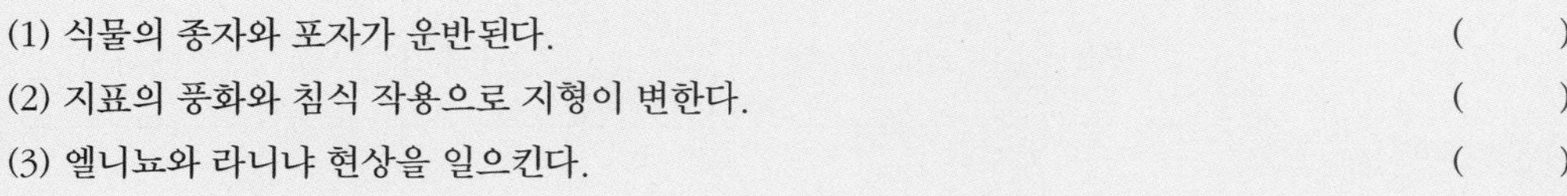

● 위도에 따른 에너지 수지

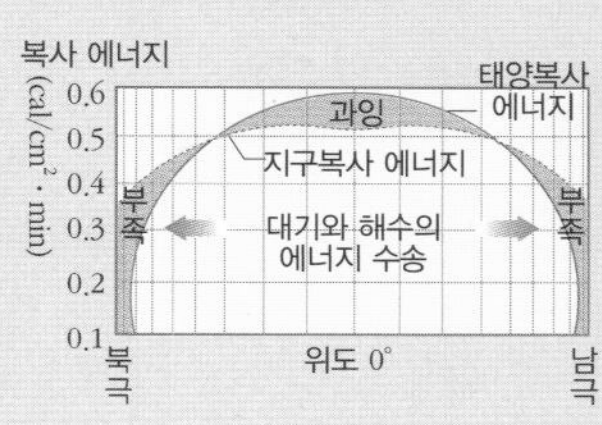

● 엘니뇨와 라니냐

엘니뇨란 무역풍의 영향으로 동태평양 적도 부근의 수온이 높아져 일정한 기간 동안 지속되는 현상을 말하며, 라니냐는 반대로 동태평양 해수의 수온이 5개월 이상 평년보다 0.5℃ 이상 차가워지는 현상을 말한다.

● 수권에 의한 기권의 변화

▲ 태풍

● 지권과 기권의 상호 작용

▲ 화산 활동

● 수권에 의한 지권의 변화

▲ 해안가 모래

미니사전

기단 [氣 공기 團 모이다] 성질이 거의 같은 공기 덩어리

전선 [前 앞 線 선] 성질이 다른 두 기단의 경계면이 지표와 만나는 선

개념 다지기

01

다음은 지구계의 에너지원에 대한 설명이다. 태양 에너지에 대한 설명에는 '태', 지구 내부 에너지에 대한 설명에는 '지', 조력 에너지에 대한 설명에는 '조'를 쓰시오.

(1) 지권에서 일어나는 모든 현상에 관여하는 에너지의 근원 ( )

(2) 지구 환경 변화에 가장 큰 영향을 주는 에너지 ( )

(3) 조석 현상을 일으켜 해안 지형을 변화시키는 에너지 ( )

02

지구계의 에너지원들 중 양이 적은 것부터 순서대로 바르게 나열한 것은?

① 태양 에너지 〈 조력 에너지 〈 지구 내부 에너지
② 조력 에너지 〈 태양 에너지 〈 지구 내부 에너지
③ 태양 에너지 〈 지구 내부 에너지 〈 조력 에너지
④ 조력 에너지 〈 지구 내부 에너지 〈 태양 에너지
⑤ 지구 내부 에너지 〈 조력 에너지 〈 태양 에너지

03

지구계의 구성 요소에서 탄소의 존재 형태를 〈보기〉에서 골라 바르게 짝지은 것은?

〈 보기 〉

ㄱ. 석회암($CaCO_3$)　　ㄴ. 이산화 탄소(CO_2)　　ㄷ. 유기물　　ㄹ. 탄산 이온(CO_3^{2-})

	구성 요소	존재 형태		구성 요소	존재 형태		구성 요소	존재 형태
①	기권	ㄱ	②	지권	ㄴ	③	수권	ㄷ
④	기권	ㄹ	⑤	지권	ㄱ			

04

다음 설명은 지구계의 순환 중 무엇의 순환에 대한 설명인가?

화산 활동으로 가스가 대기 중으로 방출된다.
→ 식물의 광합성을 통해 식물에 흡수된다.
→ 식물체가 죽어서 묻힌 유해가 화석 연료를 형성한다.
→ 인간의 활동으로 연소되어 대기 중으로 방출된다.

① 물　　② 산소　　③ 탄소　　④ 수증기　　⑤ 에너지

05

다음 〈보기〉 중 물의 순환에 대한 설명으로 옳은 것만을 〈보기〉에서 있는 대로 고른 것은?

〈 보기 〉

ㄱ. 물을 순환시키는 주요 에너지원은 지구 내부 에너지이다.
ㄴ. 물의 순환을 통해 지구 전체에 에너지가 고르게 분배가 된다.
ㄷ. 물이 순환하더라도 물의 총량은 항상 일정하여 물수지 평형을 이룬다.

① ㄱ ② ㄴ ③ ㄷ ④ ㄱ, ㄴ ⑤ ㄴ, ㄷ

06

다음은 물의 순환에 대한 설명이다. 빈칸에 들어갈 말을 보기에서 골라 기호로 쓰시오.

물이 순환할 때 물의 총량은 항상 일정하다. 이것은 증발량보다 강수량이 많은 (㉠)에서 남는 물이 강수량보다 증발량이 (㉡) (㉢)(으)로 이동함에 따라 물수지가 평형을 이루게 되는 것이다.

	㉠	㉡	㉢
①	육지	적은	해양
②	해양	적은	육지
③	육지	많은	해양
④	해양	많은	육지
⑤	육지	같은	해양

07

다음 설명에 해당하는 현상을 쓰시오.

지구가 흡수한 태양 복사 에너지의 양과 같은 양의 지구 복사 에너지를 우주로 다시 방출하여 지구의 평균 기온이 항상 일정하게 유지되는 현상을 말한다.

( )

08

오른쪽 그림은 지구계의 구성 요소들의 상호 작용 관계를 나타낸 것이다. A, B, C 에 해당하는 것을 〈보기〉에서 골라 각각 기호로 답하시오.

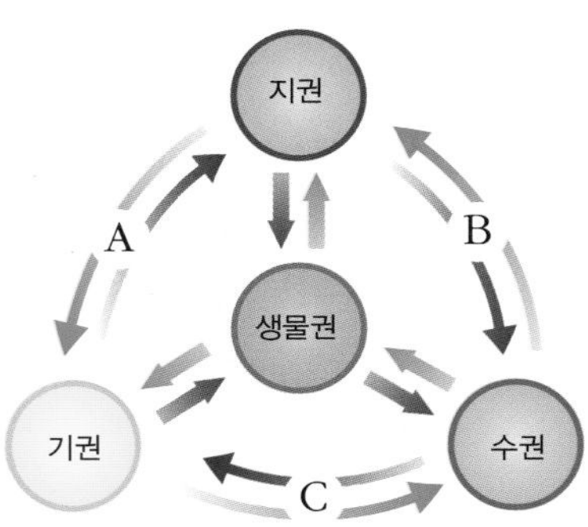

〈 보기 〉

ㄱ. 화산 활동에 의한 가스가 공기 중으로 공급된다.
ㄴ. 저위도 해상에서 수증기가 응결하면서 발생하는 에너지로 태풍이 형성된다.
ㄷ. 하천의 상류에 V자 모양의 계곡이 형성된다.

A ( ), B ( ), C ( )

유형 익히기 & 하브루타

[유형3-1] 지구계의 에너지원

다음 그림은 지구계의 에너지원을 나타낸 것이다. 이에 대한 설명으로 옳은 것은?

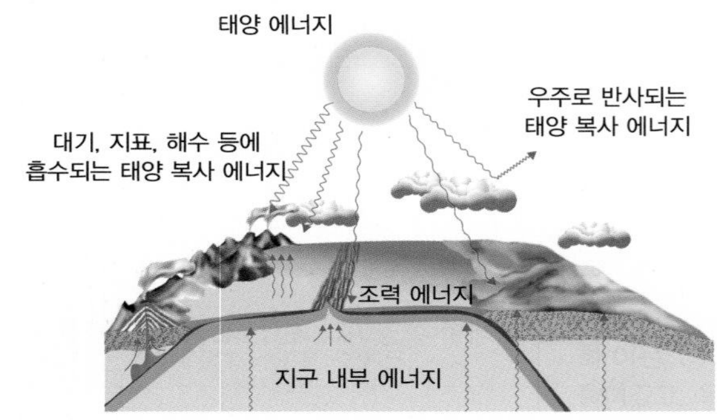

① 태양 에너지에 의해 조석 현상이 일어난다.
② 조력 에너지에 의해 해수의 순환이 일어난다.
③ 지구 내부 에너지에 의해 대기의 순환이 일어난다.
④ 지구 환경 변화에 가장 큰 영향을 주는 에너지는 태양 에너지이다.
⑤ 지구계의 3가지 에너지원의 총량과 흡수되거나 반사되는 태양 복사 에너지의 총량은 같다.

01 다음 〈보기〉는 에너지를 발생시키는 원인을 나타낸 것이다. 지구계의 에너지원과 발생 원인을 바르게 짝지은 것은?

〈 보기 〉

ㄱ. 수소 핵융합 반응
ㄴ. 달과 태양의 인력
ㄷ. 암석 속 방사성 원소의 붕괴
ㄹ. 지구 내부의 핵에서 방출되는 고온의 열에너지

	지구계의 에너지원	원인
①	태양 에너지	ㄹ
②	조력 에너지	ㄷ
③	지구 내부 에너지	ㄴ
④	태양 에너지	ㄱ
⑤	조력 에너지	ㄹ

02 다음 〈보기〉는 지구에서 일어나는 다양한 자연 현상들을 나타낸 것이다. 관련있는 지구계의 에너지원과 바르게 짝지어진 것은?

〈 보기 〉

ㄱ. 풍화, 침식, 퇴적, 운반 작용을 일으켜 지표면을 변화시킨다.
ㄴ. 지진이나 화산 활동을 일으켜 다양한 지형을 만든다.
ㄷ. 밀물과 썰물을 일으켜 해안 주변의 생태계에 영향을 준다.
ㄹ. 생명 활동의 에너지원이다.

	지구계의 에너지원	자연 현상
①	조력 에너지	ㄱ
②	지구 내부 에너지	ㄴ
③	태양 에너지	ㄷ
④	조력 에너지	ㄹ
⑤	지구 내부 에너지	ㄱ

[유형3-2] 지구계의 순환 – 탄소 순환

다음 그림은 지구 환경에서 탄소 순환 모습을 나타낸 것이다. 이에 대한 설명으로 옳은 것은?

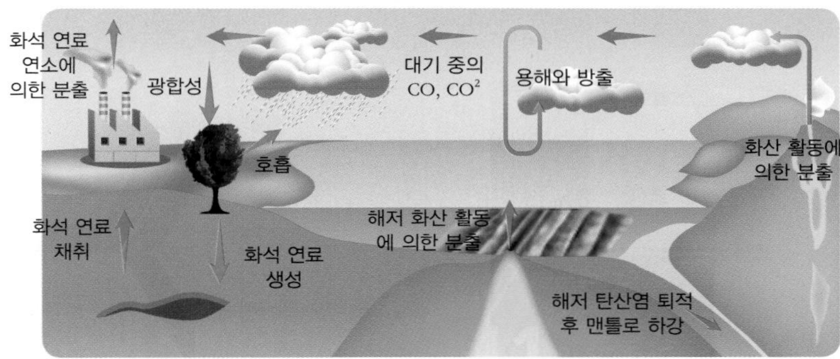

① 수권에서 탄소는 유기물의 형태로 존재한다.
② 화산 활동에 의해 대기 중 탄소의 양은 감소한다.
③ 지구계의 구성 요소 중 기권에 가장 많은 탄소가 분포한다.
④ 식물의 호흡을 통해 탄소가 기권에서 생물권으로 이동한다.
⑤ 지권에서 탄소는 석회암이나 화석 연료 등의 형태로 존재한다.

03 다음 그림은 지구계에서 탄소의 순환을 나타낸 것이다. 이에 대한 설명으로 옳은 것은?

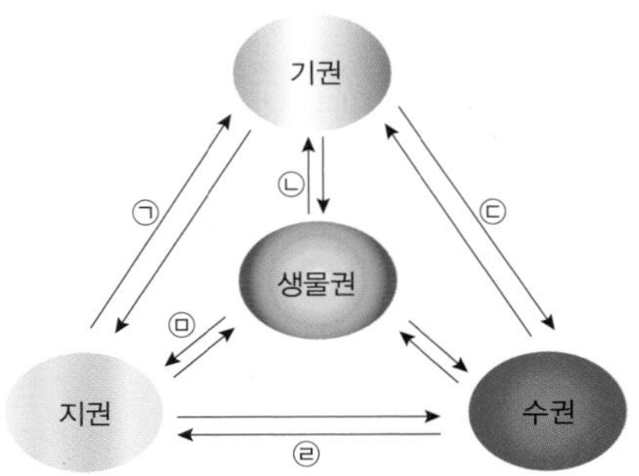

① ㉠ : 이산화 탄소 형태의 탄소가 석회암 형태의 탄소로 전환된다.
② ㉡ : 광합성을 통해 탄소가 기권으로 전환된다.
③ ㉢ : 해수의 온도가 낮을수록 탄소는 더 많이 용해된다.
④ ㉣ : 해저 화산활동으로 발생한 탄소가 해수 속으로 분출된다.
⑤ ㉤ : 호흡을 통해 탄소가 화석 연료의 형태로 전환된다.

04 다음 중 지구계의 구성 요소 중 탄소가 가장 많이 분포되어 있는 구성 요소와 탄소의 형태가 바르게 짝지어진 것은?

	지구계의 구성 요소	탄소의 형태
①	기권	CO_2
②	지권	$CaCO_3$
③	수권	CO_3^{2-}
④	외권	HCO_3^-
⑤	생물권	유기물

유형 익히기 & 하브루타

[유형3-3] 지구계의 순환 – 물의 순환

다음 그림은 지구계에서 물의 순환 모습과 연간 이동량을 나타낸 것이다. 각 물음에 답하시오.

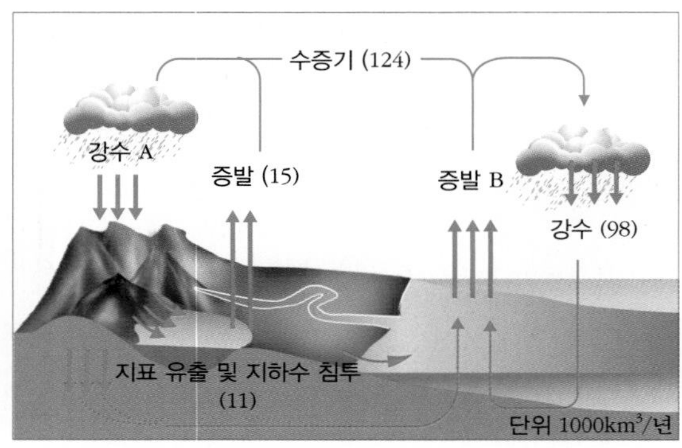

(1) 강수량A와 증발량 B를 몇 단위인지 각각 쓰시오.

A (　　　　) 단위, B (　　　　) 단위

(2) 물이 순환할 때 물의 총량은 항상 일정하여 평형을 이룬다. 이것을 무엇이라고 하는가?

(　　　　　　　　)

05 다음 그림은 물의 순환 과정을 나타낸 것이다. 이에 대한 설명으로 옳은 것은?

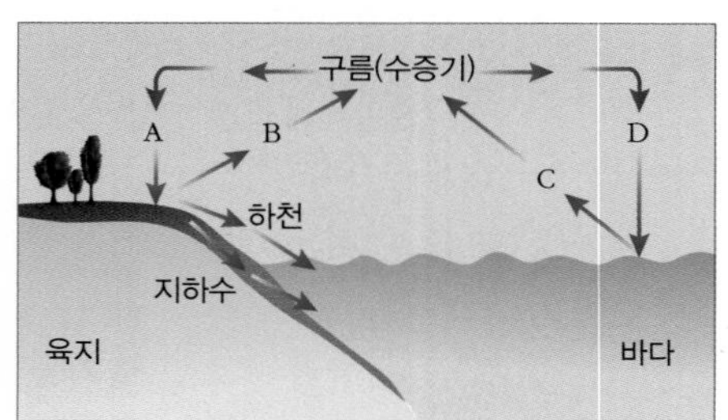

① A 과정에서는 열이 흡수된다.
② C 과정에서는 열이 방출된다.
③ 육지에서는 증발량과 강수량이 같다.
④ 바다에서는 증발량이 강수량보다 많다.
⑤ 물을 순환시키는 주요 에너지원은 지구 복사 에너지이다.

06 해양과 육지에서 물의 증발량과 강수량의 비교가 바르게 짝지어진 것은?

	해양	육지
①	증발량 = 강수량	증발량 = 강수량
②	증발량 〉 강수량	증발량 〉 강수량
③	증발량 〈 강수량	증발량 〈 강수량
④	증발량 〉 강수량	증발량 〈 강수량
⑤	증발량 〈 강수량	증발량 〉 강수량

[유형3-4] 지구계의 에너지 순환과 상호 작용

다음 그림은 지구계의 구성 요소들의 상호 작용하는 모습을 나타낸 것이다. 이에 대한 설명으로 옳은 것은?

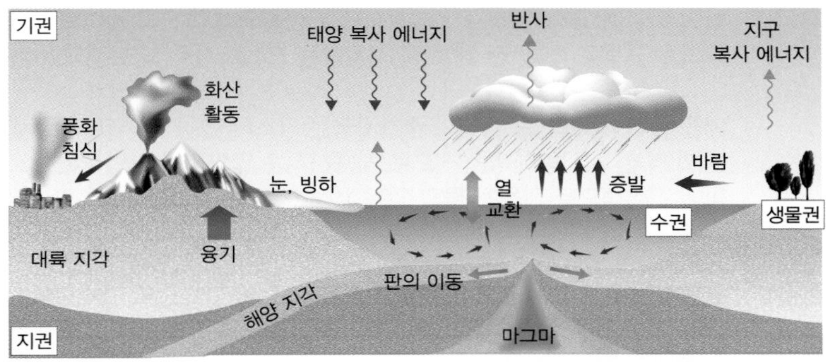

① 수권과 기권 사이에는 열만 이동한다.
② 판이 이동하도록 만드는 에너지는 조력 에너지이다.
③ 지구계의 상호 작용은 서로 다른 영역끼리만 일어난다.
④ 바람에 의해 식물의 종자가 운반되는 것은 생물권과 기권의 상호 작용이다.
⑤ 고위도로 갈수록 흡수한 태양 복사 에너지의 양이 방출하는 지구 복사 에너지의 양보다 많다.

07

다음 그림은 지구계의 환경 구성 요소들 간의 상호 작용의 관계를 나타낸 것이다. 다음 글에서 설명하는 과정을 모두 고른 것은?

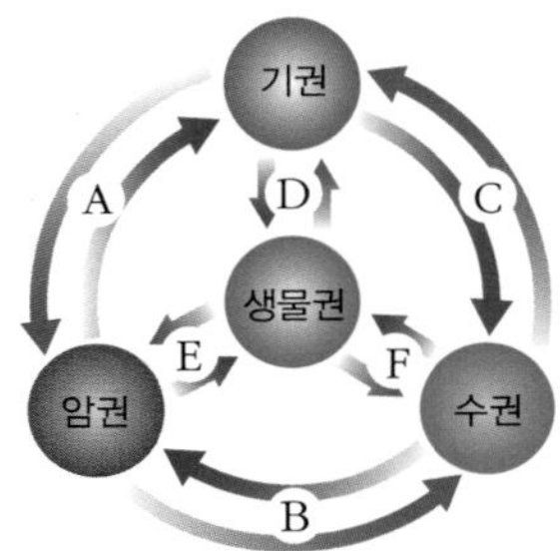

> 인간에 의한 화석 연료 사용으로 대기 중의 이산화 탄소량이 증가하고 온실 효과로 인해 기온이 상승하면서 평균 해수면이 상승하고 있다.

① A, B ② B, C ③ C, A
④ D, C ⑤ E, F

08

다음 중 같은 영역에서의 상호 작용에 대한 설명이 아닌 것은?

① 먹이 사슬이 유지된다.
② 심층 해수의 순환이 발생한다.
③ 판의 운동으로 인한 대륙 이동이 일어난다.
④ 기단과 전선을 형성하여 기상 변화를 일으킨다.
⑤ 바다에서 많은 수증기를 공급하여 태풍이 발생한다.

창의력&토론마당

01 물은 지구상에서 다양한 형태로 존재하며, 물의 순환을 통해 지구 전체에 에너지를 고르게 분배한다. 인간이 사용하는 물의 양을 나타내는 지표 중 하나인 '물발자국(water footprint)'이란 직접적으로 사용하는 물뿐만 아니라 음식이나 제품을 만드는 데에도 사용되는 눈에 보이지 않는 물의 사용량을 모두 합친 총량을 말한다. 이는 네달란드 드벤테 대학의 아르예 교수에 의해 전세계적으로 선진국과 후진국 사이의 물 사용의 불균형을 막고, 전 세계 물 사용량을 조절하기 위해 도입되었다.

예를 들어 파스타 한 접시의 물발자국은 파스타 면을 끓이고 그릇 세척에 직접적으로 사용하는 2L의 물 사용량에 직접적으로 사용하지는 않았지만 밀의 생산(180L)과 가공(12L), 운송(6L) 등에 간접적으로 사용된 물의 양은 198L으로 총 파스타 1그릇의 물발자국은 약 200L가 되는 것이다.

▲ 파스타의 물발자국

(1) 〈 http://thewfp.com/doc/calculator01.html 〉 ⇦ 사이트에 접속하면 품목별 물발자국을 알 수 있다. 이를 참고로 하여 오늘 먹은 점심 메뉴의 물발자국을 계산하시오.

(2) 물발자국을 줄일 수 있는 자신의 방법을 서술해 보시오.

02 달과 지구 사이에 작용하는 힘은 두가지가 있다. 첫번째 달과 지구 사이에 잡아당기는 힘인 인력이다. 이는 두 천체 사이의 거리가 멀수록 작아진다. 두번째 두 천체의 질량 중심을 축으로 회전하여 발생하는 원심력이 있다. 두 천체의 질량 중심은 지구가 달에 비해 질량이 크기 때문에 지구 내부에 위치하며, 이 지점을 중심으로 지구와 달이 회전을 하면서 원심력이 발생한다. 이 원심력의 크기는 항상 같다.
이러한 인력과 원심력의 합력에 의해 밀물과 썰물을 일으키는 '기조력'이 생긴다.

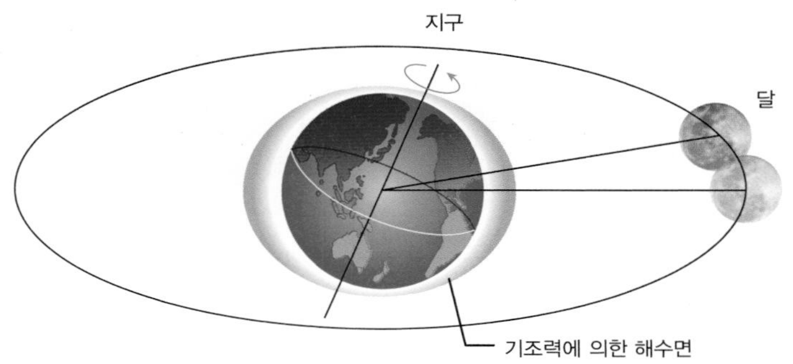

두 힘의 합성은 평행사변형법을 이용하여 나타낼 수 있다. 평행사변형법이란 한 물체에 두 힘(F_1, F_2)이 동시에 작용할 때 두 힘을 이웃한 두 변으로 하는 평행사변형을 그리면, 평행사변형의 대각선이 두 힘의 합력(F)을 나타낸다.

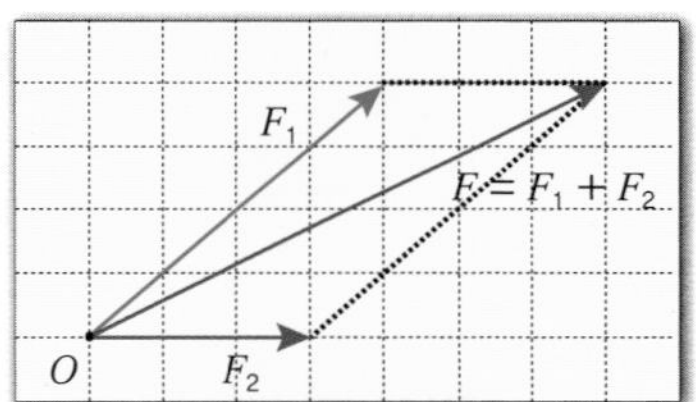

평행사변형법과 두 힘의 합성을 이용하여 다음 그림에 기조력을 각각 그려보시오.

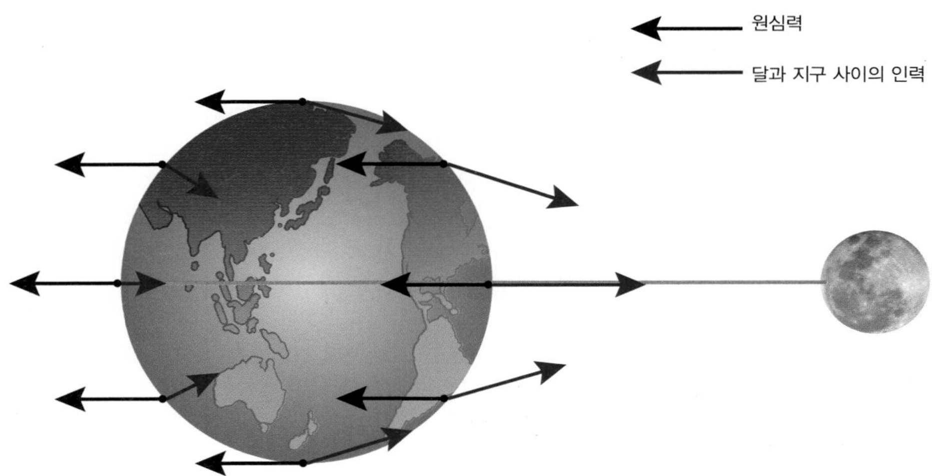

창의력&토론마당

03

46억 년 전 지구가 생겨난 후 약 35억 년 전에 생명체가 나타났다. 그 이후 지구의 역사는 계속 이어져 오고 있다. 지구의 역사는 크게 6개의 대로 나뉜다. 오래된 시기부터 명왕대, 시생대, 원생대, 고생대, 중생대, 신생대이다.

고생대와 중생대 사이, 중생대와 신생대 사이에는 생물체의 대멸종이 있었다. 이러한 대멸종의 원인으로는 여러 가지 가설이 제기되고 있다.

▲ 고생대 '삼엽충'

▲ 고생대_육상 생물 '익티오스테가'

고생대 말인 2억 5,000만 년 전 발생한 사상 최대의 멸종은 대규모의 화산 활동 때문이라는 가설이 가장 유력하다. 이때 해양 생물종의 90%이상, 육상 생물종의 약 70%가 대량으로 멸종되었고, 지구의 생태계도 크게 바뀌었다. 현재 시베리아에 이 시기에 분출한 용암이 2,000km^2 넓이로 두텁게 남아 있다.

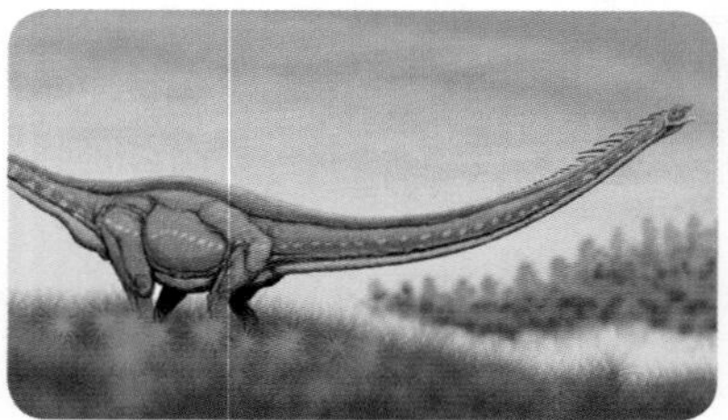

▲ 중생대 '마멩키사우루스'

▲ 중생대 '헤레라사우루스'

중생대 백악기 말기인 6,550만 년 전 지구 상에서 가장 번성했던 공룡이 멸종한 이유 중 가장 유력한 가설은 지름 10km 정도의 소행성이 멕시코의 유카탄 반도에 떨어져서 발생한 대규모의 화재와 지진, 거대한 해일 때문이었다는 것이다. 이 소행성 충돌로 지름 170km 의 화구가 생성되었고, 지각의 표층이 벗겨지면서 잘게 부서져 분진이 되어 대기 중으로 올라가 그 먼지로 인하여 태양 빛이 가려지게 되었다. 그로 인하여 광합성 생물이 사라지기 시작하면서 연쇄적으로 생물체들이 모습을 감추게 된 것이다.

생물체의 대멸종을 발생시킨 가설들을 참고로 하여 그 시기에 대멸종이 나타나게 된 과정을 지구계 구성 요소의 상호 작용과 관련하여 각각 서술하시오.

04

다음 그림은 지구 환경에서 에너지의 순환 과정을 나타낸 것이다. 다음 물음에 답하시오.

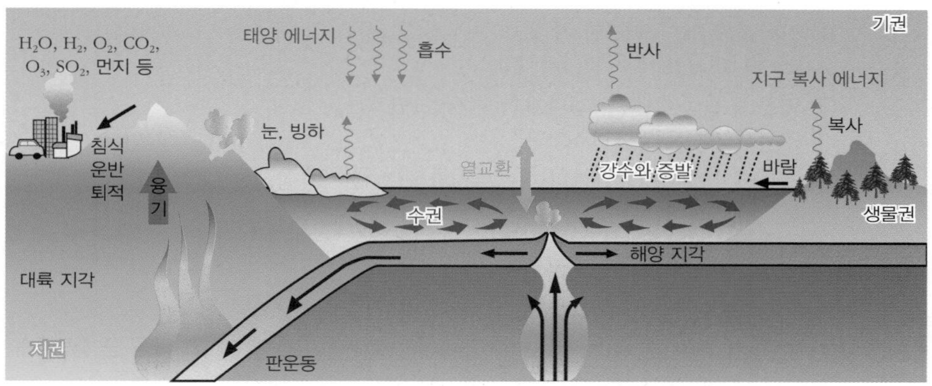

(1) 태양 에너지는 각 권을 이동하면서 어떤 영향을 미치는지 서술하시오.

(2) 지구 내부 에너지는 각 권을 이동하면서 어떤 영향을 미치는지 서술하시오.

스스로 실력 높이기

A

01 지구계의 에너지원에 대한 설명 중 옳은 것은 ○표, 옳지 않은 것은 ×표 하시오.

(1) 지구계의 에너지원 중 가장 큰 비중을 차지하는 에너지원은 태양 에너지이다. ( )

(2) 조산 운동을 일으키고 다양한 지형을 만드는 에너지원은 조력 에너지이다. ( )

(3) 지구계의 에너지원들끼리는 에너지가 서로 전환되기도 한다. ( )

02 다음 설명에 해당하는 단어를 쓰시오.

> 밀물과 썰물을 일으키는 힘으로, 이 힘의 크기는 천체의 질량에 비례하고 (지구와 천체 사이의 거리)^{3}에 반비례한다.

( )

03 다음 빈칸에 알맞은 말을 쓰시오.

> 지구 내부 에너지는 지구 내부의 핵에서 방출되는 고온의 열에너지와 암석 속 ( )의 붕괴에 의해 방출되는 에너지를 말한다.

04 다음 〈보기〉 중 대기 중 탄소의 양이 증가하는 원인을 모두 고르시오.

〈 보기 〉

ㄱ. 생물체의 호흡　　ㄴ. 생물체의 광합성
ㄷ. 해수에 용해　　ㄹ. 해수에서 방출
ㅁ. 화석 연료의 연소　　ㅂ. 화산 활동

( )

05 다음은 해수 중 탄소의 변화에 대한 설명이다. 괄호 안에 알맞은 말을 각각 고르시오.

> 해수의 온도가 높아지면 해수 속에 있던 이산화 탄소의 대기 중 방출량이 (㉠ 늘어나게 ㉡ 줄어들게) 된다. 반대로 해수의 온도가 낮아지면 대기 중에 있던 이산화 탄소가 해수 속으로의 용해가 (㉠ 늘어나게 ㉡ 줄어들게) 된다.

06 물은 지구상에서 다양한 형태로 존재한다. 지구계의 구성 요소와 각 요소에서 물의 존재 형태에 대한 설명을 바르게 연결하시오.

(1) 기권 •　　• ㉠ 수증기의 형태로 존재한다.

(2) 수권 •　　• ㉡ 몸을 구성하는 성분으로 존재한다.

(3) 생물권 •　　• ㉢ 육지에서는 대부분 빙하의 형태로 존재한다.

07 다음 중 물의 순환에 의한 변화와 관련이 없는 현상은?

① 기후 변화에 영향을 준다.
② 지구 전체에 에너지가 고르게 분배된다.
③ 선상지나 삼각주 같은 지형이 형성된다.
④ 대륙 이동의 영향으로 화산 활동이 일어난다.
⑤ 풍화와 침식 작용을 일으켜 지형을 변화시킨다.

08 다음은 물의 상태 변화와 에너지의 이동에 관한 설명이다. 괄호 안에 알맞은 말을 각각 고르시오.

> 지표상의 물이 수증기가 되어 증발하기 위해서는 열을 (㉠ 흡수 ㉡ 방출) 해야 하고, 구름 속 수증기가 비나 눈이 되어 내리기 위해서는 열을 (㉠ 흡수 ㉡ 방출) 해야 한다.

09 다음 그림 (가)는 태풍, (나)는 화산 활동을 나타낸 것이다. 이와 관련있는 공통된 지구계 구성 요소는 무엇인가?

(가)

(나)

( )

10 다음 빈칸에 알맞은 말을 쓰시오.

> 지구계를 구성하고 있는 지권, 기권, 수권, 생물권은 서로 물질과 에너지가 모두 자유롭게 출입하는 ( )이다.

11 다음 중 태양 복사 에너지에 의해 일어나는 현상을 모두 고른 것은?

〈 보기 〉
ㄱ. 밀물과 썰물　ㄴ. 생명 활동
ㄷ. 풍화와 침식　ㄹ. 지진이나 화산 활동
ㅁ. 바람과 대기의 순환

① ㄱ, ㄴ, ㄷ　② ㄱ, ㄷ, ㅁ　③ ㄴ, ㄷ, ㄹ
④ ㄴ, ㄷ, ㅁ　⑤ ㄷ, ㄹ, ㅁ

12 다음 표는 지구계의 에너지원을 나타낸 것이다. 각 에너지의 원인을 바르게 짝지은 것은?

에너지	양(W)	원인
A	2.7×10^{12}	㉠
B	5.4×10^{12}	㉡
C	17.3×10^{16}	㉢

	㉠	㉡	㉢
①	수소 핵 융합 반응	달과 태양의 인력	방사성 원소의 붕괴
②	달과 태양의 인력	방사성 원소의 붕괴	수소 핵 융합 반응
③	방사성 원소의 붕괴	수소 핵 융합 반응	달과 태양의 인력
④	방사성 원소의 붕괴	달과 태양의 인력	수소 핵 융합 반응
⑤	달과 태양의 인력	수소 핵 융합 반응	방사성 원소의 붕괴

[13-14] 다음 그림은 지구 환경에서 탄소의 순환 모습을 나타낸 것이다. 물음에 답하시오.

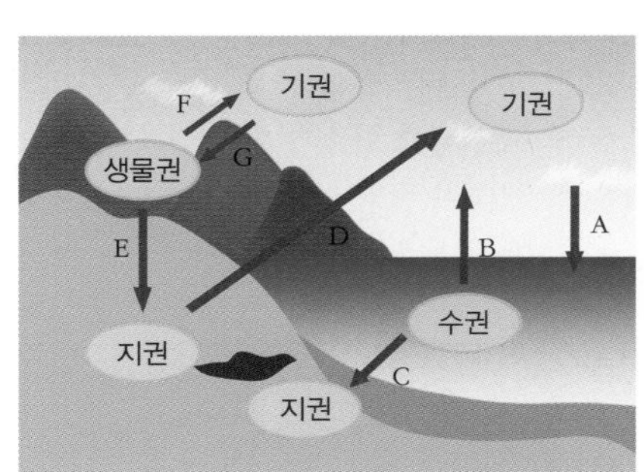

13 각 기호와 탄소의 전환 형태를 바르게 짝지은 것은?

		탄소의 형태
①	A	$CO \rightarrow CO_2$
②	C	$CO_3^{2-} \rightarrow CO$
③	D	$CaCO_3 \rightarrow CO_2$
④	E	$C_m(H_2O)_n$ 등의 유기물 $\rightarrow CO$
⑤	G	$CO_3^{2-} \rightarrow C_m(H_2O)_n$ 등의 유기물

14 그림에 대한 설명으로 옳은 것은?

① 지구상에서 탄소는 지권의 화석 연료 형태로 가장 많이 존재한다.
② 해수의 온도가 높으면 A로의 전환이 활발해진다.
③ 인간에 의한 D과정의 증가로 탄소 순환의 균형이 무너지고 지구 온난화가 발생하고 있다.
④ 생물체의 광합성 과정에 의한 탄소의 전환은 E이다.
⑤ 생물체의 호흡 과정에 의한 탄소의 전환은 G이다.

[15-16] 다음 그림은 지구계의 각 권에서 물의 연간 이동량을 나타낸 것이다. 물음에 답하시오.

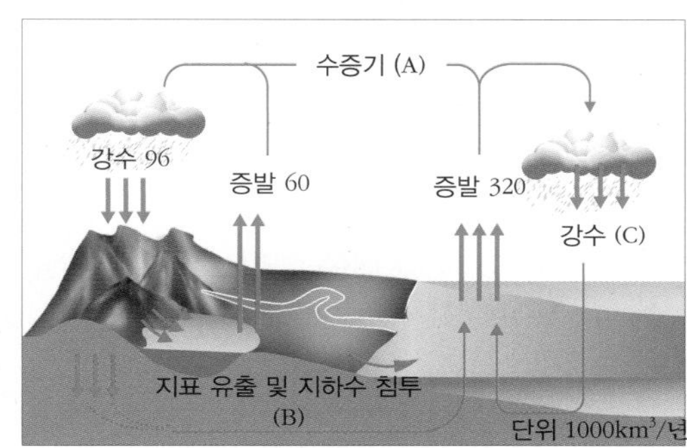

15 수증기 (A)를 구하기 위한 바른 공식은?

① 강수 96 + 증발 60 = 156단위
② 강수 96 + 지표 유출 및 지하수 침투(B)
③ 지표 유출 및 지하수 침투(B) + 증발 320
④ 증발 320 + 강수 (C)
⑤ 증발 320 + 증발 60 = 380단위

16 그림과 관련된 설명으로 옳지 <u>않은</u> 것은?

① 총 증발량과 총 강수량은 같다.
② 육지에서 바다로 36단위만큼 물이 이동한다.
③ 강수 (C)는 바다에서 증발되는 320단위보다 크다.
④ 물을 순환시킬 수 있는 주요 에너지원은 태양 복사 에너지이다.
⑤ 육지에서 물이 증발할 때 태양 복사 에너지를 흡수하여 수증기가 된다.

스스로 실력 높이기

17 다음 그림 (가)는 지진 해일, (나)는 우각호이다. 이와 관련있는 지구계의 구성 요소를 바르게 짝지은 것은?

(가)

(나)

	(가)	(나)
①	지권, 수권	수권, 기권
②	수권, 기권	지권, 수권
③	기권, 지권	지권, 기권
④	지권, 수권	지권, 수권
⑤	기권, 수권	기권, 수권

18 다음 그림은 위도에 따른 에너지 수지를 나타낸 것이다. 이에 대한 설명으로옳은 것만을 〈보기〉에서 있는 대로 고른 것은?

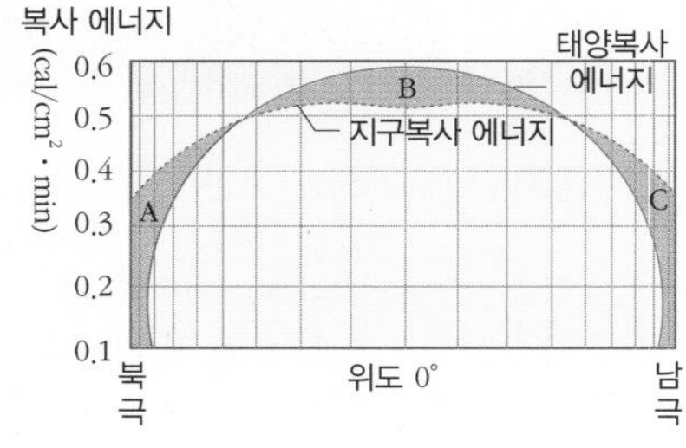

〈보기〉

ㄱ. A의 남는 에너지가 B와 C로 이동하여 부족한 에너지를 채워준다.
ㄴ. B에 해당하는 복사 에너지의 양은 A와 C의 복사 에너지의 양을 합한 것과 같다.
ㄷ. 지구가 태양 주위를 공전하기 때문에 고위도로 갈수록 입사하는 태양 복사 에너지가 감소한다.

① ㄱ ② ㄴ ③ ㄷ
④ ㄱ, ㄴ ⑤ ㄴ, ㄷ

19 다음은 기상 관련 기사이다. 이와 관련이 깊은 지구계의 구성 요소가 바르게 짝지어진 것은?

> 올겨울은 역대 세 번째 수준으로 강한 '엘니뇨'의 영향으로 평년보다 많은 눈이 내리고 평년보다 따뜻할 것으로 보인다. 태평양의 엘니뇨 감시구역은 최근 해수면 온도가 평년보다 3.1℃ 높은 상태로 역대 세 번째로 강한 수준이다. 기상 전문가에 의하면 "엘니뇨의 영향으로 따뜻한 남서풍이 한국으로 유입되면 기온이 올라가게 된다. 그러면서도 대륙성 고기압 때문에 갑자기 기온이 뚝 떨어지는 등 기온 변화는 심해질 것으로 보인다" 고 전망했다. 엘니뇨 현상으로 날씨가 변덕이 심해지고 예상보다 많은 폭설을 비롯한 이상 기후 현상도 늘어날 수 있다는 것이다.
>
> – 2015. 11. OO 뉴스

① 기권, 지권 ② 기권, 수권
③ 지권, 수권 ④ 수권, 생물권
⑤ 지권, 생물권

20 다음 그림은 지구계의 구성 요소들 간의 상호 작용을 나타낸 것이다. 이에 대한 설명으로 옳은 것만을 〈보기〉에서 있는 대로 고른 것은?

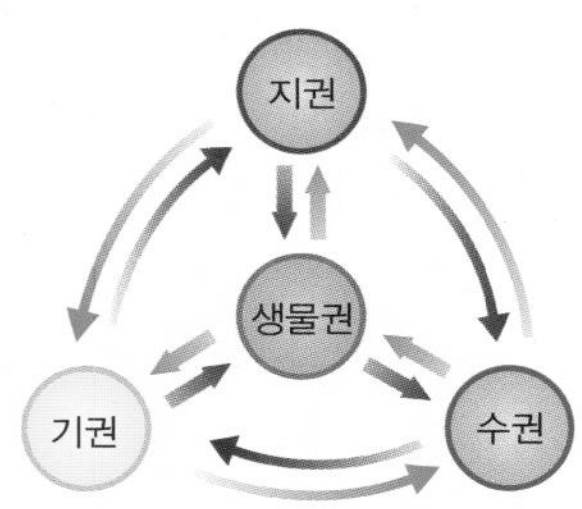

〈보기〉

ㄱ. 에너지는 지구계의 구성 요소들 사이에서 서로 이동할 수 없다.
ㄴ. 지권의 탄소는 화석 연료의 연소에 의해 대기 중으로 방출된다.
ㄷ. 지구계의 구성 요소의 변화는 다른 구성 요소에도 영향을 준다.

① ㄱ ② ㄴ ③ ㄷ
④ ㄱ, ㄷ ⑤ ㄴ, ㄷ

C

21 다음 그림은 지구계의 3가지 주요 에너지원을 나타낸 것이다. 이에 대한 설명으로 옳은 것을 〈보기〉에서 모두 고른 것은?

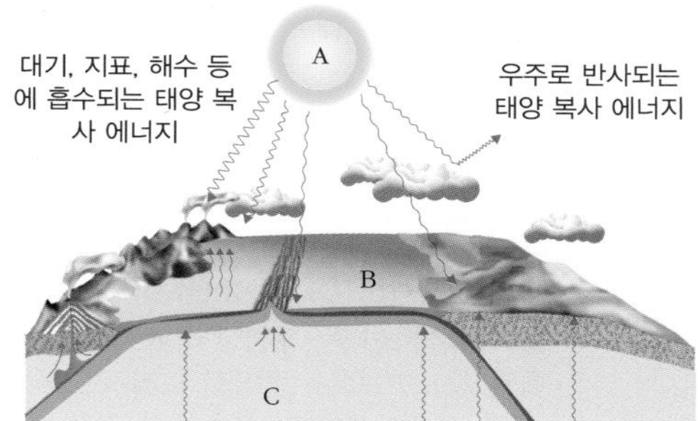

〈 보기 〉

ㄱ. A는 지구 환경 변화에 가장 큰 영향을 준다.
ㄴ. B와 C의 에너지 양의 합은 A의 에너지 양과 같다.
ㄷ. 흡수되는 태양 복사 에너지와 반사되는 태양 복사 에너지의 합보다 지구로 들어오는 A의 양이 더 많다.
ㄹ. 지권에서 일어나는 변화는 C에 의해서만 일어난다.

① ㄱ ② ㄱ, ㄴ ③ ㄱ, ㄴ, ㄷ
④ ㄱ, ㄷ, ㄹ ⑤ ㄱ, ㄴ, ㄷ, ㄹ

22 다음 그림은 기권과 지구계의 구성 요소들 간의 상호 작용에 의한 탄소의 연간 이동량을 나타낸 것이다. 이에 대한 설명으로 옳은 것만을 〈보기〉에서 있는 대로 고른 것은? [수능 기출 유형]

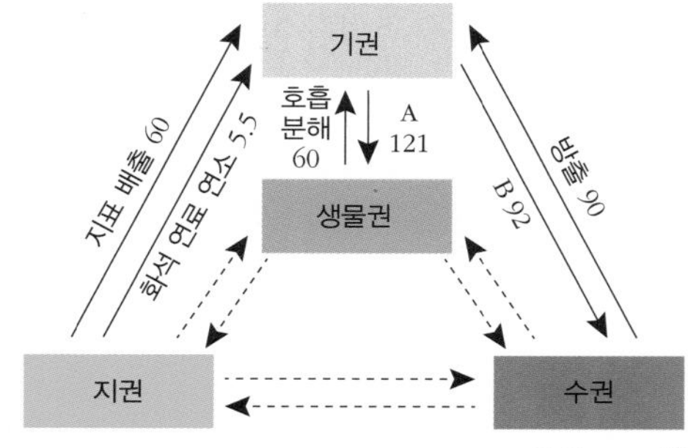

〈 보기 〉

ㄱ. 기권에서 탄소의 유입량과 유출량은 동일하다.
ㄴ. 지권에 나무를 많이 심으면 A 가 증가한다.
ㄷ. 해수의 수온이 상승하면 B 가 감소하고, 방출량이 늘어난다.
ㄹ. 기권에 존재하는 탄소의 양이 지구계의 모든 영역 중 가장 적다.

① ㄱ, ㄴ ② ㄴ, ㄷ ③ ㄷ, ㄹ
④ ㄱ, ㄴ, ㄹ ⑤ ㄴ, ㄷ, ㄹ

23 다음 표는 지구 환경에서 물의 유입량과 유출량을 나타낸 것이다. 이에 대한 설명으로 옳은 것만을 〈보기〉에서 있는 대로 고른 것은?

	유입량($\times 10^3 km^3$)	유출량($\times 10^3 km^3$)
해양	A	B
육지	C	증발(60) + 바다로 유출(36)
대기	해양에서 증발(320) + 육지에서 증발(60)	해양에 강수(284) + 육지에 강수(96)

〈 보기 〉

ㄱ. 해양에서 A는 B보다 크다.
ㄴ. C는 육지에 내리는 강수로 96,000km^3 이다.
ㄷ. A는 해양에 내리는 강수와 육지에서 바다로 유출되는 양을 더한 값이다.
ㄹ. 물의 총량은 380,000km^3 로 항상 일정하다.

① ㄱ, ㄴ ② ㄱ, ㄷ ③ ㄴ, ㄹ
④ ㄱ, ㄴ, ㄷ ⑤ ㄴ, ㄷ, ㄹ

24 그림 (가)는 암석 변화 과정의 일부를 나타낸 것이고, (나)는 지권과 다른 지구 환경 구성 요소와의 상호 작용을 나타낸 것이다. 이에 대한 설명으로 옳은 것만을 〈보기〉에서 있는 대로 고른 것은?

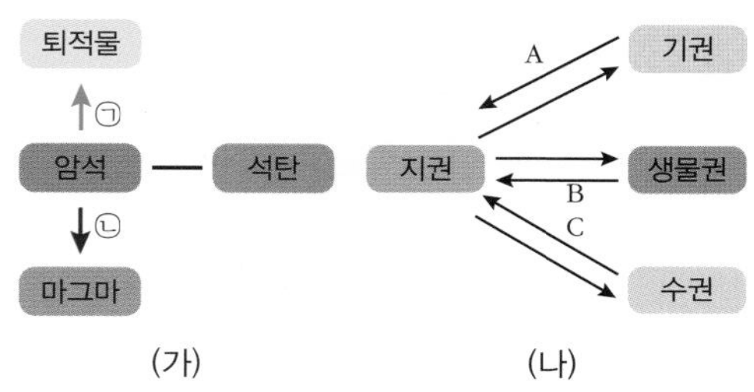

〈 보기 〉

ㄱ. 과정 ㉠은 A, B, C 모두와 관련이 있다.
ㄴ. 화석 연료의 생성은 B 작용으로 생성된다.
ㄷ. 과정 ㉡에는 지구 내부 에너지가 이용된다.
ㄹ. 판의 운동으로 인한 지각 변동과 대륙 이동은 C 작용으로 발생한다.

① ㄱ, ㄴ ② ㄴ, ㄷ ③ ㄷ, ㄹ
④ ㄱ, ㄴ, ㄷ ⑤ ㄴ, ㄷ, ㄹ

스스로 실력 높이기

[25-26] 다음 그림은 지구계의 구성 요소들 간의 상호 작용을 나타낸 것이다. 물음에 답하시오.

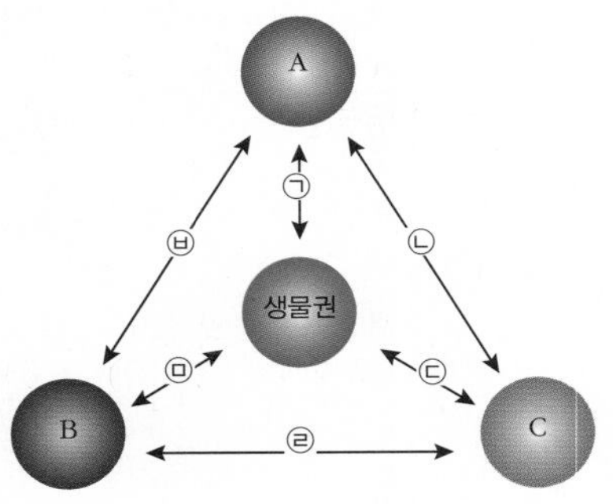

25 다음 〈보기〉는 그림의 각 기호에 해당하는 지구 환경에서 일어나는 변화들이다. 이를 참고하여 A, B, C 에 들어갈 지구계의 구성 요소를 바르게 짝지은 것은?

〈 보기 〉

㉡ 화산이 폭발하면서 화산재가 치솟아 구름과 섞여 이동하였다.
㉣ 지속적으로 부는 바람과 지구 자전에 의해 바다 표면에 표층 해류가 발생한다.
㉥ 영월의 한반도 지형은 구불구불하게 휘어진 모양의 유속이 느린 하천인 곡류에 의해 형성되었다.

	A	B	C
①	기권	지권	수권
②	지권	수권	기권
③	기권	지권	수권
④	수권	기권	지권
⑤	지권	기권	수권

26 25번 문제에서 완성된 지구계의 구성 요소를 참고하여, ㉠, ㉢, ㉤에 해당하는 지구 환경 변화를 〈보기〉에서 골라 바르게 짝지은 것은?

〈 보기 〉

A. 원시 바다의 생명체들의 광합성에 의해 대기 중의 산소의 양이 늘어나면서 생명체의 진화가 급격히 일어날 수 있었다.
B. 산호나 조개와 같은 생물체들의 유해가 땅속에 묻혀 석회암을 형성한다.
C. 태풍은 고온의 바다가 내뿜는 다량의 수증기를 에너지원 삼아 발생한다.
D. 지구 표면의 70.8%를 차지하는 바다는 인간에게도 다양한 식량 자원을 제공해준다.

	㉠	㉢	㉤
①	A	B	C
②	A	B	D
③	B	A	D
④	B	C	D
⑤	C	D	A

심화

27 다음 글은 강력한 화산 폭발에 의한 결과에 대한 것이다. 밑줄 친 각 내용에 대한 설명으로 옳은 것은?

> 근대 역사상 최대 · 최악의 화산 재난은 1883년 8월 26일 일어난 '크라카토아 화산 폭발이었다. 이 화산 폭발은 엄청난 양의 마그마를 뿜어낸 뒤 해발 800m의 원추화산 라카타를 비롯해 ㉠ <u>섬의 절반 이상이 가라앉았고</u>, ㉡ <u>지진과 쓰나미로 수많은 인명과 재산 피해를 줬다.</u> 3일 동안 폭발이 이어졌으며, 가장 거대한 마그마가 분출하였을 때 폭발 소리는 태평양 너머 호주 퍼스에서 관측됐고, 4,7780km 떨어진 모리셔스의 로드리게스 섬 경찰은 포성을 들었다며 해군에 보고하기도 하였다. 또한 ㉢ <u>화산재는 지상 80km 너머의 중간권까지 치솟았고</u>, 기압파가 지구를 일곱 바퀴 반을 돌고서야 사라졌다는, 실감이 나지 않는 이야기도 있다. ㉣ <u>크라카토아 폭발 이후 전 지구적 저온 현상이 3년 동안 이어졌고, 인근 바타비아(Batavia)의 경우 연 평균 기온은 8도나 떨어졌다.</u> ㉤ <u>하늘과 태양 빛도 달라졌다는 연구 결과도 나왔다.</u>
>
> – 책 '크라카토아' 일부 발췌

① ㉠ : 이러한 지권의 변화는 태양 에너지로 인한 것이다.
② ㉡ : 지구 내부 에너지에 의해 발생한 지진과 쓰나미에 의해 지권과 수권에만 변화가 생겼다.
③ ㉢ : 지구계의 상호 작용과는 무관하다.
④ ㉣ : 지권에 의해 기권이 변한 것이다.
⑤ ㉤ : 지권과 외권의 상호 작용에 의해 태양 빛이 변하였다.

28 다음 표는 남반구와 북반구 전체 해양의 물수지를 4개의 대양으로 나누어 나타낸 것이다. 이에 대한 설명으로 옳은 것만을 〈보기〉에서 있는 대로 고르시오.

[수능 기출 유형]

(단위 : $10^6 m^3/s$)

구분	강수량 − 증발량	육수의 유입량
북반구 해양	−0.19	0.78
남반구 해양	−1.06	0.47
태평양	0.51	0.38
대서양	−1.15	0.61
인도양	−0.62	0.18
북극해	0.01	0.08

〈 보기 〉

ㄱ. 남반구 해양에서 강수량과 증발량의 차이가 북반구보다 큰 것으로 보아 남반구에 더 많은 비가 내리는 것을 알 수 있다.
ㄴ. 전체 육수의 유입량은 전체 해양에서 육지로 이동하는 물의 양보다 많다.
ㄷ. 전체 해양에서의 증발량은 전체 육수의 유입량보다 많다.
ㄹ. 다른 대양에서 대서양으로 들어오는 물의 유입량은 약 $0.54 \times 10^6 m^3/s$ 이다.

29 다음 표는 지구계의 상호 작용을 나타낸 것이다. 이에 대한 설명으로 옳은 것은?

근원 \ 영향	기권	수권	지권	생물권
기권	기단, 전선 형성	A	바람에 의한 풍화	B
수권	바다에서 수증기공급	심층 해수 순환	C	물과 염류 공급
지권	D	지권 물질 용해	지각 변동, 대륙 이동	서식처 제공
생물권	광합성과 호흡의 영향	수중 생물 서식처제공	E	먹이 사슬 유지

① A : 석회암 및 석회 동굴이 형성된다.
② B : 화석 연료가 생성된다.
③ C : 엘니뇨와 라니냐 현상을 일으킨다.
④ D : 화석 연료 사용의 증가로 지구 온난화 현상이 발생하였다.
⑤ E : 바람에 의해 종자와 포자가 운반된다.

30 그림 (가)는 인간 활동에 의한 화석 연료의 연소를 나타낸 것이고, 그림 (나)는 극지방에서 관찰할 수 있는 오로라의 모습이다. 물음에 답하시오.

(가)

(나)

(1) 화석 연료 사용이 증가될 때 나타나는 탄소 순환의 변화를 지구계의 구성 요소와 관련지어 서술하시오.

(2) 오로라가 나타나는 이유와 관련있는 지구계의 구성 요소를 쓰시오.

또 다른 지구?!
– 외계 지구 행성

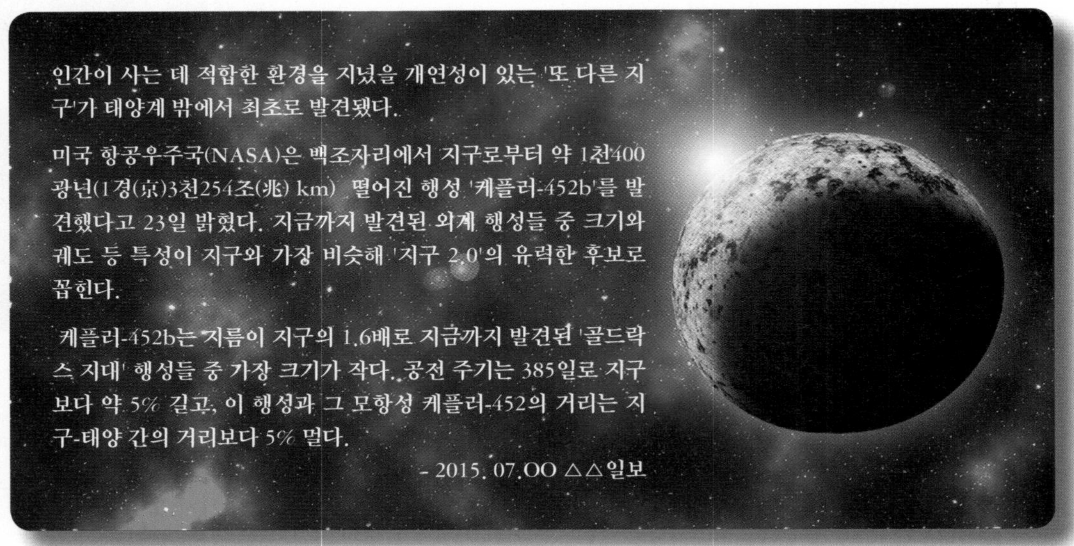

인간이 사는 데 적합한 환경을 지녔을 개연성이 있는 '또 다른 지구'가 태양계 밖에서 최초로 발견됐다.

미국 항공우주국(NASA)은 백조자리에서 지구로부터 약 1천400광년(1경(京)3천254조(兆) km) 떨어진 행성 '케플러-452b'를 발견했다고 23일 밝혔다. 지금까지 발견된 외계 행성들 중 크기와 궤도 등 특성이 지구와 가장 비슷해 '지구 2.0'의 유력한 후보로 꼽힌다.

'케플러-452b는 지름이 지구의 1.6배로 지금까지 발견된 '골드락스 지대' 행성들 중 가장 크기가 작다. 공전 주기는 385일로 지구보다 약 5% 길고, 이 행성과 그 모항성 케플러-452의 거리는 지구-태양 간의 거리보다 5% 멀다.

- 2015. 07.OO △△일보

제2의 지구(Earth 2.0) 찾기!

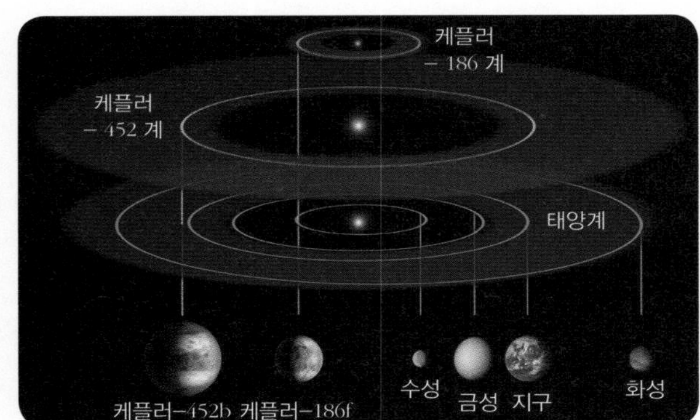

케플러 – 452 계와 태양계의 비교| 케플러 – 452b는 현재까지 발견된 외계 행성 중 특성이 지구와 가장 비슷하다.

과학자들은 오랫동안 인간이 살 수 있는 '제2의 지구(Earth 2.0)'의 조건을 제시해 왔다. 일단 목성처럼 가스가 아니어야 하며, 지구처럼 암석으로 이루어져 있어야 한다. 또한, 지구처럼 태양에서 너무 멀지도 가깝지도 않아 물이 액체 상태로 존재할 수 있어야 한다. 행성의 크기와 대기, 중력 등도 생명체가 살 수 있을 만큼 적절해야 한다.

미국항공우주국 (NASA)은 인간이 살 수 있는 '제2의 지구(Earth 2.0)' 후보들을 탐색하기 위해 2009년 케플러 우주 망원경을 발사했다. 달과 지구 사이 평균 거리의 312배인 1억2000만km 떨어진 궤도를 돌며 태양계 바깥의 항성(별)을 관측하고 있는 케플러 우주 망원경은 15만여 개의 별을 대상으로 그 앞을 지나가는 행성 때문에 생기는 밝기 차이를 관찰하여 행성의 크기와 질량 등을 추적해 왔다. 이 중 제2의 지구의 후보로 행성 1,030개를 분류하였고, 이들 중 태양과 같은 역할을 하는 항성이 존재하여, '골디락스 지대'가 존재하고, 그 영역에서 발견된 행성은 12개였다.

지구와 닮은 행성의 강력한 후보 '케플러-452b'

케플러-452b는 태양보다 15억 년 더 오래된, 태양과 비슷한 온도를 가진 G2형 항성인 케플러-452 주변에서 발견되었다. 케플러-452b 천체 시스템이 태양계 시스템과 가장 유사하였으며, 행성의 지름은 지구의 1.6배, 공전 주기는 385일로 유사하고, 공전 궤도가 '골디락스 지대' 내에 있어 생명체 존재 가능성이 매우 크므로 강력한 '제2의 지구' 후보가 될 수 있었다.

NASA 측은 "케플러-452b는 지구보다 나이가 많고 몸집이 큰 사촌이라고 생각할 수 있다"면서 "이 행성이 지구의 진화하는 환경을 이해하고 성찰하는 기회를 제공할 것"이라고 밝혔다.

과학자들은 케플러 우주 망원경 외에도 지상에 설치한 거대 망원경을 이용하여 태양계 바깥 외계 행성의 존재를 찾고 있다. 최근에는 먼 우주에서 오는 별빛이 항성이나 행성 같은 무거운 질량을 가진 천체를 지날 때 휘면서 더 밝게 나타나는 현상인 중력 렌즈 원리를 활용하여 행성을 찾는 연구가 활발하다.

한국도 보현산천문대와 소백산천문대 등 광학망원경을 활용해 지금까지 20개가 넘는 외계 행성을 발견하였으며, 칠레와 남아프리카공화국, 호주 등 남반구 국가에서 '외계행성탐사시스템(KMTNet)' 건설을 끝내고 가동을 준비하고 있다.

(좌) 지구와 태양 (우) 케플러-452 와 케플러-452b | 지구-태양과 상대적인 크기 비교

케플러 우주 망원경 이미지 | '행성 사냥꾼'이라 불리는 케플러 우주 망원경

Q1 인류가 생명체가 존재할 가능성 있는 외계 행성들을 찾는 이유는 무엇일까? 자신의 생각을 서술하시오.

Q2 생명체가 살아갈 수 있는 환경을 갖춘 '제2의 지구'는 계속 발견되고 있다. 하지만 '제2의 지구' 후보지 중 가장 현실적인 대안으로 '화성'을 꼽고 있다. 케플러-452b의 특성과 비교하여 화성이 가장 현실적인 대안이 된 이유에 대하여 자신의 생각을 서술하시오.

Project - 탐구

[탐구-1] 자료 해석

지구 상에 생명체의 탄생은 깊은 바다 속에 있는 열수 분출공 주변에서 일어났다는 설이 가장 유력하다. 액체 상태의 물이 없었다면 생명체의 탄생도, 생명체가 지속적으로 살아남을 수도 없었을 것이다. 태양계에서 액체 상태의 물이 존재하여 생명체가 살 수 있는 영역을 '생명 가능 지대'라고 하며, 지구가 이 영역에 속해 있다.

행성에 물이 존재하기 위한 조건은 크게 3가지로 다음과 같다.

① 물이 압력과는 상관없이 액체로 존재할 수 있는 온도(임계 온도)는 374℃이기 때문에 그 이상의 온도가 되면 물은 액체 상태로 존재할 수 없게 된다. 이때 지표면의 온도가 0 ~ 374℃가 되는 데 가장 중요한 요소가 바로 태양과의 거리이다. 태양과 너무 가까우면 물은 모두 증발하고, 너무 멀면 모두 얼어붙는다.

② 행성의 표면이 딱딱한 암석형 행성이어야 행성 표면에 물이 고일 수 있기 때문에 액체 상태의 물이 존재할 수 있게 된다.

③ 행성으로서 크기가 적절해야 행성이 액체 상태의 물을 유지할 수 있다. 너무 작은 행성의 경우 중력이 약하기 때문에 대기가 희박해서 대기압이 작으므로 액체의 물이 모두 증발해 버린다.

1. 다음은 태양계의 '생명 가능 지대'에 속해 있는 화성과 지구의 물리적 특성을 비교해 놓은 것이다.

	적도 반지름 (지구 =1)	질량 (지구 =1)	밀도 (지구 =1)	태양과의 거리 (지구 =1)	공전 주기	자전 주기 (지구 =1)	자전축 기울기	표면 중력 (지구 =1)	위성수
	km	kg	g/cm^3			시간			
지구	1.00	1.00	1.0	1.0	365.26 일	1.0	23.4°	1.00	1
	6,378.14	5.9742×10^{24}	5.51			23 시간 56 분			
화성	0.53	0.11	0.7	1.5	686.96 일	1.0	25.2°	0.39	2
	3,396.20	6.4191×10^{23}	3.93			24 시간 37 분			
기타	화성의 대기는 이산화 탄소로 이루어져 있으나 매우 희박하, 표면은 산화철 성분의 암석과 흙으로 되어 있어 붉게 보인다.								

화성의 궤도는 태양계의 '생명 가능 지대'에 속해 있지만 현재까지 액체인 물의 존재는 확인되지 않았다. 주어진 자료를 근거로 화성에 액체 상태의 물이 존재할 수 없는 이유에 대하여 서술하시오.

2. 약 46억 년 전 태양은 현재의 70%의 밝기였다고 한다. 지금처럼 태양이 계속 밝아진다면, 지구에는 생명체가 계속 살 수 있을까?

[탐구-2] 자료 해석

물은 순환을 하면서 에너지를 운반하여 지구 전체에 에너지를 고르게 분배할 뿐만 아니라 풍화와 침식 작용을 일으켜 지표 및 기후 변화에도 영향을 미친다. 하지만 이러한 과정을 지나는 동안 물의 총량은 항상 일정하여 평형을 이룬다. 이때 각각의 형태로 체류하는 시간은 다음 표와 같다.

영역	깊은 곳의 지하수	얕은 곳의 지하수	호수	빙하	강	토양 수분	대기 중의 수증기
평균 체류 시간	10,000 년	100 ~ 200 년	50 ~ 100 년	20 ~ 100 년	2 ~ 6 개월	1 ~ 2 개월	9 일

이와 같이 물은 태양 에너지나 중력을 이용하여, 한 상태에서 다른 상태로 변화되거나 장소를 옮겨 짧게는 몇 시간, 길게는 수천 년에 걸쳐 순환하고 있다.

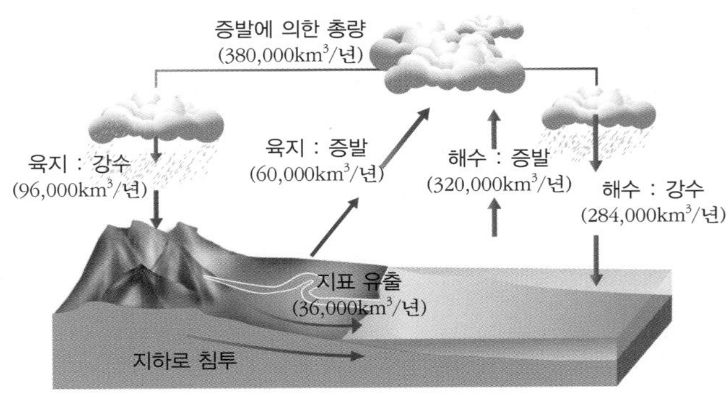

왼쪽 그림은 물의 순환 과정과 각 과정에서 연간 총량을 나타낸 것이다. 다음 자료를 토대로 물분자가 바다에서 체류하는 시간을 구해보려고 한다. 물의 체류 시간을 구하기 위해 필요한 자료와 방법에 대하여 서술하시오.

읽기 자료

지구는 75%가 물로 덮여 있는 수성(水星)이기 때문에 다양한 생물체가 존재할 수 있다. 그렇다면 지구에 존재하는 물을 모두 모으면 부피가 얼마나 될까?

오른쪽 그림의 A는 지구의 물을 모두 모았을 때를, B는 민물만을 모았을 때를 나타낸 것이다. 지구의 지름이 1만 2,700km 일 때, A의 부피는 지구의 약 0.15%로, 지름은 1,384km이고, B의 지름은 273km 가 된다고 한다. 만약 호수와 강만을 합친 양으로 물방울을 나타낸다면 지름은 56km가 된다고 한다.

▲ 지구의 물

지구의 크기에 비하여 물의 양이 매우 적어 보이지만, 실제로 지구의 물을 모두 모았을 때, 약 3km 수심의 물로 지구를 덮을 수 있는 양이기 때문에 생물체가 살기에는 충분한 양이다.

지구 온난화의 주범, 탄소 발자국

우리나라도 지구 온난화에 안심할 수는 없다?!

과학 전문지 『네이처』에 지구 온난화를 내버려두면 해수면이 상승하여 2,100년 경 부산 해운대 마린시티와 센텀시티 낮은 층이 바닷물에 잠길 것이라는 분석이 실린 연구 결과가 게재되었다.

해당 논문에서는 전 세계적으로 지구 온난화의 주범인 탄소의 배출에 대한 규제가 실패할 경우 2,100년 경 해수면이 1.8m 높아질 것으로 예측하였다. 이는 지구 온난화에 의해 북극 빙하가 녹는 것뿐만 아니라 남극 대륙의 빙하도 녹아서 해수면이 상승하는 것으로 보고 있다. 이렇게 되면 미국 뉴욕과 마이애미, 중국 상하이와 광저우, 홍콩, 인도 뭄바이, 호주 시드니 등 세계 주요 해안 도시들이 잠기게 된다고 한다. 이를 우리나라에 적용할 경우 부산 지역도 위험을 벗어날 수 없다.

생명 현상을 유지하기 위해 꼭 필요한 탄소

모든 생물체의 몸은 탄소를 기본으로 구성되어 있다. 또한, 생물의 에너지 저장과 이동도 모두 탄소를 통해 이뤄지며, 온실 효과를 일으켜 지구에 생물체가 살기 적절한 온도를 유지하는 등 지구의

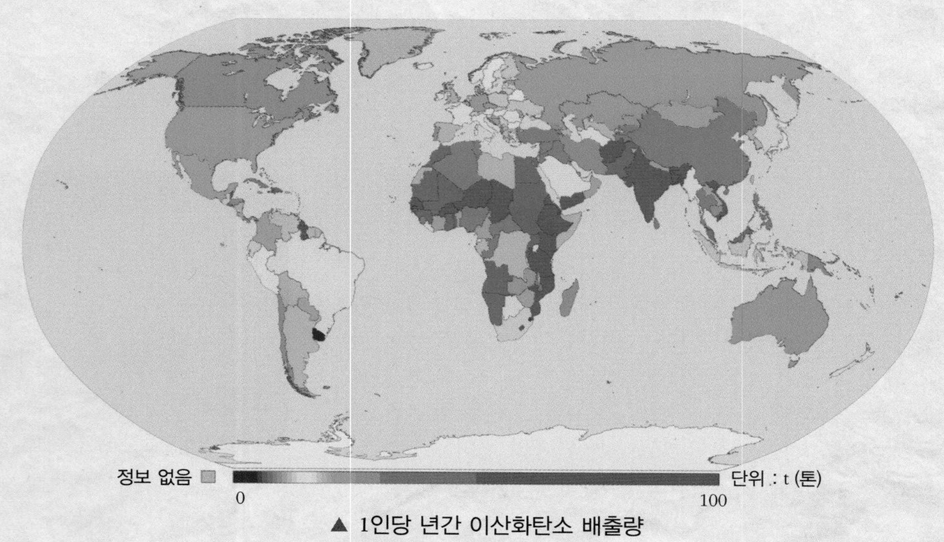

▲ 1인당 년간 이산화탄소 배출량

생명 현상을 유지하는 데 꼭 필요한 기본 원소이다. 지구계에서 이산화 탄소는 지구 역사의 초기부터 흡수와 방출이 조절되어 균형을 이루어왔다. 하지만 산업 혁명 이후 인간의 활동으로 과잉 공급된 이산화 탄소로 인하여 이 균형이 무너지고 있는 것이다.

인간이 남기는 또 하나의 발자국, 탄소 발자국(carbon footprint)!

'탄소 발자국(carbon footprint)'이란, 2006년 영국 의회 과학기술처(POST)에서 처음 사용한 단어로 사람의 활동이나 소비 과정에서 직・간접적으로 사용된 이산화 탄소의 총 양을 나타내는 것이다. 표시 단위는 무게 단위인 kg 이나 우리가 심어야 하는 나무 수로 나타낸다.

예를 들어, 무게가 5g에 불과한 종이컵의 탄소 발자국은 11g이다. 우리 국민이 1년 동안 사용하는 종이컵이 약 120억 개에 달한다고 하는데, 이를 탄소 발자국으로 환산하면 13만 2,000톤으로 이를 모두 흡수하기 위해서는 4,725만 그루의 나무를 심어야 한다.

탄소 발자국을 줄이기 위한 각국의 노력

2020년 글로벌 신(新) 기후체제 출범을 앞두고 이산화 탄소 배출량을 줄이기 위한 각국의 노력이 본격화되고 있다. 영국의 최대 유통업체인 테스코는 자사에서 판매하는 제품에 탄소 발자국을 표시하고 있으며, 세계에서 온실 가스 배출량이 가장 높은 중국은 2030년 무렵부터 탄소 배출량을 동결한다는 목표치를 제시하였다.

우리나라 또한 2015년 6월 온실가스 감축을 위한 기여방안(Intended Nationally Determined Contribution, INDC)을 UN에 제출하며 2030년 온실가스 전망치 대비 37% 감축 목표치를 제시하였다. 하지만 국가적인 차원에서 줄이기 위한 노력 이전에 개개인이 먼저 탄소 발자국을 줄이기 위해 노력해야 할 것이다.

Q1 **탄소 발자국을 줄일 수 있는 사소한 생활 습관에는 무엇이 있을까? 이를 토대로 탄소 발자국을 줄일 수 있는 방법에 대하여 자신의 생각을 서술하시오.**

고체 지구의 변화

지구 내부와 외부에서는 어떠한 변화가 일어날까?

5강. 화산

1. 화산

(1) 화산 활동

① **화산 활동 :** 지하 깊은 곳에서 생성된 마그마가 지각의 약한 곳을 뚫고 지표로 상승하여 분출되는 현상이다.

② **화산 :** 화산 활동에 의해 분출된 물질들로 형성한 산을 화산이라고 한다.

③ **화산 분출물 :** 화산 활동이 일어나는 동안 분출되는 모든 물질을 화산 분출물이라고 한다. 기체 상태로 분출되는 화산 가스, 액체 상태로 분출되는 용암, 고체 상태로 분출되는 화산 쇄설물이 있다.

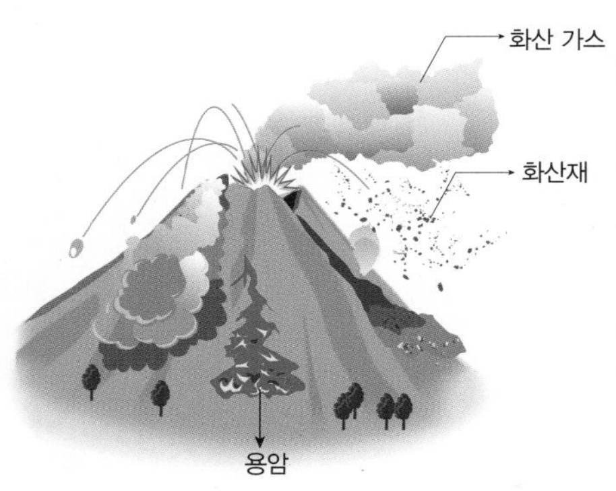

▲ 화산 분출물

마그마의 생성과 상승

마그마는 지구 내부의 온도와 압력이 높기 때문에 암석이 녹아서 액체 상태로 생성된다. 생성된 마그마는 주변 암석보다 밀도가 작아 부력에 의해 지표의 약한 틈을 따라 상승하게 된다

우리나라의 화산

우리나라에서 제주도의 한라산, 백두산, 산방산 등이 화산 활동으로 만들어진 화산이다.

▲ 한라산

(2) 화산 분출물

① **화산 가스 :** 화산 가스는 대부분이 수증기이고, 이산화 탄소, 이산화 황, 황화 수소, 염소, 수소, 질소 등이 포함되어 있다. 화산 가스가 많을수록 폭발적인 분출을 한다.

② **용암 :** 마그마에서 화산 가스가 빠져나가고 남은 액체 상태의 물질을 말한다. 화학 조성(SiO_2 함량)에 따라 현무암질, 유문암질 용암으로 구분한다.

③ **화산 쇄설물 :** 화산 활동에 수반하여 분출되는 고체 물질로 입자의 크기에 따라 화산진, 화산재, 화산력, 화산 암괴 등으로 구분한다.

종류	화산진	화산재	화산력	화산 암괴	화산탄
모습					
입자의 크기나 모양	0.06 mm 이하	0.06~2 mm	2~64 mm	64 mm 이상	둥근 유선형

▲ 화산 쇄설물의 종류

화산 가스의 성분비

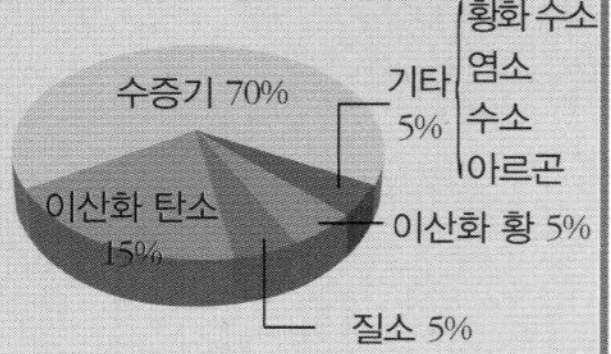

개념확인 1

화산 가스에 가장 많이 포함되어 있는 성분은?

① 산소 ② 수소 ③ 이산화 탄소
④ 황화 수소 ⑤ 수증기

확인+1

화산에 대한 설명으로 옳은 것은 ○표, 옳지 않은 것은 ×표 하시오.

(1) 화산 분출물은 고체와 액체로만 이루어져 있다. ( )
(2) 화산 가스의 양이 많을수록 폭발적으로 분출한다. ( )

미니사전

화산 암괴 [火 불 山 산 巖 바위 塊 덩어리] 이미 굳어져 있던 암석이 화산의 폭발로 깨어진 조각

2. 용암의 종류와 특징

구분	현무암질 용암	안산암질 용암	유문암질 용암
SiO_2 함량	50% 내외 (SiO_2 / 기타)	60% 내외 (SiO_2 / 기타)	70% 내외 (SiO_2 / 기타)
온도	높다(약 1200 ℃)	←→	낮다(약 800 ℃)
점성	작다	←→	크다
유동성	크다	←→	작다
휘발성 기체	적다	←→	많다
분출 형태	조용한 분출	분출과 폭발을 반복	격렬한 폭발
화산 경사	완만하다	←→	급하다
화산 형태	순상 화산 ▲ 한라산	성층 화산 ▲ 후지산	종상 화산 ▲ 제주도 산방산

● 활화산
현재 계속적으로 화산 활동이 진행되고 있는 화산

▲ 킬라우에아 화산

● 휴화산
현재는 활동하지 않지만 과거에는 활동한 기록이 남아 있는 화산

▲ 킬라만자로 화산

● 사화산
과거에 활동한 기록도 남아 있지 않고 현재 활동하지도 않은 화산

▲ 아라라트 화산

개념확인 2

정답 및 해설 23쪽

용암의 종류에 대한 설명으로 옳은 것은 ○표, 옳지 않은 것은 ×표 하시오.

(1) 온도가 높은 용암일수록 SiO_2 의 함량이 높다. ( )
(2) 온도가 낮은 용암일수록 화산의 경사가 완만하다. ( )
(3) 현무암질 용암은 유문암질 용암보다 휘발성 기체가 많아 더 폭발적으로 분출한다. ( )

확인+2

용암의 유동성을 결정하는데 큰 역할을 하는 것으로 용암의 종류를 분류할 때 사용하는 것은?

( )

3. 화산 활동과 화산의 형태

(1) **종상 화산** : 이산화 규소의 함량이 많으면 용암이 많이 흐르지 못해서 종 모양처럼 위로 볼록한 모양의 화산이다.

(2) **순상 화산** : 이산화 규소의 함량이 아주 적으면 용암은 많이 흘러 평탄한 모양의 화산이다.

(3) **성층 화산** : 종상 화산과 순상 화산의 중간 형태의 화산이다

구분	특징	대표적인 예	경사
용암 대지	마그마가 조용히 흘러나와서 만들어진 평탄한 지형	▲ 철원 평야	완만하다
순상 화산	유동성이 큰 마그마가 분출하여 만들어진 경사가 완만한 화산	▲ 한라산	↕
성층 화산	마그마가 분출과 폭발을 반복하여 만들어진 층상 구조를 갖는 화산	▲ 후지산	
분석구	마그마가 폭발적으로 분출하면서 화산 쇄설물이 원추 모양으로 쌓여 만들어진 비교적 작은 화산	▲ 제주도의 기생화산	
종상 화산	점성이 큰 마그마가 폭발하면서 만들어진 경사가 급한 화산	▲ 산방산	급하다

개념확인 3

유동성이 큰 마그마가 분출하여 만들어진 경사가 완만한 화산은 무엇인가?

( )

확인+3

유문암질 용암으로 만들어진 화산 형태의 예로 알맞은 것은?

① 개마고원 ② 한라산 ③ 후지산
④ 산방산 ⑤ 기생 화산

화구
깔대기 모양으로 움푹 꺼진 화산의 꼭대기(지름 1km 이내)

화구호
화구에 물이 고여 만들어진 호수

▲ 한라산의 백록담

칼데라
화산 폭발이 끝난 후에 일어나는 함몰이나 대폭발로 만들어진 큰 웅덩이(지름 1km 이상)

칼데라호
칼데라에 물이 고여 만들어진 호수

▲ 백두산 천지

분석구
원추형으로 정상 분화구가 매우 큰 화산 지형으로 일반적으로 크기가 작다.

▲ 멕시코의 파리쿠틴 화산

주상절리
육각 기둥 모양으로 쪼개지는 절리. 주로 현무암에서 잘 나타나지만, 다른 화성암에서도 나타난다.

미니사전
용암 대지 [熔 녹이다 岩 암석 臺 대 地 땅] 고온의 현무암질 화산의 용암이 대량으로 유출되어 형성된 평탄한 대지

4. 화산 활동의 영향

(1) 화산 활동의 피해

① 유독한 화산 가스의 분출로 식물이 죽거나 토양이 산성화된다.
② 방출되는 막대한 양의 용암은 농지를 덮고, 산과 들에 있는 식물을 죽게 한다.
③ 다량의 화산재가 성층권까지 올라가 지구의 기후 변화를 일으킨다.

화산 가스 피해	용암 피해	화산재 피해

(2) 화산 활동의 이용

① 가열된 지하수로 인해 온천이 만들어 진다.
② 지열을 난방에 이용하거나 지열 발전소에서 전기를 생산한다.
③ 금속 광석이 만들어져 금, 은, 구리와 같은 광물 자원을 얻을 수 있다.

온천	지열 발전	금속 광산

지열 발전소

- 뜨거운 암석으로부터 에너지를 얻는 발전소
- 6 km 깊이의 시추공을 통해 뜨겁고 건조한 암석에 찬물을 보내면 따뜻한 물로 가열되어 발전소로 다시 보내지게 되어 열에너지가 전기에너지로 전환된다.

▲ 지열 발전소 모형

화산 이류

화산 쇄설물이 물에 섞여 저지대로 빠르게 흘러내리는 것

개념확인 4 정답 및 해설 23쪽

화산 활동이 우리 주변에 미치는 영향 중 피해에는 피해, 이용에는 이용을 쓰시오

(1) 방출되는 막대한 양의 용암은 농지를 덮고 산과 들에 있는 식물을 죽게 한다. (　　)
(2) 지열을 난방에 이용하거나 지열 발전소에서 전기를 생산한다. (　　)

확인+4

화산 활동이 우리 주변에 미치는 영향이 아닌 것은?

① 용암 피해　② 석회 동굴　③ 온천
④ 화산 가스 피해　⑤ 지열 발전

개념 다지기

01 다음 중 화산에 대한 설명으로 옳지 <u>않은</u> 것은?

① 화산 가스는 대부분은 수증기이다.
② 화산 가스가 많을수록 조용한 분출을 한다.
③ 지하의 마그마가 지각을 뚫고 지표로 분출되는 현상이다.
④ 화산 활동은 관광지 개발이나 지열 발전소 운영에 이용할 수 있다.
⑤ 화산 쇄설물에는 모양에 따라 화산재, 화산력, 화산 암괴 등이 있다.

02 화산 분출물에 대한 설명으로 옳은 것은?

① 화산 활동에서 분출되는 고체 물질이다.
② 화산 쇄설물, 용암으로 이루어져 있다.
③ 용암은 색깔에 따라 현무암질, 유문암질 용암으로 구분한다.
④ 입자의 모양에 따라 화산진, 화산재, 화산력, 화산 암괴로 구분한다.
⑤ 용암은 마그마에서 화산 가스가 빠져나가고 남은 액체 상태의 물질을 말한다.

03 그림 (가)와 (나)는 서로 다른 화산의 모습을 나타낸 것이다. 이와 관련된 설명으로 옳지 <u>않은</u> 것은?

(가) (나)

① (가)는 순상 화산이다.
② 용암의 점성은 (가)가 (나)보다 작았다.
③ 용암의 온도는 (가)가 (나)보다 높았다.
④ 용암의 SiO_2 함량은 (가)가 (나)보다 많았다.
⑤ (가)는 (나)보다 조용하게 분출하여 형성되었다.

04 종류가 다른 두 용암 A와 B의 유동성과 점성을 나타낸 것이다. 용암 A와 B의 성질을 비교한 것으로 옳은 것은?

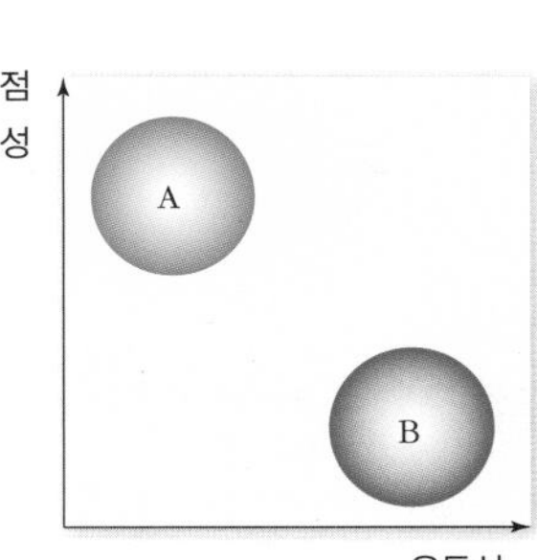

① 용암 A는 B보다 온도가 낮다.
② 용암 A는 B보다 조용하게 분출한다.
③ 용암 A는 B보다 경사가 완만한 화산을 만든다.
④ 용암 B는 A보다 SiO_2 함량이 많다.
⑤ 용암 B는 A보다 휘발 성분을 많이 포함하고 있다.

05

다음 그림 (가)는 순상 화산을 나타낸 것이고, (나)는 성층 화산을 나타낸 것이다. 순상 화산과 비교한 성층 화산의 특징으로 옳은 것은?

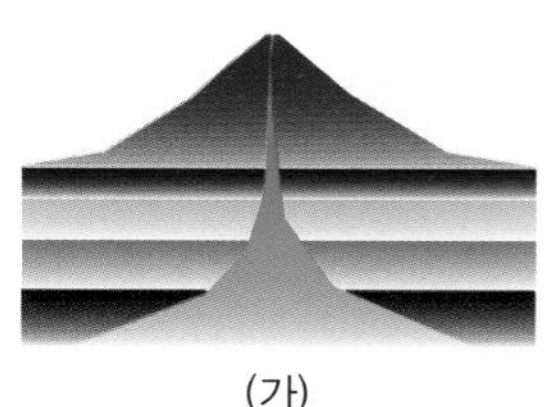
(가)

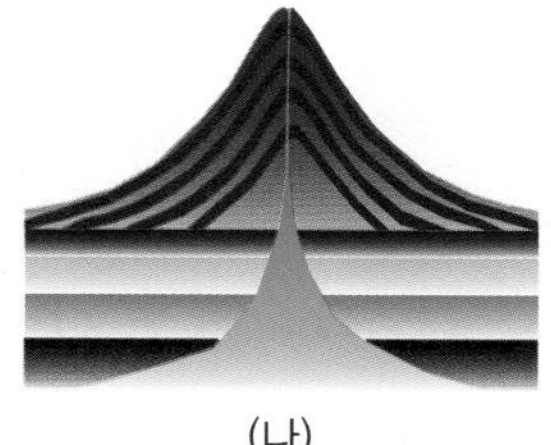
(나)

① 화산의 경사가 완만하다.
② 온도가 높은 용암에 의해 생성되었다.
③ 화산를 이루는 암석의 색이 어둡다.
④ 유동성이 작은 용암에 의해 생성되었다.
⑤ SiO_2 함량이 적은 용암에 의해 생성되었다.

06

용암의 종류와 화산의 형태에 대한 설명으로 옳은 것만을 〈보기〉에서 있는 대로 고른 것은?

〈 보기 〉
ㄱ. 온도가 낮은 용암일수록 점성이 크고 휘발성 기체가 많다.
ㄴ. 유동성이 크고 점성이 작은 용암일수록 생성되는 화산의 경사가 급하다.
ㄷ. 종상 화산은 순상 화산보다 상대적으로 온도가 높은 용암이 분출되어 만들어진다.

① ㄱ ② ㄱ, ㄴ ③ ㄴ, ㄷ ④ ㄱ, ㄷ ⑤ ㄱ, ㄴ, ㄷ

07

다음 설명에 해당하는 화산의 모양은?

· 점성이 큰 마그마가 폭발하면서 만들어진 경사가 급한 화산
· SiO_2 함량이 많은 유문암질 용암이 분출하여 형성

① 용암대지 ② 순상 화산 ③ 성층 화산
④ 분석구 ⑤ 종상 화산

08

화산 활동의 영향으로 나타나는 현상이 아닌 것은?

① 화산 분출로 인해 많은 인명과 재산 피해가 생기기도 한다.
② 화산 쇄설물의 분출로 인해 지구의 전체적인 기후 변화가 생길 수 있다.
③ 용암과 화산 쇄설물로 이루어진 화산 지형은 시간이 지나면 비옥한 토지로 바뀐다.
④ 마그마의 분출로 인해 우리가 사용할 수 있는 지하자원의 양이 점점 줄어들게 된다.
⑤ 화산 활동이 자주 발생하는 지역에서 나오는 지열을 이용하여 전기에너지를 얻는다.

유형 익히기 & 하브루타

[유형5-1] 화산

다음 그림은 화산 분출물을 나타낸 것이다. 이와 관련된 설명으로 옳은 것은?

① A는 마그마로 액체 상태이다.
② A는 SiO_2 함량으로 유문암질과 현무암질로 구분한다.
③ B는 화산 가스로 양이 많으면 조용한 분출을 한다.
④ C는 화산재로 화산 가스에 속한다.
⑤ C는 입자의 크기가 지름 64 mm 이상 이다.

01 다음은 화산 쇄설물에 대한 설명이다. 빈칸에 들어갈 말이 바르게 짝지어진 것은?

· 화산 가스의 대부분은 (㉠) 이다.
· 화산 쇄설물은 (㉡) 에 따라 화산재, 화산력, 화산암괴로 구분한다.

	㉠	㉡
①	수증기	입자 크기
②	이산화탄소	입자 크기
③	수증기	입자 색깔
④	이산화탄소	입자 색깔
⑤	수증기	입자 성분

02 다음 표는 여러 가지 화산 분출물을 나타낸 것이다. 이에 대한 설명으로 옳은 것만을 <보기>에서 있는 대로 고른 것은?

구분	A	B	C
상태	고체	액체	기체

〈 보기 〉

ㄱ. 방출된 A의 일부는 성층권까지 올라간다.
ㄴ. B는 온도가 높을수록 유동성이 크다.
ㄷ. C를 많이 포함하는 용암은 폭발성이 강하다.

① ㄱ ② ㄴ ③ ㄱ, ㄷ
④ ㄴ, ㄷ ⑤ ㄱ, ㄴ, ㄷ

[유형5-2] 용암의 종류와 특징

다음 그림 (가)와 (나)는 서로 다른 두 화산을 나타낸 것이고, (다)는 용암을 점성과 유동성에 따라 분류한 것이다. 이와 관련된 설명으로 옳은 것은?

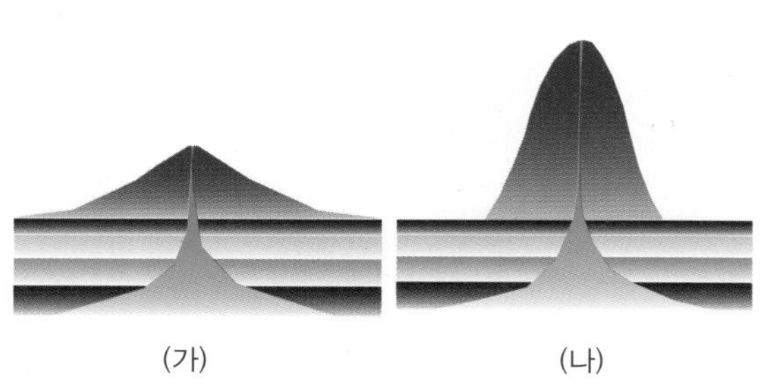
(가) (나)

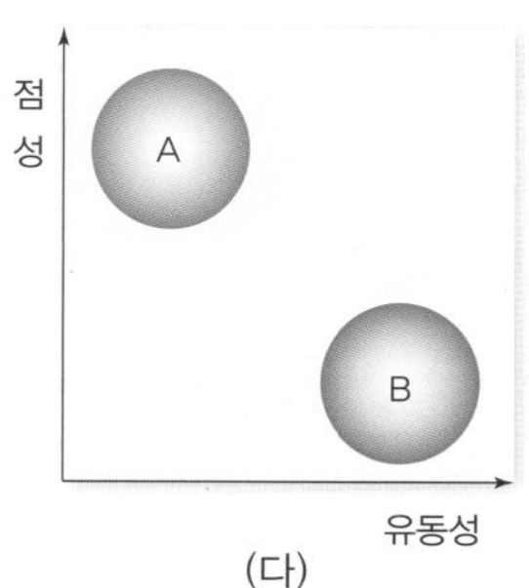

(다)

① 온도는 B가 A보다 높다.
② (가)를 형성하는 용암은 유문암질이다.
③ (가)를 형성하는 용암의 특성은 A에 가깝다.
④ 용암을 분출할 때 A가 B보다 화산 가스를 적게 분출한다.
⑤ 제주도의 산방산을 형성하는 용암의 특성은 B에 가깝다.

03

다음 그림에 대한 설명으로 옳지 않은 것은?

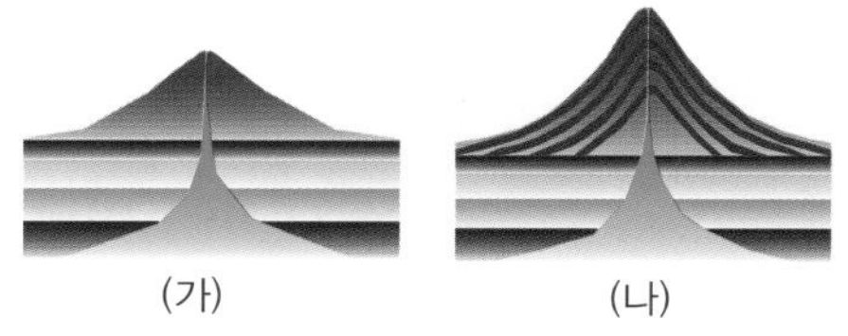
(가) (나)

① (가)는 (나)보다 높은 온도에서 만들어졌다.
② (가)는 (나)보다 화산 폭발 시 화산 가스의 양이 적다.
③ (나)는 (가)보다 SiO_2 함량이 적다.
④ (나)는 (가)보다 격렬하게 분출했을 것이다.
⑤ 용암대지를 형성하는 용암의 종류는 (가)와 비슷하다.

04

다음 그림은 용암을 점성, 유동성, SiO_2 함량에 따라 분류한 것이다.

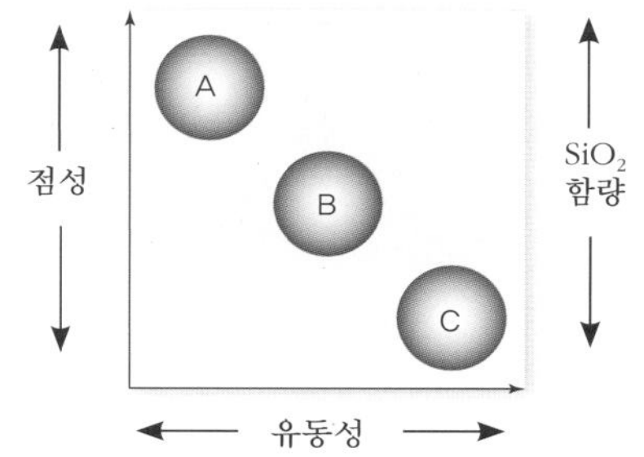

이에 대한 설명으로 옳은 것만을 〈보기〉에서 있는 대로 고른 것은?

〈 보기 〉

ㄱ. 분출된 용암의 온도는 A가 가장 높다.
ㄴ. A는 C보다 경사가 완만한 화산을 만든다.
ㄷ. 용암의 이동 속도가 가장 빠른 것은 C이다.

① ㄱ ② ㄷ ③ ㄱ, ㄴ
④ ㄱ, ㄷ ⑤ ㄱ, ㄴ, ㄷ

유형 익히기 & 하브루타

[유형5-3] 화산 활동과 화산의 형태

다음 그림은 서로 다른 세 화산을 나타낸 것이다. 각 물음에 해당하는 것을 고르고, 화산의 종류를 쓰시오.

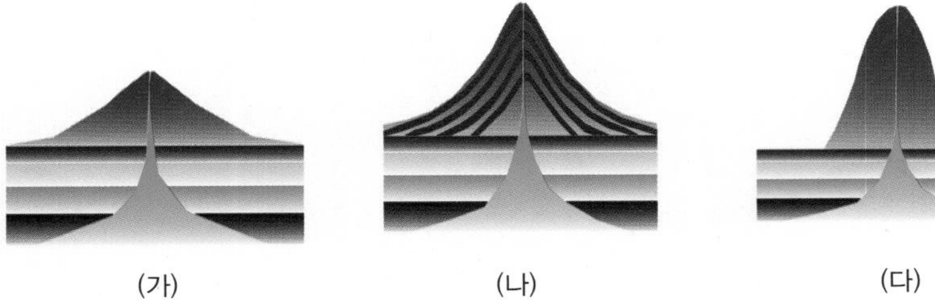

(1) 유동성이 큰 마그마가 분출하여 만들어진 경사가 완만한 화산은?

( )

(2) 마그마가 분출과 폭발을 반복하여 만들어진 층상 구조를 갖는 화산은?

( )

05 그림 (가)는 제주도의 한라산이고 (나)는 후지산으로 서로 다른 용암에 의해 생성된 화산을 나타낸 것이다.

(가)

(나)

이에 대한 설명으로 옳은 것만을 〈보기〉에서 있는 대로 고른 것은?

〈 보기 〉

ㄱ. (가)를 구성하는 암석은 (나)를 구성하는 암석 보다 밝은 색을 띤다.
ㄴ. (가)는 (나)보다 온도가 높은 용암에 의해 형성되었다.
ㄷ. (가)는 (나)보다 점성이 작은 용암이 분출하여 형성되었다.

① ㄱ ② ㄴ ③ ㄷ
④ ㄱ, ㄴ ⑤ ㄴ, ㄷ

06 다음 그림은 유동성과 화산의 특성을 이용하여 종상 화산과 순상 화산을 구분하였다.

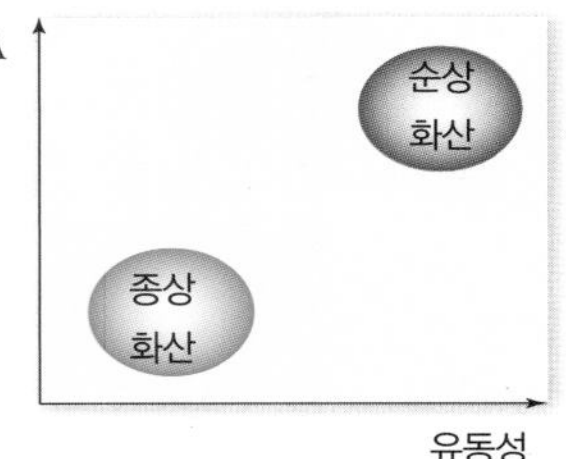

그림의 세로축 A에 해당하는 용암의 특성을 〈보기〉에서 있는 대로 고른 것은?

〈 보기 〉

ㄱ. 온도 ㄴ. 경사
ㄷ. 휘발 성분 ㄹ. 점성

① ㄱ ② ㄴ ③ ㄷ
④ ㄱ, ㄴ ⑤ ㄱ, ㄷ

[유형5-4] 화산 활동의 영향

다음 그림은 화산 활동의 피해를 나타낸 것이다. 이와 관련된 설명으로 옳지 않은 것은?

(가)

(나)

(다)

① (가)는 화산 가스로 대부분 수증기이기 때문에 위험하지 않다.
② (나)는 마그마가 지표로 분출되는 것이다.
③ (나)는 용암으로 농경지를 덮고, 산과 들에 있는 식물을 죽게 한다.
④ (다)는 화산 쇄설물로 성층권까지 올라가 지구의 기후를 변화시킨다.
⑤ (다)는 화산 활동으로 인한 충격 등으로 부서진 상태로 분출되는 것이다.

07 다음 중 백두산 화산 활동으로 인한 피해 중 옳지 않은 것은?

① 산성비가 내릴 것이다.
② 일본에는 영향을 끼치지 않을 것이다.
③ 천지가 범람해서 홍수가 일어날 것이다.
④ 용암으로 인해 산불과 화재가 발생할 것이다.
⑤ 화산 가스 분출로 인해 사람과 가축이 질식사 할 것이다.

08 그림 (가)와 (나)는 활동 중인 화산의 여러 가지 분출물을 나타낸 것이다.

(가)

(나)

이에 대한 설명으로 옳은 것만을 〈보기〉에서 있는 대로 고른 것은?

〈 보기 〉

ㄱ. (가)로 인해 사람과 가축이 질식사 할 것이다.
ㄴ. (나)의 다량 분출은 항공기 운항에 지장을 준다.
ㄷ. 화산 이류는 (가)와 (나)가 섞여 빠르게 흘러내리는 것이다.

① ㄱ ② ㄷ ③ ㄱ, ㄴ
④ ㄴ, ㄷ ⑤ ㄱ, ㄴ, ㄷ

창의력&토론마당

01 다음 자료를 읽고 물음에 답하시오.

지구의 역사 동안 대규모 화산폭발에 의한 지구 기후의 변동은 여러 번 있었다.
1815년 인도네시아에서의 탐보라 화산 분출과 1883년 크라카타우 화산 분출은 지구 기후 변화에 큰 영향을 미쳤다. 이 두 화산은 거대한 양의 화산재와 가스를 방출한다는 점에서 아이슬라드의 화산 분출과는 다르다. 1815년의 탐보라 화산 분출 시 세계 각국의 곡물 수확량을 급격히 감소시켰고, 1816년을 '여름이 없는 해'로 불려지게 하였다. 이후 화산 분출의 영향이 없어지기까지는 수 년의 시간이 걸렸다. 크라카타우 화산이 분출할 때 약 20 km^3 부피의 화산 분출물이 50 km 높이까지 치솟았다. 13일 이내에 성층권의 먼지들이 지구를 순환했으며, 몇 달 동안 녹색 혹은 청색 그리고 때로는 주황색 또는 타는 듯한 오렌지색의 이상한 색을 띠는 일몰이 나타났다. 11월 어느 날 뉴욕에서 관측된 일몰은 대규모 화재로부터 솟아나는 화염처럼 보였다. 이러한 분출물이 태양빛을 차단하여 1894년 지구 평균 기온을 0.5 ℃ 정도 하강시켰다. 이후 정상적인 환경으로 복원되는 데는 5년이 경과되어야 했다.

탐보라, 크라카타우 화산 분출에 의해 형성될 수 있는 화산의 종류를 그림에서 찾아 기호를 쓰고, 그 이유를 서술하시오.

(가) 하와이 마우나로아 화산

(나) 일본 후지산

02 다음 그림은 제주도의 한라산과 산방산을 나타낸 것이다.

(가) 한라산

(나) 산방산

(1) 다음의 용어를 사용하여 제주도의 한라산과 산방산의 화산형태를 비교하여 설명하시오.

온도	경사	점성	유동성

(2) 그림은 지구 환경 구성요소 간의 상호 작용을 나타낸 것이다.

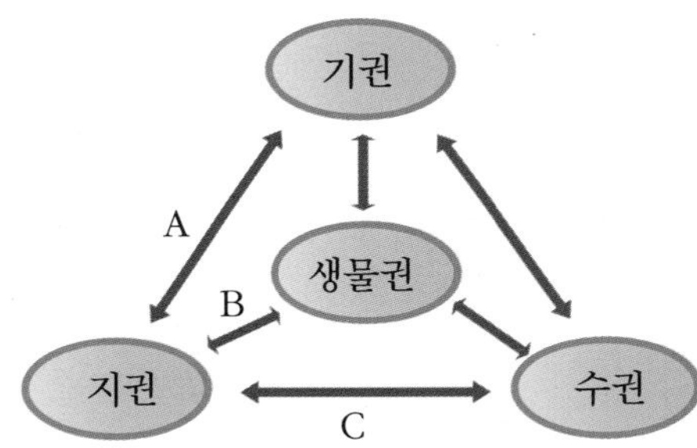

화산이 각 권의 상호작용에 끼치는 영향을 쓰시오.

A-

B-

C-

창의력&토론마당

03 다음 자료를 읽고 물음에 답하시오.

79년 8월 24일 정오, 이탈리아 남부 나폴리 연안에 베수비오 화산이 폭발하였다. 화산은 거대한 폭발과 함께 많은 화산재와 화산암이 인근 도시로 쏟아져내렸다. 지상을 뒤덮는 고온 가스와 열구름에 생물체는 질식하거나 뜨거운 열에 타 죽었다. 이 폭발로 약 2000명이 도시와 운명을 함께 하였다. 발굴 작업에서 발견한 빵집의 화덕에는 불이 그대로 남아있어 갑작스러운 폭발이었음을 알 수 있다. 이후에도 수십 회에 걸쳐 용암이 흘러내렸고 끊임없이 진동하여 산의 모습이 달라졌다. 그곳은 오늘날 관광지로 개발되었고 비옥한 화산 비탈면에 포도와 오렌지류를 재배한다.

(1) 화산 쇄설물, 용암, 화산 가스로 인한 피해 현황을 각각 서술하시오.

화산 쇄설물-

용암-

화산 가스-

(2) 자료의 내용을 포함하여 화산의 이용 현황을 다양하게 서술하시오.

04 다음 그림은 마그마가 생성되는 원리를 나타낸 것이다. 다음 물음에 답하시오.

판 구조론은 지구의 표면이 판으로 이루어져 있고, 판이 서로 다른 방향과 속도로 움직이면서 판 경계에서 지각 변동이 활발하게 일어난다는 이론이다. 마그마는 상대적으로 밀도가 큰 판이 밀도가 작은 판 아래로 섭입하여 소멸하게 되는 과정에서 생기게 된다.

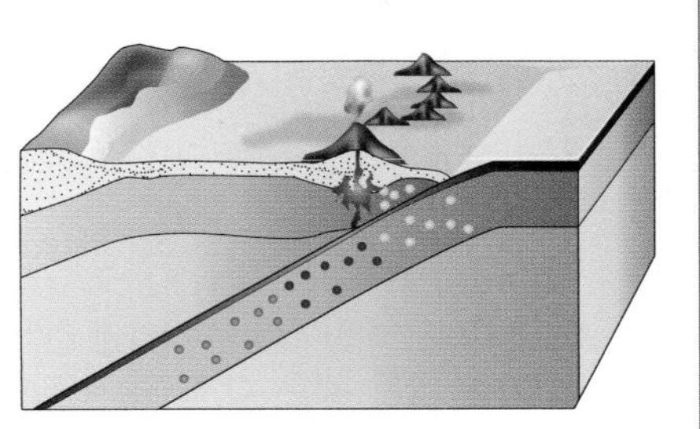

(1) 마그마와 화산 활동을 연관시켜 서술하시오.

(2) 만약 지구가 판으로 되어 있지 않다면 화산 활동이 어떻게 변할 것인지 서술하시오.

스스로 실력 높이기

01 다음 중 화산 가스에 가장 많이 포함되어 있는 것은?

① 산소 ② 질소
③ 수증기 ④ 이산화 황
⑤ 이산화 탄소

02 다음 그림은 화산 활동을 나타낸 것이다. 이에 대한 설명 중 옳은 것은 ○표, 옳지 않은 것은 ×표 하시오.

(1) A 는 마그마이다. ( )
(2) A 는 SiO_2 함량에 따라 구분한다. ( )
(3) B 는 화산 가스로 많을수록 폭발적인 분출을 한다. ( )
(4) C 는 화산재로 화산 쇄설물에 해당한다. ( )

03 다음은 화산 쇄설물에 대한 설명이다. 빈칸에 들어갈 말이 바르게 짝지어진 것은?

> 화산 활동이 일어나는 동안 분출되는 고체 물질로 (㉠)에 따라 화산진, 화산재, (㉡) 등으로 구분한다.

	㉠	㉡
①	입자 색깔	화산 암괴
②	입자 색깔	현무암
③	입자 크기	화산 암괴
④	입자 크기	현무암
⑤	입자 크기	안산암

04 SiO_2 함량이 50% 내외이며 점성이 작고 온도가 높으며 화산 경사가 완만한 용암은 무엇인가?

( )

05 다음 빈칸에 알맞은 말을 고르시오.

> 점성이 큰 마그마가 폭발하면서 만들어진 경사가 급한 화산인 (㉠ 종상 화산, ㉡ 순상 화산)은 SiO_2 함량이 많은 유문암질 용암이 분출하여 만들어진 것이다.

06 다음 중 A에 들어갈 수 있는 것을 모두 고르시오.

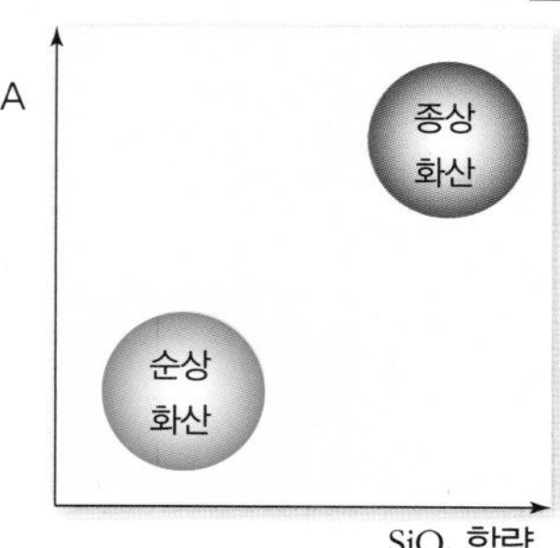

① 점성
② 온도
③ 유동성
④ 휘발성 기체
⑤ 화산 경사

07 다음 빈칸에 알맞은 말을 고르시오.

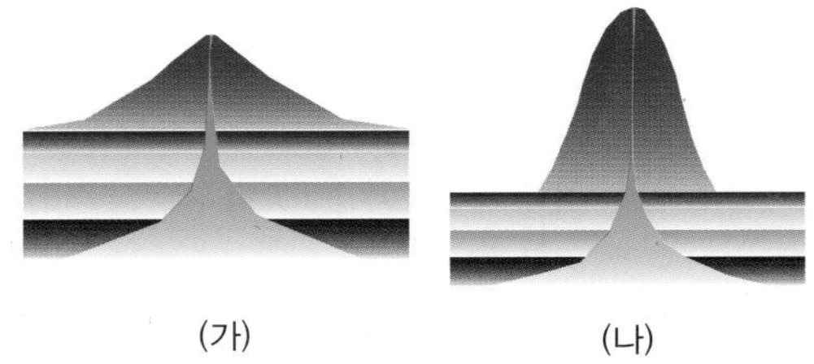

(가)는 (나)보다 온도가 (㉠ 높고, ㉡ 낮고) 유동성이 (㉠ 큰, ㉡ 작은) 용암으로 만들어진 화산이다.

08 다음 중 현무암질 용암의 특징을 모두 고르시오.

① 온도가 낮다.
② 점성이 작다.
③ 유동성이 크다.
④ SiO_2 함량이 많다.
⑤ 화산 경사가 급하다.

09 다음 중 화산 활동의 이용과 관련이 없는 것은?

① 온천 ② 지열 발전
③ 금속 광산 ④ 비옥한 토지
⑤ 화석 발견

10 다음은 화산 활동의 피해에 대한 설명이다. 빈칸에 알맞은 말을 각각 쓰시오.

화산 활동으로 분출된 (㉠)는 성층권까지 상승하여 햇빛이 차단되어 기후 변화가 일어난다. 방출되는 막대한 양의 (㉡)은 농지를 덮고, 산과 들에 있는 식물을 죽게 한다.

㉠ (　　　　), ㉡ (　　　　)

11 다음 표는 화산 활동 시 분출되는 물질의 종류를 나타낸 것이다.

(가)	현무암질, 안산암질, 유문암질
(나)	화산진, 화산재, 화산 암괴 등
(다)	수증기, 이산화 탄소, 이산화 황 등

이에 대한 설명으로 옳은 것만을 〈보기〉에서 있는 대로 고른 것은?

〈 보기 〉
ㄱ. (가)는 SiO_2 함량으로 구분한다.
ㄴ. (가)는 화산 주변의 지형을 변화시킨다.
ㄷ. (나)가 대기로 방출되면 햇빛의 반사율은 증가한다.
ㄹ. (다) 중에서 가장 많은 양을 차지하는 것은 이산화 탄소이다.

① ㄱ, ㄴ ② ㄴ, ㄷ ③ ㄷ, ㄹ
④ ㄱ, ㄴ, ㄷ ⑤ ㄴ, ㄷ, ㄹ

12 다음 표는 화산 활동 시 분출되는 물질의 종류를 나타낸 것이다.

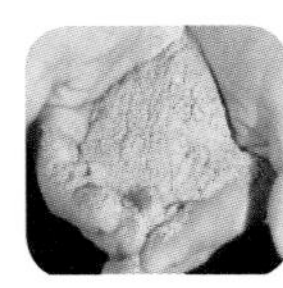
(가)

(나)

(다)

이에 대한 설명으로 옳은 것만을 〈보기〉에서 있는 대로 고른 것은?

〈 보기 〉
ㄱ. (가) ~ (다)는 입자의 크기에 따라 구분한다.
ㄴ. 대기 중 체류 시간이 가장 짧은 것은 (나)이다.
ㄷ. (다)가 대기로 방출되면 햇빛의 반사율은 증가한다.

① ㄱ ② ㄷ ③ ㄱ,ㄴ
④ ㄴ, ㄷ ⑤ ㄱ, ㄴ, ㄷ

13 SiO_2 함량에 대한 설명으로 옳은 것은?

① SiO_2 함량이 낮을수록 점성이 크다.
② SiO_2 함량이 낮을수록 유동성이 작다.
③ SiO_2 함량이 높을수록 온도가 높아진다.
④ SiO_2 함량이 낮을수록 격렬하게 폭발한다.
⑤ SiO_2 함량이 높을수록 화산 경사가 급하다.

스스로 실력 높이기

14 다음은 성질이 다른 용암이 분출하는 모습으로, 그림 (가)는 분출형 화산, 그림 (나)는 폭발형 화산이다.

(가)

(나)

(가)와 (나) 용암의 성질을 비교한 내용으로 옳은 것은?

	구분	(가)	(나)
①	SiO_2 함량	많다	적다
②	온도	높다	낮다
③	점성	크다	작다
④	유동성	작다	크다
⑤	휘발성 물질	많다	적다

15 다음은 유문암질 용암에 대한 설명이다. 빈칸에 들어갈 말이 바르게 짝지어진 것은?

> 유문암질 용암은 온도는 (㉠)고, 유동성이 (㉡)며 화산의 형태는 (㉢) 이다.

	㉠	㉡	㉢
①	높	작으	순상 화산
②	높	크	종상 화산
③	낮	작으	순상 화산
④	낮	크	성층 화산
⑤	낮	작으	종상 화산

16 분석구에 대한 설명으로 옳은 것만을 〈보기〉에서 있는 대로 고른 것은?

〈 보기 〉

ㄱ. 마그마가 폭발적으로 분출하면서 화산 쇄설물이 쌓여 만들어진 비교적 작은 화산이다.
ㄴ. 순상 화산이나 성층 화산의 측면 또는 열극이나 단층을 따라 형성한다.
ㄷ. 대표적인 예로는 제주도의 기생 화산이다.

① ㄴ ② ㄷ ③ ㄱ, ㄴ
④ ㄱ, ㄷ ⑤ ㄱ, ㄴ, ㄷ

17 그림 (가)는 제주도의 한라산, (나)는 산방산이다.

(가)

(나)

두 화산을 만든 용암과 화산에 대한 설명으로 옳은 것만을 〈보기〉에서 있는 대로 고른 것은?

〈 보기 〉

ㄱ. 암석의 색은 (가)가 (나)보다 어둡다.
ㄴ. (가)는 (나)보다 점성이 작은 용암이 분출한 것이다.
ㄷ. (가)는 종상 화산, (나)는 순상 화산이다.

① ㄱ ② ㄴ ③ ㄷ
④ ㄱ, ㄴ ⑤ ㄱ, ㄴ, ㄷ

18 다음 중 화산에 대한 설명으로 옳지 않은 것은?

① 종상 화산은 격렬한 분출을 통해 형성되었다.
② 현무암질 용암은 유문암질 용암보다 온도가 낮다.
③ 화산 쇄설물들에 의해 인명, 재산에 피해를 가져온다.
④ 지하의 마그마가 지각을 뚫고 지표로 분출되는 현상이다.
⑤ 화산 쇄설물에는 입자의 크기에 따라 화산재, 화산력, 화산 암괴 등이 있다.

19 다음 그림은 화산 활동의 피해를 나타낸 것이다.

(가)

(나)

이와 관련된 설명으로 옳은 것만을 〈보기〉에서 있는 대로 고른 것은?

〈 보기 〉

ㄱ. (가)는 성층권까지 분출되어 기후 변화를 일으킨다.
ㄴ. 격렬한 화산일수록 (가)의 양이 많아진다.
ㄷ. (나)는 화산재로 화산 쇄설물에 해당한다.

① ㄴ ② ㄱ, ㄴ ③ ㄱ, ㄷ
④ ㄴ, ㄷ ⑤ ㄱ, ㄴ, ㄷ

20 다음 그림은 일본의 후지산이다.

후지산에 대한 설명으로 옳은 것만을 〈보기〉에서 있는 대로 고른 것은?

〈 보기 〉

ㄱ. 성층 화산이다.
ㄴ. 안산암질 용암으로 형성되었다.
ㄷ. 마그마가 분출과 폭발을 반복하여 만들어진 화산이다.
ㄹ. 온천이 발달해 관광명소가 되었다.

① ㄱ, ㄴ ② ㄴ, ㄷ ③ ㄷ, ㄹ
④ ㄴ, ㄷ, ㄹ ⑤ ㄱ, ㄴ, ㄷ, ㄹ

21 다음 그림은 학생들이 어느 화산 지역을 조사한 후 화산과 화산 정상부의 단면을 그린 것이다. A는 순상 화산이고 B는 종상 화산이다.

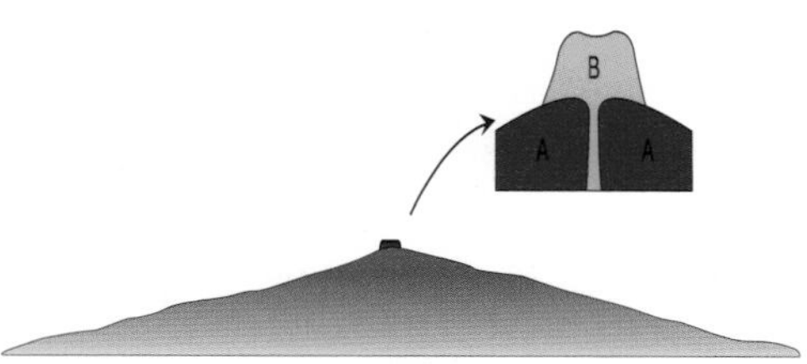

두 화산에 대한 〈보기〉의 대화 중 옳은 말을 한 학생을 〈보기〉에서 있는 대로 고른 것은?

〈 보기 〉

영희: A가 생성된 후 B가 생겼을 거야.
철수: 용암의 점성은 A가 더 컸을 거야.
순희: B는 현무암질 용암에 의해 생성되었을 거야.

① 영희 ② 철수 ③ 순희
④ 영희, 철수 ⑤ 철수, 순희

22 다음 그림은 화산의 대표적인 세 유형 A, B, C의 상대적인 특성을 나타낸 것이다.

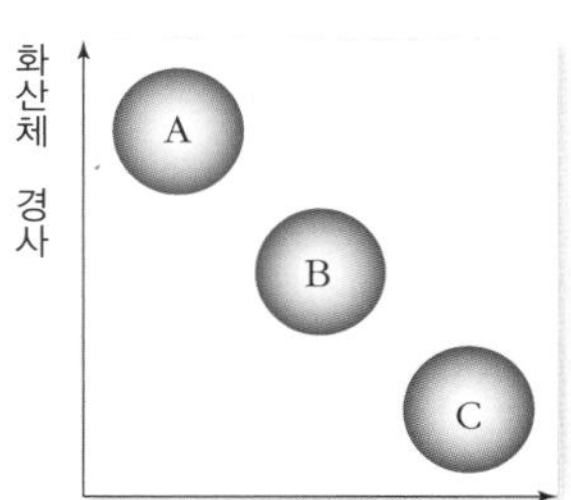

화산 유형 A, B, C에 대한 설명으로 옳은 것만을 〈보기〉에서 있는 대로 고른 것은?

〈 보기 〉

ㄱ. 용암이 가장 멀리까지 이동할 수 있는 것은 A이다.
ㄴ. 용암과 화산 쇄설물을 교대로 분출하는 것은 B이다.
ㄷ. 현무암질 용암으로 생성된 것은 C이다.
ㄹ. 같은 유형의 화산에서 용암의 냉각 속도가 빠를수록 화산의 경사는 커진다.

① ㄱ ② ㄴ ③ ㄱ, ㄷ
④ ㄴ, ㄷ, ㄹ ⑤ ㄱ, ㄴ, ㄷ, ㄹ

스스로 실력 높이기

23 다음은 백두산의 화산 폭발에 대비하기 위한 연구 내용이고, 그림은 10세기 백두산 화산 폭발 시 쌓이는 화산 쇄설물의 분포와 확산 범위를 나타낸 것이다.

- 백두산 화산 폭발 기록 조사 및 폭발 가능성 예측 연구
- 유사 폭발 사례 분석을 통한 폭발 강도 추정
- 계절에 따른 풍향 요인을 고려한 화산재 확산 범위 추정

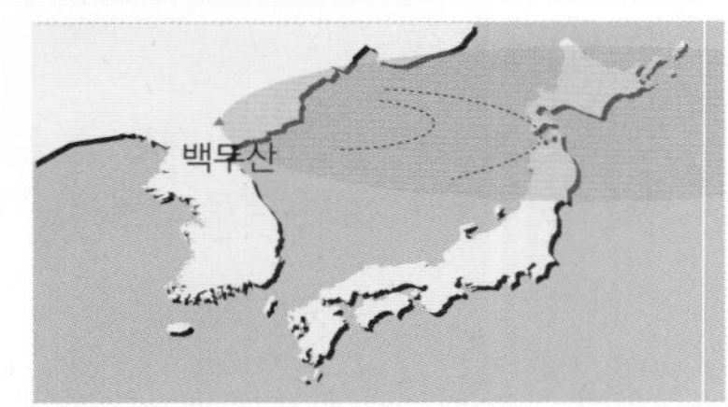

이에 대한 설명으로 옳은 것만을 〈보기〉에서 있는 대로 고른 것은?

〈 보기 〉

ㄱ. 일본에 쌓인 백두산의 화산 쇄설물은 주로 화산탄과 화산력으로 구성된다.
ㄴ. 마그마의 가스 함량이 높을수록 화산의 폭발력은 커진다.
ㄷ. 화산재에 의한 한반도의 피해는 남풍보다 북풍이 우세할 때 더 클 것이다.

① ㄱ ② ㄴ ③ ㄷ
④ ㄱ, ㄴ ⑤ ㄴ, ㄷ

24 다음은 어떤 화산을 관찰한 내용이다. 이 화산에 대한 설명으로 옳은 것만을 〈보기〉에서 있는 대로 고른 것은?

이 화산은 2008년 7월 7일과 8일 두 차례에 걸쳐 용암을 분출했다. 분출한 용암은 15km 이상 떨어진 해안까지 흘러 내려갔고, 바닷물과 접촉하여 뜨거운 김이 솟아올랐다. 이 때 굳어진 암석은 검은색을 띠고 기공이 있었다.

〈 보기 〉

ㄱ. 용암이 굳어져서 만들어진 암석은 현무암일 것이다.
ㄴ. 이 지역은 화산 쇄설물에 의한 피해가 적었을 것이다.
ㄷ. 분출한 용암은 순상 화산을 형성했을 것이다.

① ㄱ ② ㄷ ③ ㄱ, ㄴ
④ ㄴ, ㄷ ⑤ ㄱ, ㄴ, ㄷ

25 다음은 화산 활동에 대한 학생들의 의견을 나타낸 것이다. 옳은 의견을 발표한 학생을 있는 대로 고른 것은?

경희– 화산 지대에서는 유용한 광물들을 채굴하여 사용할 수 있어.
철수– 대기 중으로 방출된 화산재는 지구 온난화를 일으켜서 큰일이야.
기영– 활동 중인 화산 부근에는 온천이나 간헐천이 많아서 관광 휴양지로 개발할 수 있어.
영희– 화산재가 쌓이는 지역의 식물들은 대부분 죽지만 화산재 속의 인, 칼륨 등은 토양을 비옥하게 해.

① 경희 ② 영희 ③ 경희, 철수
④ 기영, 영희 ⑤ 경희, 기영, 영희

26 다음은 화산의 여신 '페레'를 소개한 글이다.

그림은 하와이 섬 킬라우에아 화산의 분화구 속에 산다고 전해지는 여신 페레의 모습이다. 킬라우에아 화산의 용암은 페레의 치렁치렁한 머리카락에 비유될 정도로 강물처럼 흘러내리는 특징을 보인다.

킬라우에아 화산이 활동할 때의 모습에 대한 설명으로 옳은 것만을 〈보기〉에서 있는 대로 고른 것은?

〈 보기 〉

ㄱ. 수백 킬로미터 떨어진 공항에 화산재가 두껍게 쌓였다.
ㄴ. 큰 폭발 소리 후 날아온 돌들이 지붕으로 떨어져 내렸다.
ㄷ. 용암이 재방을 녹이고 집을 태우면서 도로까지 흘러왔다.

① ㄴ ② ㄷ ③ ㄱ, ㄴ
④ ㄴ, ㄷ ⑤ ㄱ, ㄴ, ㄷ

심화

27 다음 그림 (가)는 서로 다른 화산 활동 유형을, (나)는 두 화산을 만든 용암 A와 B 의 성질을 나타낸 것이다.

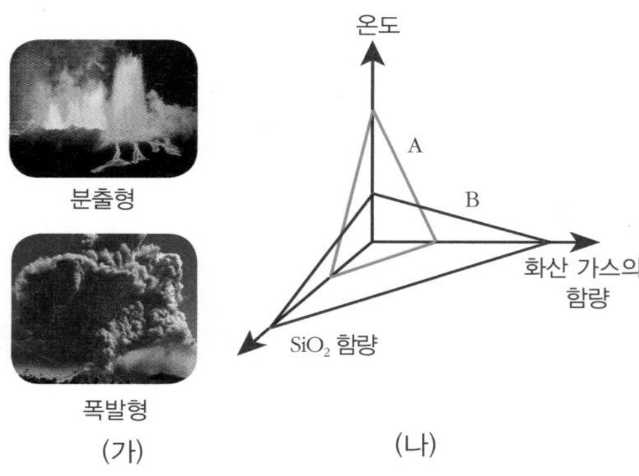

(가) (나)

이에 대한 설명으로 옳은 것만을 〈보기〉에서 있는 대로 고른 것은?

〈 보기 〉

ㄱ. (가)의 분출형 화산 활동은 순상 화산체를 형성한다.
ㄴ. 용암 A는 B보다 점성이 크고 유동성이 작다
ㄷ. 용암 A는 분출형, B는 폭발형으로 나타난다.

① ㄴ ② ㄱ, ㄴ ③ ㄱ, ㄷ
④ ㄴ, ㄷ ⑤ ㄱ, ㄴ, ㄷ

28 다음 그림에 대한 설명으로 옳지 않은 것은?

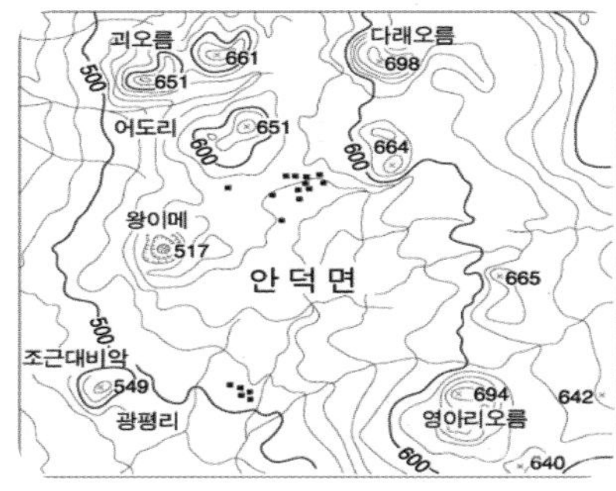

① 분석구에 대한 그림이다.
② 화산 쇄설물이 쌓여서 만들어졌다.
③ 수백 m 이하의 소형 화산이다.
④ 현무암질 용암이 분출하여 형성하였다.
⑤ 순상 화산이나 성층 화산의 측면 또는 열극이나 단층을 따라 형성한다.

29 다음은 철수와 영희가 제주도 사진을 보고 한라산과 산방산에 대하여 나눈 대화 내용이다.

(가)

(나)

두 산의 모양과 용암에 대한 대화 내용 ⓐ~ⓔ 중 옳지 않은 것은?

〈 보기 〉

철수: 멋진 사진이다.
영희: 산방산과 한라산의 모양이 다르네.
ⓐ 산방산은 모양을 보니 종상 화산이구나.
철수: ⓑ 산방산은 폭발형 화산이기 때문이야.
영희: 그러면, ⓒ 산방산을 만든 마그마는 한라산보다 가스 성분이 많았다고 볼 수 있겠네.
철수: 물론, ⓓ 용암의 점성은 산방산이 한라산보다 크다고 볼 수 있지.
영희: ⓔ 생성 당시에 산방산을 만든 용암의 온도가 한라산보다 높았겠구나.

① ⓐ ② ⓑ ③ ⓒ
④ ⓓ ⑤ ⓔ

30 화산재의 긍정적인 효과와 부정적인 효과에 대하여 각각 서술하시오.

6강. 지진

1. 지진

(1) **지진 :** 지구 내부의 지각 변동에 의해 발생한 에너지가 지표로 나와 땅이 흔들리는 현상

(2) **발생원인**

인공지진	자연지진
땅 속 화약폭발, 지하 핵실험	단층 생성, 화산 폭발, 함몰

(3) **진원과 진앙**

① **진원** : 지진이 발생한 지점

② **진앙** : 진원의 바로 위에 있는 지표면의 지점

(4) **지진의 종류**

종류	진원의 깊이
천발지진	70km 이하
중발지진	70 ~ 300km
심발지진	300km 이상

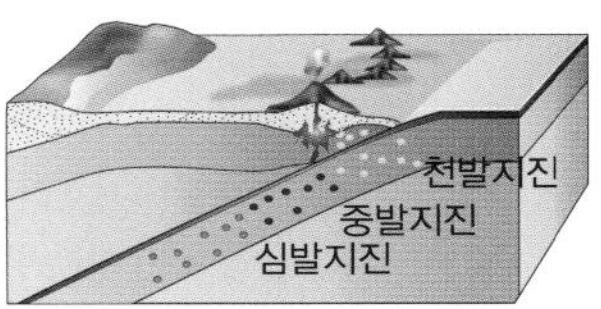

▲ 깊이에 따른 지진의 종류

(5) **지진의 세기**

① **규모** : 지진이 발생할 때 나오는 실제 에너지를 나타낸 것으로 진원과 상관없이 일정

② **진도** : 지진이 발생할 때 사람의 느낌이나 주변 물체의 흔들림 정도를 나타낸 것으로 진원으로부터 멀수록 작아짐

진원과 진앙

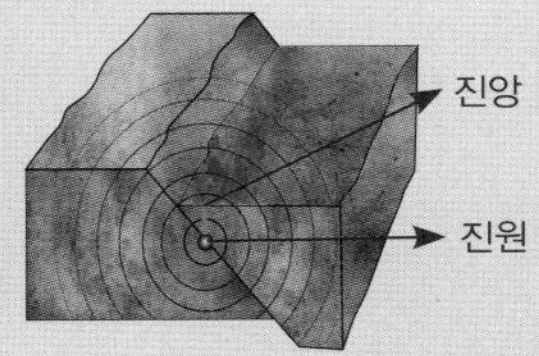

규모에 따른 피해 정도

규모	피해
5~6	진앙 부근에서 소규모 피해 발생
6~7	진앙 부근에서 비교적 큰 피해 발생
7~8	큰 재해 발생
8~9	큰 재해 발생
9~	대규모 지각 변동 발생, 광범위한 지역에 큰 재해나 해일 발생

미니사전

천발지진 [淺 얕다 發 피다 地 땅 震 흔들리다] 지표에서 가까운 곳에서 발생하는 지진

개념확인 1

지진이 발생하는 원인이 아닌 것은?

① 지하 동굴의 붕괴　② 단층 생성　③ 마그마의 분출
④ 지하 핵실험　⑤ 지구 온난화로 해수면의 높이 상승

확인+1

지진에 대한 설명으로 옳은 것은 ○표, 옳지 않은 것은 ×표 하시오.

(1) 지진이 발생한 지점을 진원이라고 한다. (　　)

(2) 규모는 지진이 발생할 때 사람의 느낌이나 주변 물체의 흔들림 정도를 나타낸 것으로 진원으로부터 멀수록 작아진다. (　　)

2. 지진파

(1) **지진파의 성질** : 지진파는 성질이 다른 물질의 경계면에서 굴절되거나 반사하고, 전달되는 물질의 종류나 상태에 따라 전파 속도가 급격히 변함

(2) **지진파의 종류**

종류	실체파	표면파
특징	· 지구 내부를 통과하는 지진파 · P파와 S파	· 지구 표면을 따라 전파되는 파 · 러브파와 레일리파

	P파	S파	L파
속도	5~8km/s	약 4km/s	약 3km/s
도착 순서	1	2	3
진폭	작다	중간	크다
피해	작다	중간	크다
파동	종파	횡파	혼합
통과 물질	고체, 액체, 기체	고체만 통과	지표면으로 통과
진행모습	매질의 진동반향 : ↔ 압축 팽창 지진파의 진행 방향	매질의 진동반향 : ↕ 지진파의 진행 방향	매질의 진동반향 : ⤢ 지진파의 진행 방향
물질의 진동방향	파의 진행 방향과 평행	파의 진행 방향과 수직	혼합
지진파의 기록	P파	S파	L파

PS시
P파가 도착하고 나서 S파가 도착할 때까지 걸린 시간

$$PS시 = \frac{d}{V_S} - \frac{d}{V_P}$$

d : 진원거리
V_S : S파의 속도
V_P : P파의 속도

개념확인 2

정답 및 해설 28쪽

P파, S파, L파에 대한 설명으로 옳은 것은 ○표, 옳지 않은 것은 ×표 하시오.

(1) P파는 관측소에 가장 먼저 도착한다. ( )
(2) 진폭이 가장 큰 지진파는 S파이다. ( )
(3) 지표면을 따라 전파되는 지진파는 L파이다. ( )

확인+2

P파가 도착하고 나서 S파가 도착할 때까지 걸린 시간을 무엇이라고 하는가?

( )

3. 지진의 기록

(1) 지진계

① 지진의 진동을 감지하여 지진파를 기록하는 장치

② 지진계의 원리 : 지진계의 모든 부분은 진동하지만 무거운 추는 관성 때문에 정지해 있으므로 추 끝에 달려 잇는 펜에 의해 회전 원통에 감긴 기록지 위에 지진에 의한 진동량이 기록됨

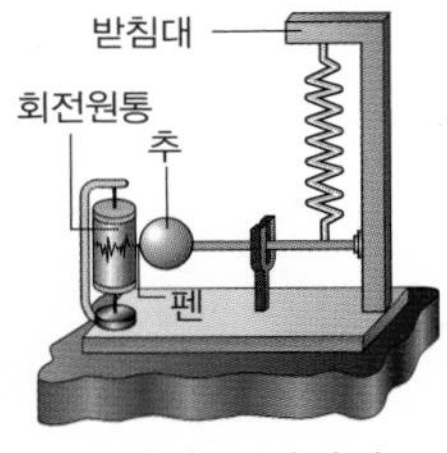

▲ 상하동 지진계

(2) 지구 내부 층상 구조

① 지진파의 속도 변화를 통해 깊이 변화에 따라서 지구 내부를 4개의 층으로 나눌 수 있다는 것을 알 수 있음

② 지구 내부의 층상 구조와 가장 관련이 있는 물리량은 밀도

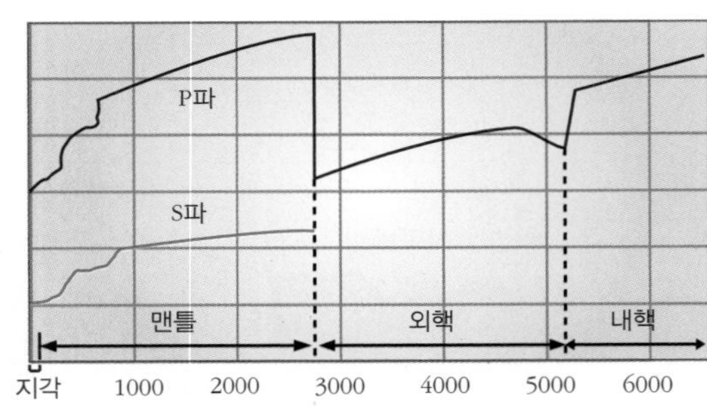

▲ 지구 내부에서 지진파의 변화

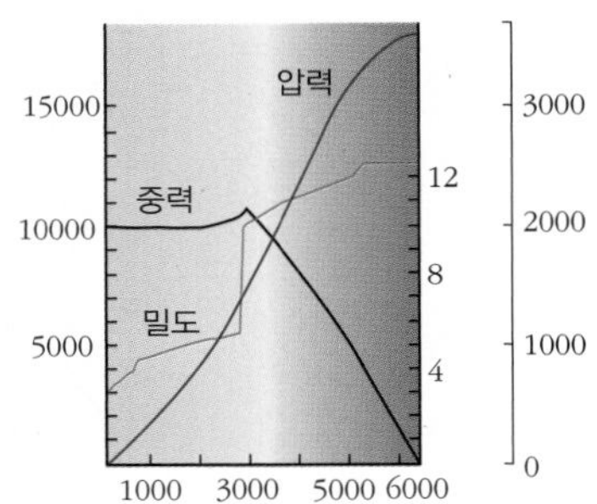

▲ 지구 내부에서 물리량의 변화

(3) 암영대

P파와 S파가 모두 도달하지 않는 곳

· 0°~103° : P파와 S파 모두 도달

· 103°~142°: P파와 S파 모두 도달하지 않음

· 142°: P파만 도달

P파, S파
P파, S파
S파 암영대
P파 암영대
진원

▲ 암영대

(4) 지구 내부의 층상 구조 발견

① **모호면** : 지각-맨틀 경계, 급격한 지진파의 속도 증가로 발견

② **쿠텐베르크면** : 맨틀-외핵 경계, 지진파가 도달하지 않는 곳(암영대) 발견

③ **레만면** : 외핵-내핵 경계, 암영대에 약한 P파가 도달하여 발견

관성
외부에서 힘이 작용하지 않으면 운동하는 물체는 계속 운동하고, 정지한 물체는 계속 정지해 있으려고 하는 성질

주시곡선
진앙에서 지진 관측소까지의 거리와 도달 시간과의 관계를 나타낸 그래프

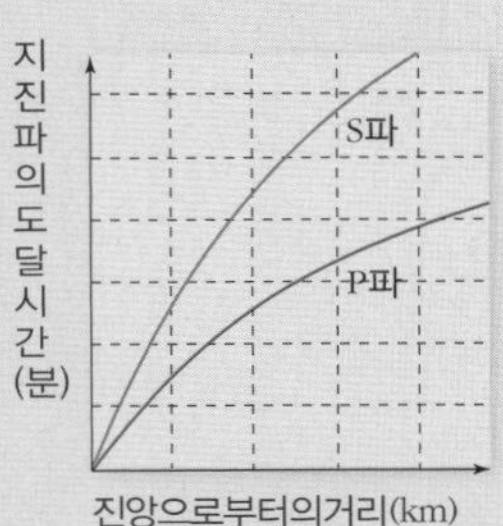

개념확인 3

지구 내부의 층상 구조 중 액체 상태로 존재하는 층은 무엇인가?

( )

확인+3

지구 내부의 층상 구조와 가장 관련이 있는 물리량은?

① 온도 ② 질량 ③ 밀도
④ 중력 ⑤ 압력

미니사전
암영대 [暗 어둡다 影 그림자 帶 띠] 지진이 일어났을 때 지진파가 도달하지 않는 일정한 구역

4. 화산대와 지진대

(1) 화산대와 지진대

① **화산대** : 화산 활동이 활발하게 일어나는 지점을 연결한 띠 모양의 지역
② **지진대** : 지진이 활발하게 일어나는 지점을 연결한 띠 모양의 지역
③ 화산대와 지진대는 대부분 일치한다.

(2) 전 세계 주요 화산대와 지진대

대표적으로 환태평양 화산대, 알프스-히말라야 화산대, 해령 화산대가 있다.

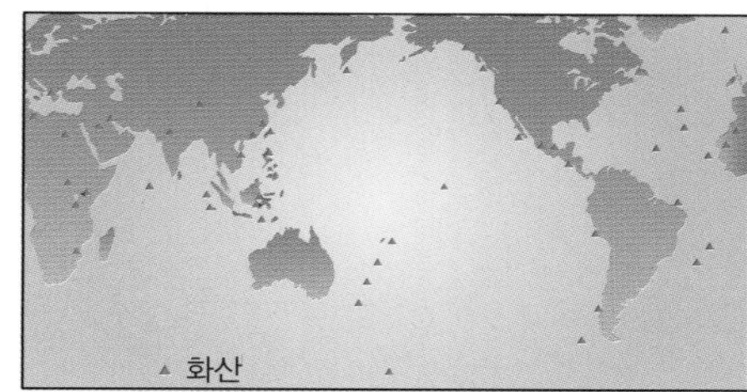

▲ 화산대

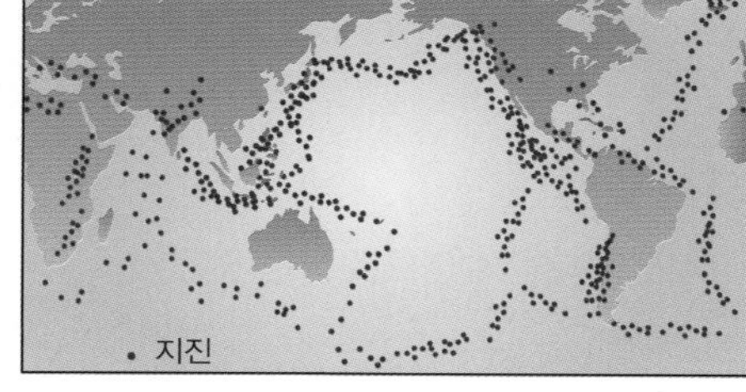

▲ 지진대

(3) 변동대

① 화산대, 지진대와 같이 화산 활동이나 지진 등의 지각 변동이 활발하게 일어나는 지역으로 띠를 이루며 분포
② 해령, 해구, 호상 열도, 습곡 산맥 등이 발달

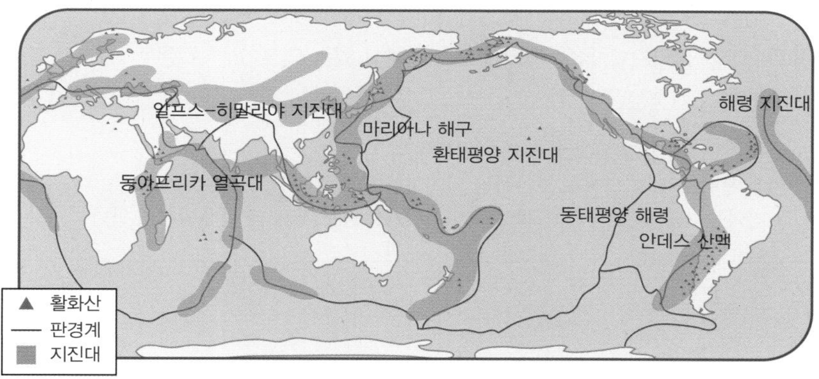

- **환태평양 화산대 · 지진대**
  - 태평양 주변을 따라 둥글게 분포
  - 전세계 지진의 80% 발생
  - 천발~심발 지진이 발생
- **알프스-히말라야 화산대 · 지진대**
  - 지중해, 히말라야 산맥, 인도네시아로 이어짐
  - 전세계 지진의 15% 발생
  - 천발~심발 지진이 발생
- **해령화산대 · 지진대**
  - 태평양, 대서양, 인도양의 심해저에 위치한 해저산맥(해령)을 따라 발달
  - 전세계 지진의 5% 발생
  - 천발 지진만 발생
- **열점**
  판 아래의 깊은 곳에서 마그마가 생성되는 곳으로, 열점의 위치는 고정

개념확인 4

정답 및 해설 28쪽

화산대와 지진대에 대한 설명으로 옳은 것은 ○표, 옳지 않은 것은 ×표 하시오.

(1) 화산대와 지진대는 대부분 일치한다. ( )
(2) 변동대에서는 해령, 해구, 호상 열도, 습곡 산맥 등이 발달한다. ( )

확인+4

변동대에 해당하지 <u>않는</u> 것은?

① 환태평양 조산대 ② 해령 지진대 ③ 하와이 열점
④ 알프스-히말라야 지진대 ⑤ 카리브해

개념 다지기

01 다음은 지진의 세기에 대한 설명이다. ㉠, ㉡에 들어갈 말이 바르게 짝지은 것은?

> 동일한 지진은 두 관측소 A, B에서 각각 측정했을 때 (㉠)는 같고, (㉡)는 관측소가 위치한 지역의 지질 상태에 따라 달라진다.

① 규모 진도 ② 진원 진앙 ③ 진도 진앙
④ 규모 진앙 ⑤ 진도 규모

02 지진에 대한 설명으로 옳은 것은?

① 지진의 생성 원인은 자연 지진만 있다.
② 지진이 발생하는 지하의 지점을 진앙이라고 한다.
③ 진도는 진원으로부터의 거리에 관계없이 일정하다.
④ 진원의 깊이가 100km 이내의 지진을 천발지진이라고 한다.
⑤ 지진은 지구 내부의 지각 변동에 의해 발생한 에너지가 지표로 나와 땅이 흔들리는 현상이다.

03 지진파에 대한 설명으로 옳은 것만을 〈보기〉에서 있는 대로 고른 것은?

〈 보기 〉

ㄱ. L파는 진폭이 가장 크므로 많은 피해를 준다.
ㄴ. 지진 관측소에 두 번째로 도착하는 지진파는 P파다.
ㄷ. 지진파는 지구 내부 구조를 파악하거나 지하자원을 찾는 데 활용되기도 한다.

① ㄱ ② ㄱ, ㄴ ③ ㄴ, ㄷ ④ ㄱ, ㄷ ⑤ ㄱ, ㄴ, ㄷ

04 다음 그림은 지진이 발생하였을 때, 일정 거리 떨어진 관측소에 기록된 지진 기록이다. 지진 기록에 나타난 지진파에 대한 설명으로 옳은 것은?

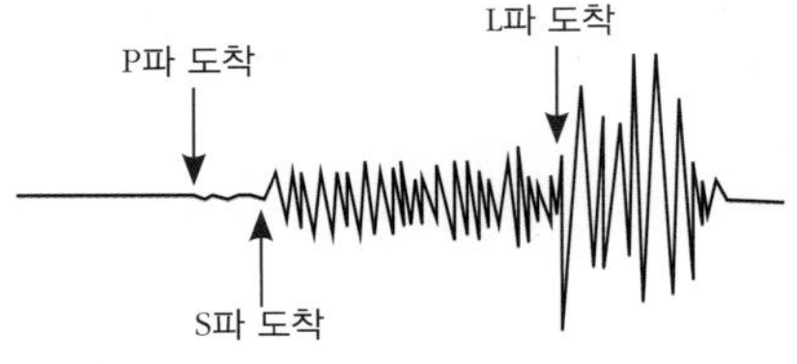

① 지진 발생 시각은 P파 도달 시각이다.
② P파, S파, L파는 모두 액체를 통과한다.
③ 진앙에서 멀어질수록 PS시가 짧아진다.
④ S파 도달 이후 지면의 흔들림이 가장 크다.
⑤ 기록된 지진 기록으로 진원까지의 거리를 구할 수 있다.

05

지진계에 대한 설명으로 옳은 것만을 〈보기〉에서 있는 대로 고른 것은?

〈 보기 〉

ㄱ. 지진계에는 항상 P파가 먼저 도달하고 S파는 두 번째로 기록된다.
ㄴ. 지진계는 관성을 이용하여 지진의 도착 시간과 세기를 측정하는 기계 장치이다.
ㄷ. 지진파의 속도 변화를 통해 지구 내부를 4개의 층으로 나눌 수 있다는 것을 알 수 있다.

① ㄱ ② ㄱ, ㄴ ③ ㄴ, ㄷ ④ ㄱ, ㄷ ⑤ ㄱ, ㄴ, ㄷ

06

다음 그림 (가)는 지진파가 두 관측소에 도달하는 경로를 나타낸 것이고, 그림 (나)는 관측소의 지진 기록을 순서없이 나타낸 것이다. 이와 관련한 설명으로 옳은 것만을 〈보기〉에서 있는 대로 고른 것은?

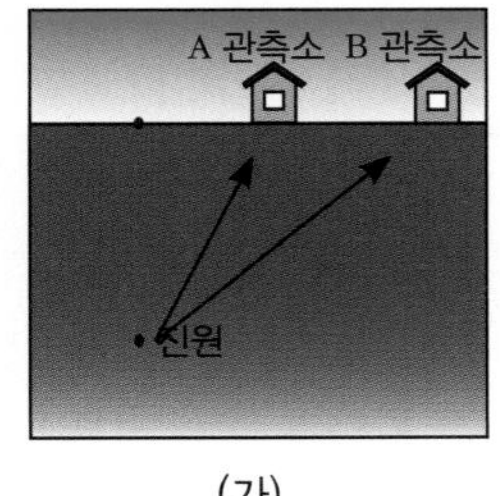

(가)

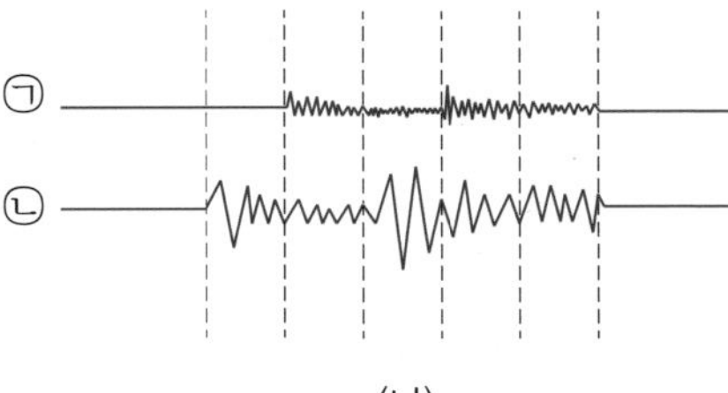

(나)

〈 보기 〉

ㄱ. 진앙 거리는 A 관측소가 B 관측소보다 가깝다.
ㄴ. (가)의 A 관측소에서 관측된 지진 기록 모습은 ㉡이다.
ㄷ. 지진이 발생한 곳에서 가장 가까운 지표면의 지점을 진앙이라고 한다.

① ㄱ ② ㄱ, ㄴ ③ ㄴ, ㄷ ④ ㄱ, ㄷ ⑤ ㄱ, ㄴ, ㄷ

07

다음 설명에 해당하는 지진대는?

· 태평양, 대서양, 인도양의 심해저에 위치한 해저 산맥을 따라 발달
· 전 세계 지진의 약 5%가 분포

① 환태평양 ② 알프스-히말라야 ③ 해령
④ 하와이 ⑤ 안데스

08

화산대와 지진대에 대한 설명으로 옳지 않은 것은?

① 화산대와 지진대의 분포는 거의 일치한다.
② 특정한 지역에 좁고 긴 띠 모양으로 분포한다.
③ 화산 활동은 태평양 주변부에서 가장 활발하다.
④ 지진대, 화산대는 변동대에 속하고, 주로 대륙 주변부에 발달한다.
⑤ 대륙의 중앙부에서는 지진이나 화산 활동이 활발하게 일어나고 있다.

유형 익히기&하브루타

[유형6-1] 지진

다음 그림은 지각의 어느 깊이에서 발생한 지진에 의해 지진파가 관측소 A, B에 도달하는 모습을 나타낸 것이다. 이와 관련된 설명으로 옳은 것은 ○표, 옳지 않은 것은 ×표 하시오.

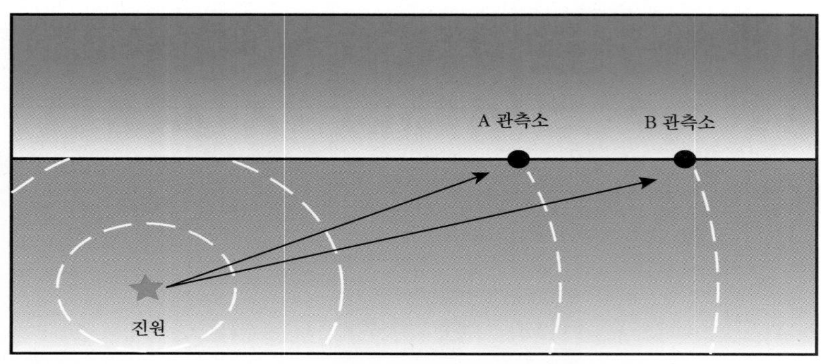

(1) 지진의 규모는 A 관측소가 B 관측소 보다 크다. ( )

(2) 지진의 진도는 A 관측소가 B 관측소 보다 크다. ( )

(3) 관측소에 도달하는 지진파는 진원으로부터 거리가 멀어질수록 P파와 S파의 도착 시간 간격이 커진다. ( )

01 지진의 세기를 나타내는 단위인 진도와 규모에 대한 설명으로 옳은 것은?

① 진도가 작을수록 지진 피해가 크다.
② 진원으로부터 멀어져도 진도는 일정하다.
③ 규모는 상대적인 수치이고, 진도는 절대적인 수치이다.
④ 같은 규모일 때 천발 지진은 심발 지진보다 진앙에서 더 큰 피해를 입힌다.
⑤ 진도는 지진에서 방출된 에너지의 양을 이용하여 나타낸 지진의 세기이다.

02 다음 그림에 대한 설명으로 옳은 것만을 〈보기〉에서 있는 대로 고른것은?

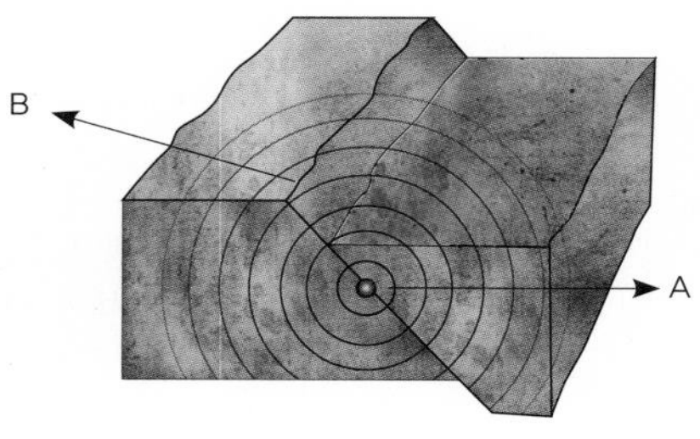

〈 보기 〉

ㄱ. B는 진원이다.
ㄴ. 단층 작용으로 지진이 발생하였다.
ㄷ. A는 진앙으로 지진이 발생한 지점이다.

① ㄱ ② ㄴ ③ ㄱ, ㄷ
④ ㄴ, ㄷ ⑤ ㄱ, ㄴ, ㄷ

[유형6-2] 지진파

다음 그림 (가)는 지진계에 기록된 지진파를 나타낸 것이고, 그림 (나)와 (다)는 어느 지진파의 특성을 각각 나타낸 것이다. 이와 관련된 설명으로 옳은 것만을 〈보기〉에서 있는 대로 고른것은? (단, 지진파 A는 A지점에 도달하는 지진파이고, 지진파 B는 B지점에 도달하는 지진파이다.

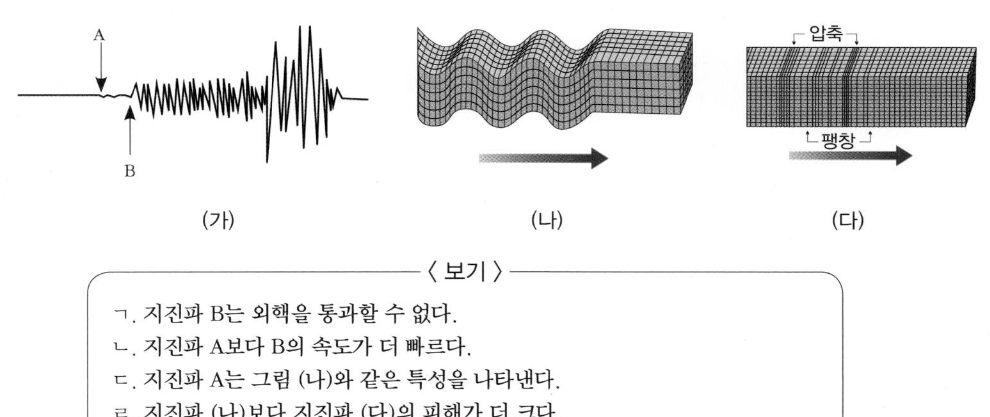

(가) (나) (다)

〈 보기 〉

ㄱ. 지진파 B는 외핵을 통과할 수 없다.
ㄴ. 지진파 A보다 B의 속도가 더 빠르다.
ㄷ. 지진파 A는 그림 (나)와 같은 특성을 나타낸다.
ㄹ. 지진파 (나)보다 지진파 (다)의 피해가 더 크다.

① ㄱ ② ㄱ, ㄷ ③ ㄴ, ㄹ ④ ㄱ, ㄴ, ㄷ ⑤ ㄱ, ㄴ, ㄷ, ㄹ

03 다음 그림 (가)와 (나)는 P파와 S파가 전달될 때 지표면의 모습을 순서없이 나타낸 것이다.

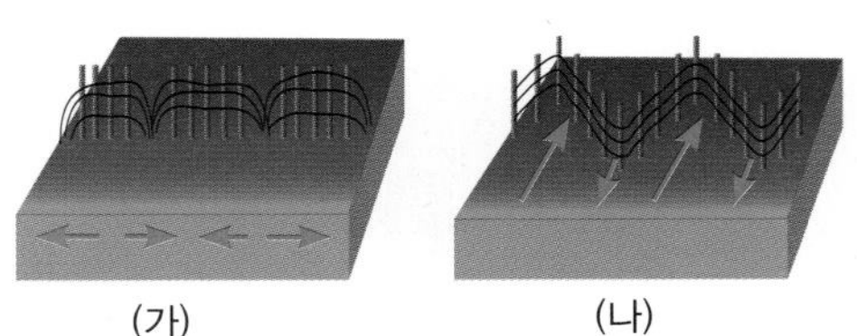
(가) (나)

이에 대한 설명으로 옳은 것만을 〈보기〉에서 있는 대로 고른 것은?

〈 보기 〉

ㄱ. (가)는 횡파, (나)는 종파의 특징을 나타낸다.
ㄴ. 지진파의 전파 속도는 (가)가 (나)보다 빠르다.
ㄷ. 지진파의 피해는 (가)가 (나)보다 작게 나타난다.

① ㄱ ② ㄴ ③ ㄱ, ㄷ
④ ㄴ, ㄷ ⑤ ㄱ, ㄴ, ㄷ

04 다음 그림 (가)와 (나)는 지진파의 진행 방향에 따른 매질의 진동 방향을 나타낸 것이다.

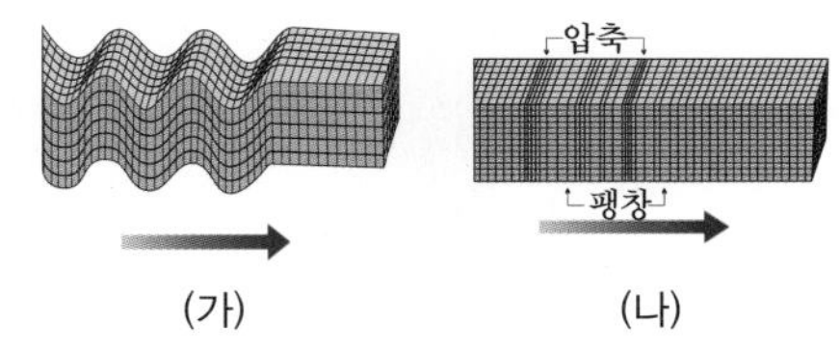

(가) (나)

이에 대한 설명으로 옳은 것만을 〈보기〉에서 있는 대로 고른것은?

〈 보기 〉

ㄱ. (가)는 종파이고, (나)는 횡파이다.
ㄴ. (가)는 (나)보다 이동 속도가 느리다.
ㄷ. (가)와 (나)는 모두 액체 상태인 매질을 통과한다.

① ㄴ ② ㄷ ③ ㄱ, ㄴ
④ ㄱ, ㄷ ⑤ ㄱ, ㄴ, ㄷ

유형 익히기&하브루타

[유형6-3] 지진의 기록

다음 그림 (가)는 지구 내부의 층상 구조와 진원으로부터의 각거리를, (나)는 (가)의 진원에서 발생한 지진이 관측소 A, B, C에 기록된 결과를 순서 없이 나타낸 것이다.

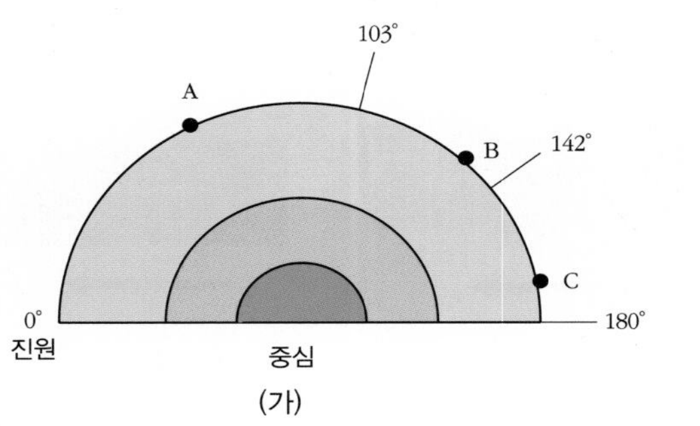

(가)

㉠
㉡
㉢
(나)

관측소 A, B, C 에서 관측한 지진 기록으로 옳게 짝지은 것은?

	A	B	C		A	B	C
①	㉠	㉡	㉢	②	㉠	㉢	㉡
③	㉡	㉠	㉢	④	㉡	㉢	㉠
⑤	㉢	㉡	㉠				

05 다음 그림 (가)와 (나)는 각각 A, B 지역에 기록된 동일한 지진의 기록이다.

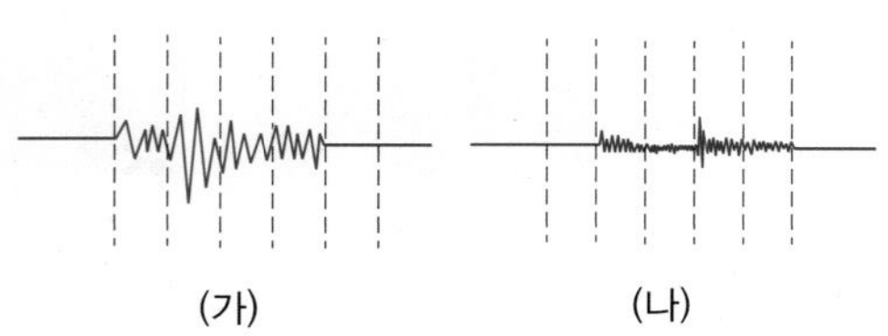
(가) (나)

이에 대한 설명으로 옳은 것만을 〈보기〉에서 있는 대로 고른것은?

〈 보기 〉

ㄱ. PS시 : A〈 B
ㄴ. 진원 거리 : A 〉B
ㄷ. 지진의 진도 : A〈 B
ㄹ. 지진의 규모 : A〈 B

① ㄱ ② ㄴ ③ ㄷ
④ ㄱ, ㄴ ⑤ ㄴ, ㄷ

06 다음 그림은 지진 기록계를 나타낸 것이다.

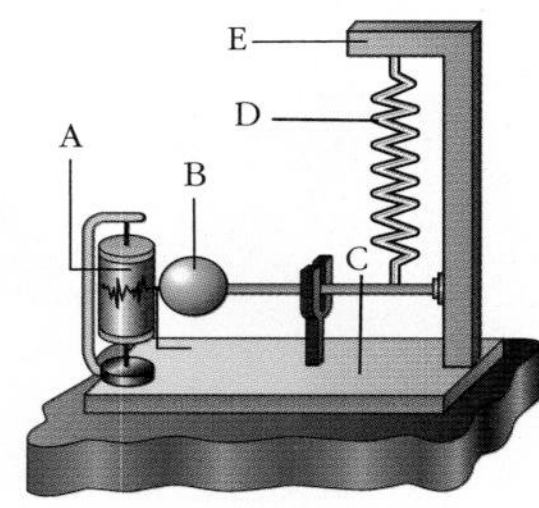

A~E 중에서 지진이 발생할 때 움직이지 <u>않는</u> 것은?

① A ② B
③ C ④ D
⑤ E

[유형6-4] 화산대와 지진대

다음 그림은 지난 100년 동안 지진과 화산 활동의 발생 위치를 나타낸 것이다. 이와 관련된 설명으로 옳지 않은 것은?

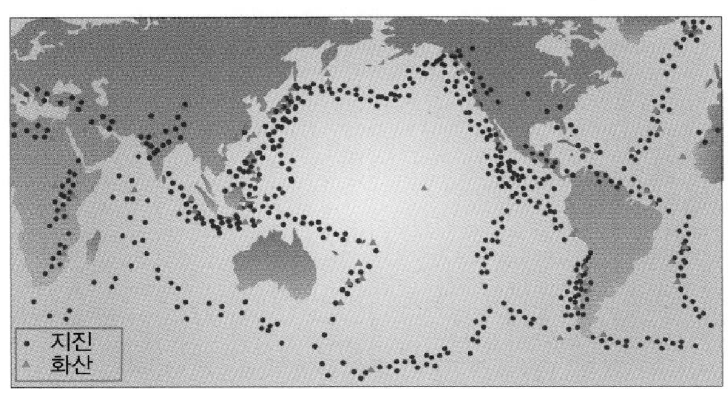

① 화산 활동은 대서양보다 태평양 연안에서 활발하다.
② 지진과 화산 활동이 일어나는 곳은 대체로 일치한다.
③ 지진과 화산 활동의 발생 지역은 띠 모양으로 분포한다.
④ 지진은 태평양의 주변부보다 중심부에서 더욱 활발하다.
⑤ 화산 활동은 대륙의 중심부보다 대륙의 경계 지역에서 더 활발하다.

07 다음 그림은 지난 100년 동안 지진과 화산 활동의 발생 위치를 나타낸 것이다.

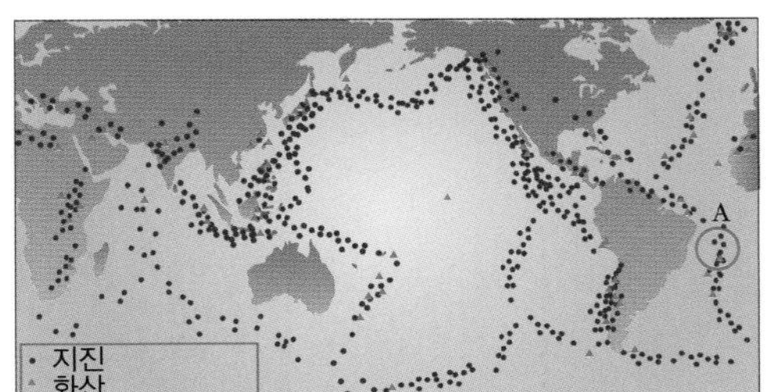

이에 대한 설명으로 옳은 것만을 〈보기〉에서 있는 대로 고른것은?

〈 보기 〉

ㄱ. 지진대와 화산대는 대체로 일치한다.
ㄴ. 태평양의 중심부보다 주변부에서 지진이 더 자주 발생한다.
ㄷ. A는 천발 지진이 자주 일어난다.

① ㄱ ② ㄷ ③ ㄱ, ㄴ
④ ㄴ, ㄷ ⑤ ㄱ, ㄴ, ㄷ

08 다음 그림은 1900년 이후에 발생한 지진 중 규모가 8.5 이상이었던 지진의 진앙 분포를 나타낸 것이다.

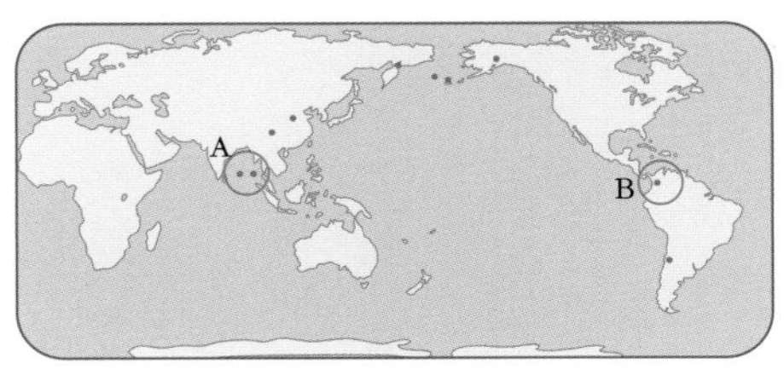

이에 대한 설명으로 옳은 것만을 〈보기〉에서 있는 대로 고른것은?

〈 보기 〉

ㄱ. A는 해령 지진대에 해당한다.
ㄴ. A와 B는 변동대에 해당한다.
ㄷ. 규모 8.5 이상의 지진은 대부분 태평양 주변부에서 발생하였다.

① ㄱ ② ㄷ ③ ㄱ, ㄴ
④ ㄴ, ㄷ ⑤ ㄱ, ㄴ, ㄷ

창의력 & 토론마당

01 다음 그림 (가)는 강원도 어느 지역에서 발생한 지진의 진앙과 진앙 거리를 나타낸 것이고, 그림 (나)는 세 관측소에서 측정한 지진 기록이다.

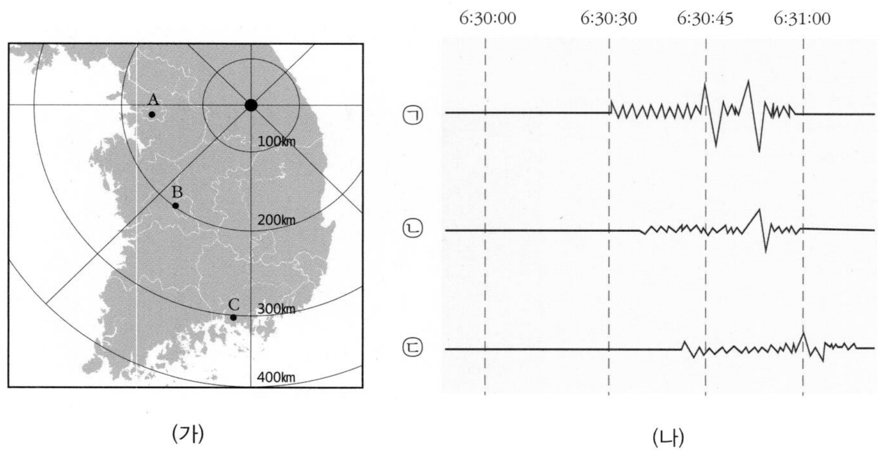

(가) (나)

(1) 지도에 표시된 A ~ C 각 지점에서의 진도와 규모를 등호 또는 부등호로 비교하시오.

진도	
규모	

(2) 지도에 표시된 지점 중 B 지점에서의 PS시를 구하시오. (단, P파의 속력은 8km/s, S파의 속력은 4km/s 이며, 진원거리는 진앙거리와 같다고 가정한다.)

(3) 지진 기록 (나)에 대한 해석으로 옳은 것만을 〈보기〉에서 있는 대로 고른 것은?

〈 보기 〉

ㄱ. 지진은 6시 30분 30초에 발생하였다.
ㄴ. 세 관측소와 지진 기록을 짝지으면 진앙으로부터 거리가 가장 가까운 A가 가장 먼저 지진이 기록되기 때문에, 각각 A-㉠, B-㉡, C-㉢이다.
ㄷ. 지진에 의한 건물의 흔들림이 가장 크게 나타나는 지역은 ㉢이다.

① ㄱ ② ㄴ ③ ㄱ, ㄷ
④ ㄴ, ㄷ ⑤ ㄱ, ㄴ, ㄷ

02

다음 그림은 지진계를 나타낸 것이다. 물음에 답하시오.

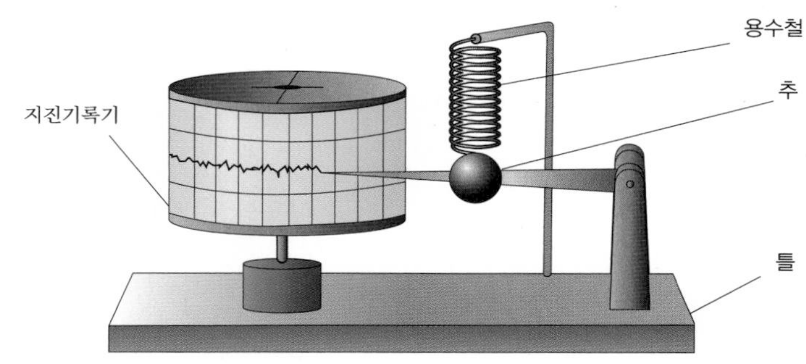

(1) 지진의 측정이 잘 이루어지기 위해서는 추의 질량을 크게 하는 것이 좋은지, 작게 하는 것이 좋은지 쓰시오. 그 이유도 설명하시오.

(2) 이 지진계로 땅의 모든 흔들림을 기록할 수 없다. 그 이유를 설명하고, 이 때 더 설치해야 할 지진계의 종류를 쓰고, 몇 대 더 설치해야 하는지 쓰시오.

(3) 다음은 서기 132년, 중국 장헝(Zhang Heng)에 의하여 제작된 최초의 지진 관측기구인 '후풍지동의'에 대한 모습과 그에 대한 설명이다.

이 기구는 지름이 약 2 m 인 청동제의 용기 바깥 쪽에 구슬을 입에 물고 있는 8 마리 용이 8 방위에 따라 부착되어 있으며, 그 아래 쪽에 8 마리의 두꺼비가 입을 벌린 채 배열되어 있다. 지진에 의한 진동이 어느 한계 이상이 되면 구슬이 떨어져 두꺼비의 입으로 들어가도록 만들어져 있다.

'후풍지동의'와 오늘날 사용하고 있는 지진계를 비교하여 차이점을 서술하시오.

창의력&토론마당

03

다음 그림 (가)는 지구 내부에서 지진파가 전파되는 경로를 보여 주고 있다.

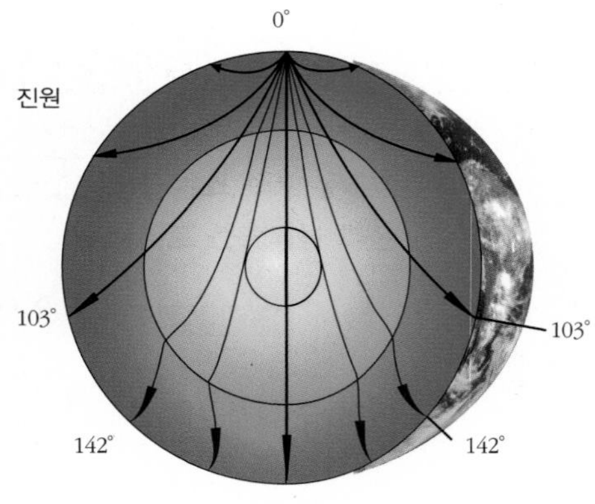

(가) 지진파 전파 경로

(1) 그림 (가)처럼 지진이 발생했을 때, 각거리(지구 중심에서 진앙과 관측소 사이의 각도)와 지표면에 도달하는 지진파의 시간과의 관계를 그림 (나)의 그래프에 그리고, 이유를 쓰시오.

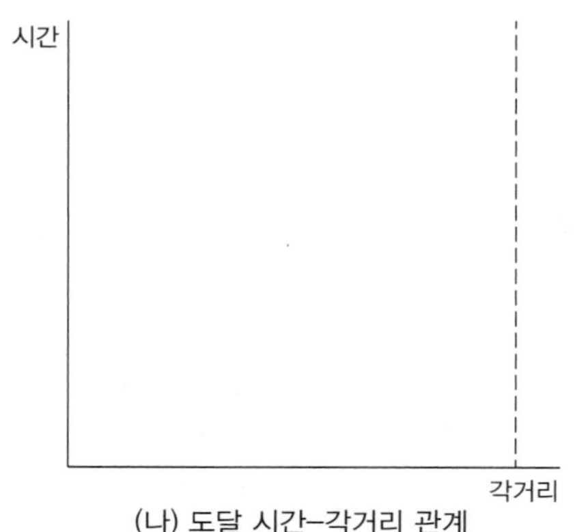

(나) 도달 시간-각거리 관계

(2) 지진파가 지구 내부로 들어가면서 전파될 때 아래로 휘어져서 전달되는 이유를 쓰시오.

04

다음은 일본 후쿠시마 원전사고에 대한 설명이다.

2011년 3월 일본 후쿠시마에서 원전사고가 일어났다. 원인은 일본 도호쿠 지방 앞바다에 규모 9.0 지진이 발생하였고, 초대형 해일이 일본 동해안을 덮쳤기 때문이다. 이로 인해 후쿠시마 제 1 원자력발전소의 전원이 차단됨에 따라 원자로 냉각수가 순환되지 못하였고 주요 설비들이 침수되었다. 그 결과 지진 발생 전 운전 중이던 핵연료가 용융되고, 일부 용융된 연료는 원자로 용기 바닥을 통과하여 유출되었다.

(1) 도호쿠 지방 앞바다에서 발생한 지진의 우리나라 부산에서의 규모와 진도를 예상해 보시오. 그리고 이유를 쓰시오.

(2) 지진이 발생할 때 해일이 발생하는 과정을 서술하시오.

스스로 실력 높이기

A

01 진원의 바로 위에 있는 지표면의 지점은?

① 규모　　② 진도
③ 지진　　④ 진앙
⑤ 단층

02 다음 빈칸에 알맞은 말을 고르시오.

> 동일한 지진에 대한 (㉠ 규모, ㉡ 진도)는 진원으로부터의 거리에 관계없이 일정하다. (㉠ 규모, ㉡ 진도)는 지표에서의 진동 및 피해 정도를 수치화 한 것이다.

03 지진과 지진파에 대한 설명으로 옳은 것은?

① 진폭이 가장 큰 지진파는 S파이다.
② 지진 발생의 주요 원인은 화산 활동이다.
③ 지표면을 따라 전파되는 지진파는 L파이다.
④ 지진이 발생한 곳에서 가장 가까운 지표면의 지점을 진원이라고 한다.
⑤ 대륙의 중앙부에서는 지진이나 화산 활동이 활발하게 일어나고 있다.

04 다음 그림은 지진계에 기록된 지진파의 모습을 나타낸 것이다. A, B, C에 도착한 지진파의 이름을 쓰시오.

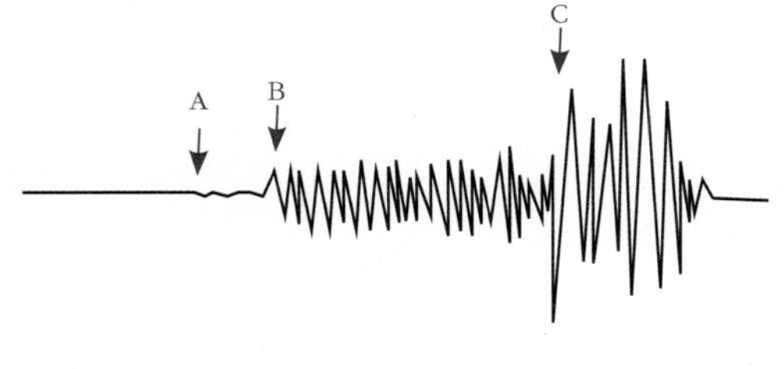

A(　　　　), B (　　　　), C(　　　　)

05 지진 관측소에서 진앙까지의 거리와 지진파가 도착하는데 걸리는 시간의 관계를 나타낸 그래프는 무엇인가?

(　　　　　　)

06 다음 그림 (가)와 (나)는 서로 다른 두 종류의 지진파를 나타낸 것이다. 이에 대한 설명 중 옳은 것은 ○표, 옳지 않은 것은 ×표 하시오.

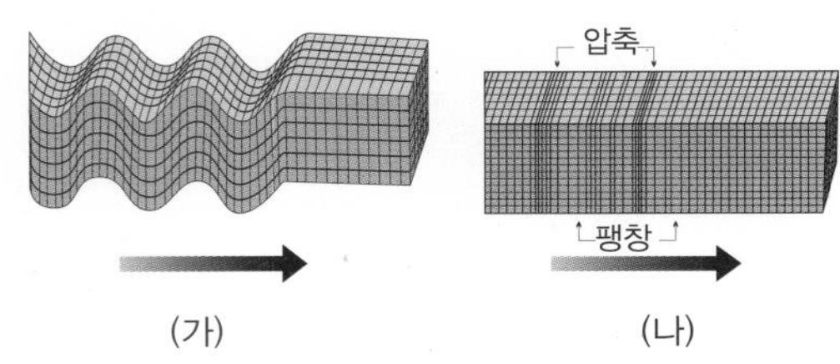

(1) (가)는 횡파이다.　(　　)
(2) (가)는 고체, 액체, 기체 모두 통과가 가능하다.　(　　)
(3) (나)는 두 번째로 도달하는 파이다.　(　　)
(4) (가)는 (나)보다 속도가 느리다.　(　　)

07 지진파가 동일한 매질을 진행할 때 진행 속도와 진폭의 크기를 바르게 비교한 것은?

	진행속도	진폭
①	P파 > S파 > L파	P파 > S파 > L파
②	P파 > S파 > L파	L파 > S파 > P파
③	S파 > P파 > L파	L파 > P파 > S파
④	S파 > L파 > P파	S파 > L파 > P파
⑤	L파 > P파 > S파	S파 > P파 > L파

08 다음은 지진계에 대한 설명이다. 빈칸에 알맞은 말을 각각 쓰시오.

> 지진의 진동을 감지하여 (㉠)을(를) 기록하는 장치로, 지진계의 모든 부분은 진동하지만 무거운 추는 (㉡) 때문에 정지해 있으므로 추 끝에 달려 있는 펜에 의해 회전 원통에 감긴 기록지 위에 지진파가 기록됨.

㉠ (　　　　), ㉡ (　　　　)

09 다음 중 P파의 특징을 모두 고르시오.

① 횡파이다.
② S파보다 진폭이 크다.
③ L파보다 피해 정도가 작다.
④ S파보다 전파 속도가 빠르다.
⑤ 외핵을 통과 할 수 없다.

10 화산대와 지진대에 대한 설명으로 옳은 것은?

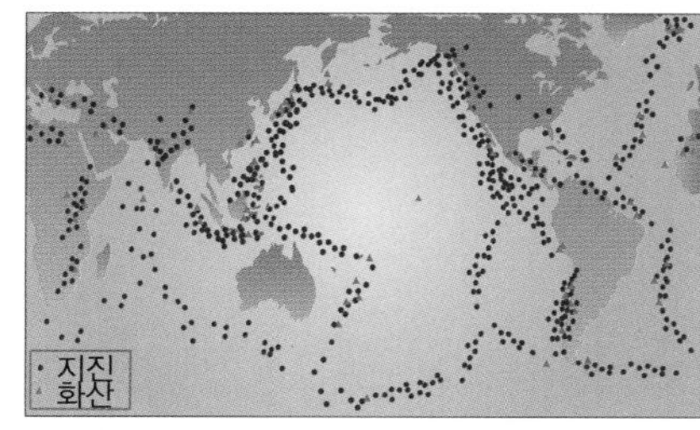

① 화산대와 지진대의 분포는 일치하지 않는다.
② 지진이 발생하는 곳에서는 반드시 화산 활동이 일어난다.
③ 화산 활동이 활발하게 일어나는 지역을 화산대라고 한다.
④ 화산 활동은 대서양 화산대에서 가장 많이 일어난다.
⑤ 지진이 가장 활발한 지역은 알프스-히말라야 지진대이다.

B

11 지진에 대한 설명으로 옳지 않은 것은?

① 지진은 지구 내부 에너지에 의해 발생한다.
② 진원으로부터 멀어질수록 규모는 작아진다.
③ 지진파를 연구하여 지구 내부의 구조를 알 수 있다.
④ 진앙으로부터 멀어질수록 지진의 피해는 작아진다.
⑤ 진원 깊이에 따라 천발 지진, 중발 지진, 심발 지진으로 구분한다.

12 다음 그림 (가)는 지진파가 진원으로부터 두 지점 A, B 에 도달하는 경로를, (나)는 두 지점에서 이 지진을 관측한 지진 기록을 순서 없이 나타낸 것이다.

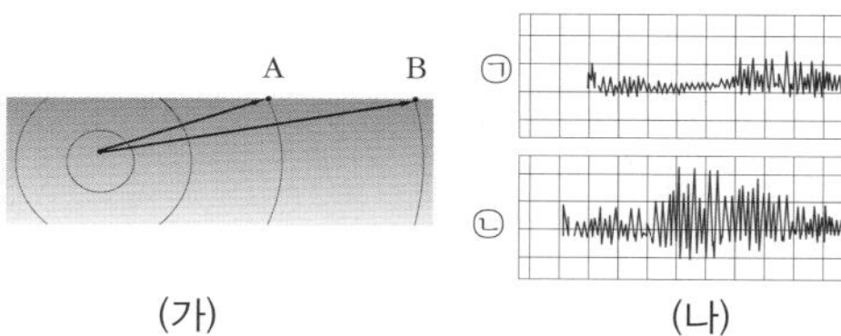

(가)　　　(나)

이에 대한 설명으로 옳은 것만을 <보기>에서 있는 대로 고른 것은?

〈 보기 〉

ㄱ. 진도는 A가 B보다 작다.
ㄴ. 규모는 A와 B에서 모두 같다.
ㄷ. ㉠은 B의 지진 기록이다.

① ㄱ　② ㄷ　③ ㄱ, ㄴ
④ ㄴ, ㄷ　⑤ ㄱ, ㄴ, ㄷ

13 지진파에 대한 설명으로 옳은 것은?

① P파는 표면파이다.
② S파는 고체만 통과한다.
③ 진폭이 가장 큰 것은 S파이다.
④ 지진 관측소에 가장 먼저 도착하는 지진파는 L파이다.
⑤ P파의 물질의 진동 방향은 파의 진행 방향에 수직한다.

스스로 실력 높이기

14 다음 그래프는 지구 내부를 통과하는 지진파의 속력 변화를 나타낸 것이다. 이에 대한 설명으로 옳지 않은 것은?

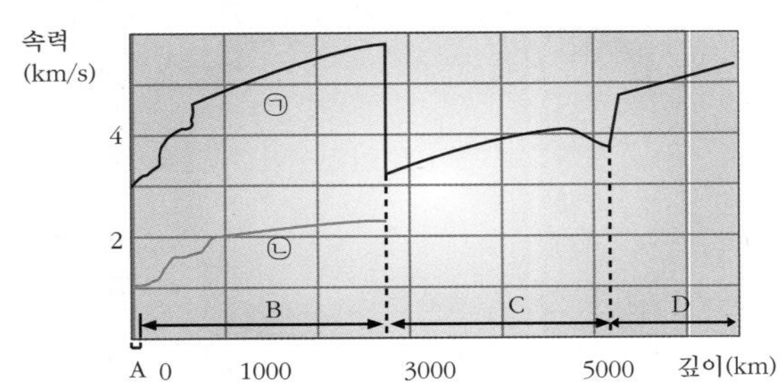

① A와 B의 경계면은 모호면이다.
② B구간에서 P파가 S파보다 빠르다.
③ P파는 지구 전체 물질을 통과할 수 있다.
④ D구간은 S파가 전파되지 않으므로, 액체 상태로 추정할 수 있다.
⑤ 3,500 km 부근에서 P파와 S파가 동시에 전파될 수 없다.

15 다음 그림은 어느 지진이 발생했을 때 지역 A, B, C의 관측소에 기록된 지진파의 모습을 나타낸 것이다.

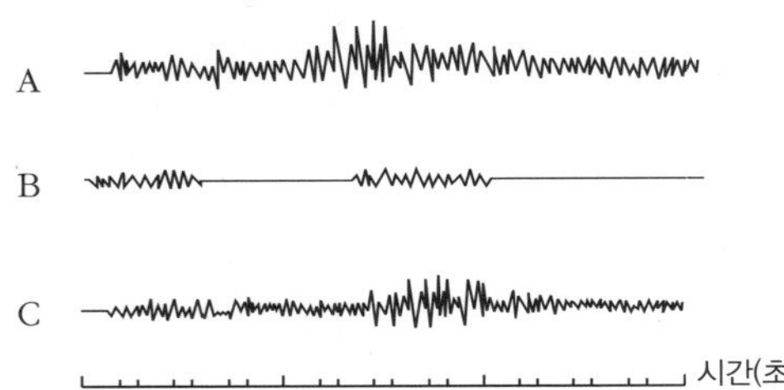

이에 대한 설명으로 옳은 것만을 〈보기〉에서 있는 대로 고른 것은?

〈 보기 〉

ㄱ. 이 지진의 최대 진폭은 A에서 가장 크다.
ㄴ. 이 지진의 규모는 B에서 가장 크다.
ㄷ. C의 관측소가 가장 멀리 있다.

① ㄱ ② ㄴ ③ ㄷ
④ ㄱ, ㄴ ⑤ ㄱ, ㄴ, ㄷ

16 암영대에 대한 설명으로 옳은 것만을 〈보기〉에서 있는 대로 고른 것은?

〈 보기 〉

ㄱ. S파는 도달하지 않지만 P파는 도달한다.
ㄴ. 지진파가 지구 내부에서 불연속면을 통과하면서 생긴다.
ㄷ. 진원지에서 지구 중심까지의 수직선을 기준으로 103°~142° 사이이다.

① ㄴ ② ㄷ ③ ㄱ, ㄴ
④ ㄴ, ㄷ ⑤ ㄱ, ㄴ, ㄷ

17 다음 그림은 지구 내부의 층상 구조를 나타낸 것이다. 각 구간에 대한 설명으로 옳은 것은?

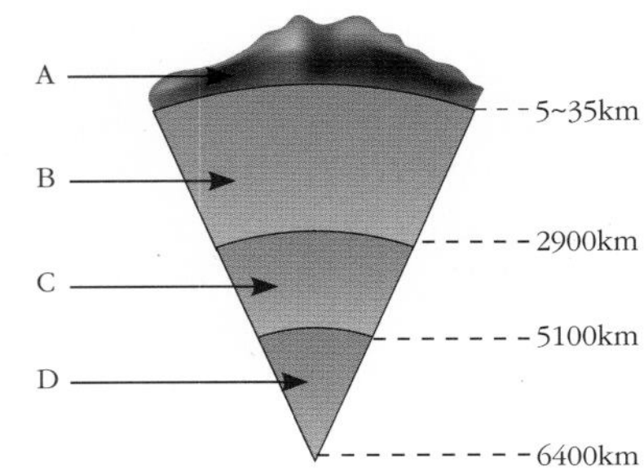

① A 구간은 철이나 니켈로 이루어져 있다.
② B 구간은 지구 내부에서 가장 큰 부피를 차지한다.
③ C 구간은 P파와 S파가 모두 통과한다.
④ D 구간은 고온 · 고압 상태이므로 액체 상태이다.
⑤ 각 층의 밀도를 크기 순으로 나열하면 A > B > C > D이다.

18 다음 중 지진계에 대한 설명으로 옳지 않은 것은?

① 진동 시 지진계의 추는 움직이지 않는다.
② 추의 무게가 가벼울수록 지진이 정확하게 기록된다.
③ 지진을 예측하기 위해서는 3개의 지진계가 필요하다.
④ 지진계의 원리는 차가 출발할 때 사람이 뒤로 움직이는 원리와 같다.
⑤ 회전 원통에 나타나는 지진 기록의 방향은 지표의 진동 방향과 반대이다.

19 다음 그림은 규모가 같은 지진이 서로 다른 깊이에서 발생한 것을 나타낸 것이다.

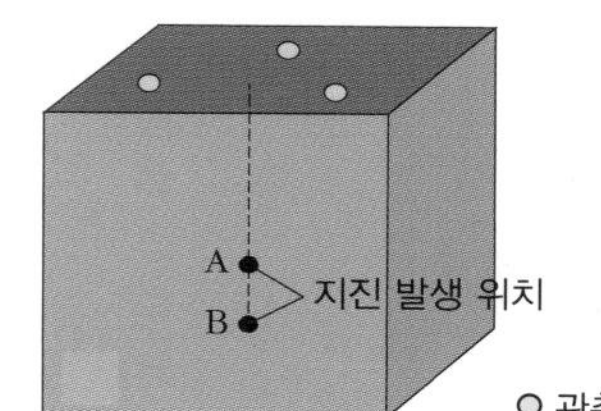

A 지진과 B 지진이 발생할 때 각각 다르게 나타나는 것을 〈보기〉에서 있는 대로 고른것은? (단, 이 지역의 지하 물질은 균질하고, 두 지진은 다른 시기에 발생하였다.)

〈 보기 〉
ㄱ. PS시
ㄴ. S파의 속도
ㄷ. 지진파의 진폭
ㄹ. 3개 관측소에서 PS시를 이용하여 결정한 진앙

① ㄱ, ㄴ ② ㄱ, ㄷ ③ ㄴ, ㄷ
④ ㄴ, ㄹ ⑤ ㄷ, ㄹ

20 다음 그림은 최근 3년 동안 발생한 지진 중에서 규모가 7.0 이상인 지진의 진앙 분포와 진원의 깊이를 나타낸 것이다.

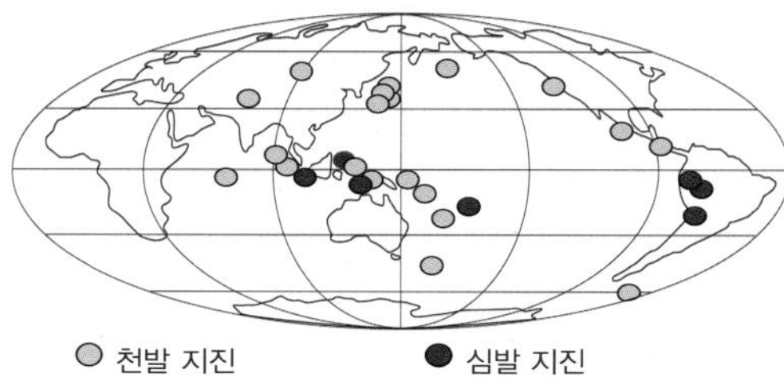

이에 대한 설명으로 옳은 것만을 〈보기〉에서 있는 대로 고른 것은?

〈 보기 〉
ㄱ. 규모 7.0 이상의 심발 지진은 해령 부근에서 발생한 것이다.
ㄴ. 규모 7.0 이상의 지진은 환태평양 지진대에서 가장 많이 발생했다.
ㄷ. 지진의 진도는 진앙으로부터 멀어질수록 작아진다.

① ㄱ ② ㄴ ③ ㄱ, ㄴ
④ ㄴ, ㄷ ⑤ ㄱ, ㄴ, ㄷ

21 다음 그림은 2008년 5월 12일 발생했던 중국 쓰촨성 지진에 대한 진도 분포 자료이다.

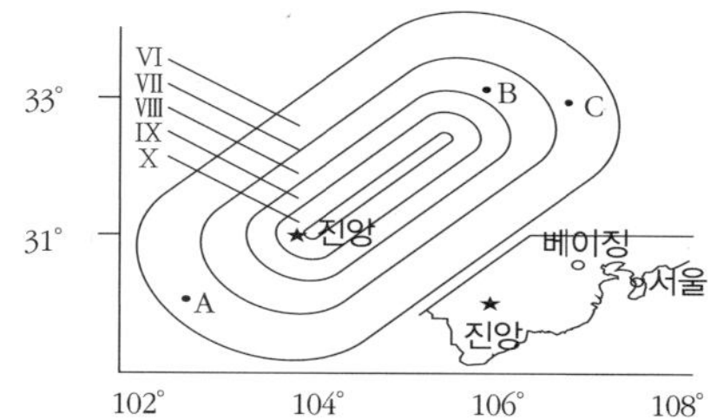

이 자료에 대한 설명으로 옳은 것만을 〈보기〉에서 있는 대로 고른 것은? (진도는 로마자로 표시한다.)

〈 보기 〉
ㄱ. A는 B 지역보다 지진 피해가 크다.
ㄴ. B와 C지역에서 지진의 규모는 동일하다.
ㄷ. 지진파가 최초로 도달하는 데 걸리는 시간은 서울과 베이징이 같다.

① ㄱ ② ㄴ ③ ㄱ, ㄷ
④ ㄴ, ㄷ ⑤ ㄱ, ㄴ, ㄷ

22 다음 표는 동일한 지진을 관측소 A, B에서 관측한 결과이다.

구분	관측소 A	관측소 B
P파 도착 시각	11시 10분 05초	11시 11분 13초
S파 도착 시각	11시 10분 25초	11시 11분 51초
진도	4	5
규모	4.8	( )

이에 대한 설명으로 옳은 것만을 〈보기〉에서 있는 대로 고른 것은?

〈 보기 〉
ㄱ. 진원까지의 거리는 A가 B보다 가깝다.
ㄴ. 지진파의 최대 진폭은 A보다 B에서 컸다.
ㄷ. B에서 관측된 이 지진의 규모는 4.8이다.

① ㄱ ② ㄷ ③ ㄱ,ㄴ
④ ㄴ, ㄷ ⑤ ㄱ, ㄴ, ㄷ

스스로 실력 높이기

23 다음 그림 (가)는 진원으로부터 전파되는 지진파의 경로를 (나)는 주시 곡선을 나타낸 것이다.

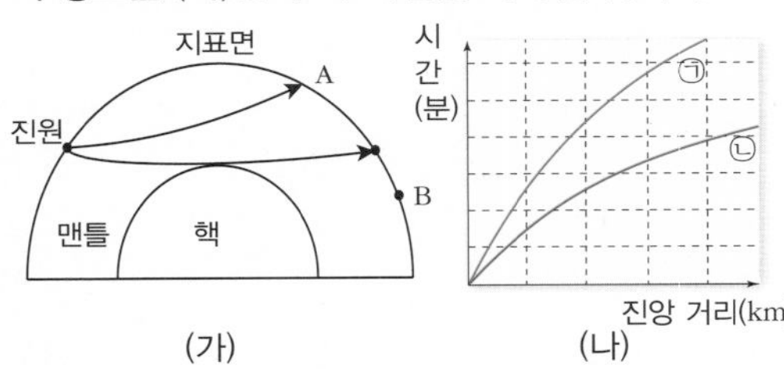

이에 대한 설명으로 옳은 것만을 〈보기〉에서 있는 대로 고른것은?

〈 보기 〉

ㄱ. 지진파는 A 지점으로 진행하는 동안 속도가 느려진다.
ㄴ. B 지점에는 S파가 도달하지 않는다.
ㄷ. P파의 주시 곡선은 ㉠이다.

① ㄱ ② ㄴ ③ ㄷ
④ ㄱ, ㄴ ⑤ ㄴ, ㄷ

24 다음 그림은 1978년부터 현재까지 우리나라에서 관측된 지진 중 규모 3 이상의 진앙을 나타낸 것이다. (가)는 규모 3 ~ 4 지진을 (나)는 규모 4 ~ 5 지진을, (다)는 규모 5 ~ 6 지진을 나타낸다.

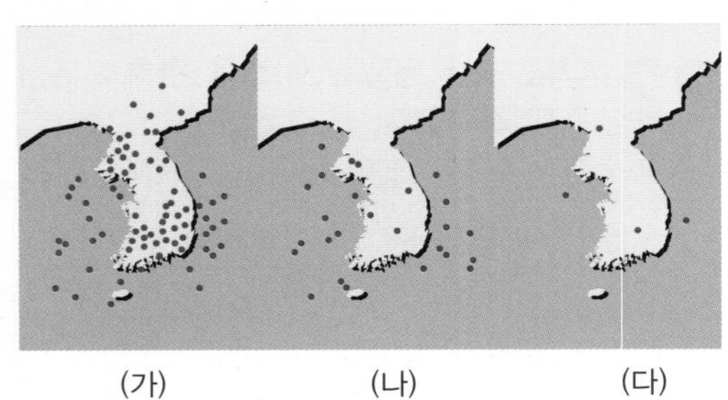

(가) (나) (다)

이에 대한 설명으로 옳은 것만을 〈보기〉에서 있는 대로 고른것은?

〈 보기 〉

ㄱ. 우리나라에도 내진 설계가 필요하다.
ㄴ. 규모가 클수록 지진의 발생 빈도는 감소한다.
ㄷ. 우리나라의 지진은 특정 지역을 따라 띠 모양으로 분포한다.

① ㄴ ② ㄷ ③ ㄱ, ㄴ
④ ㄴ, ㄷ ⑤ ㄱ, ㄴ, ㄷ

25 다음 그래프는 지진 관측소 (가)와 (나)에 도착한 지진파의 주시 곡선을 나타낸 것이다.

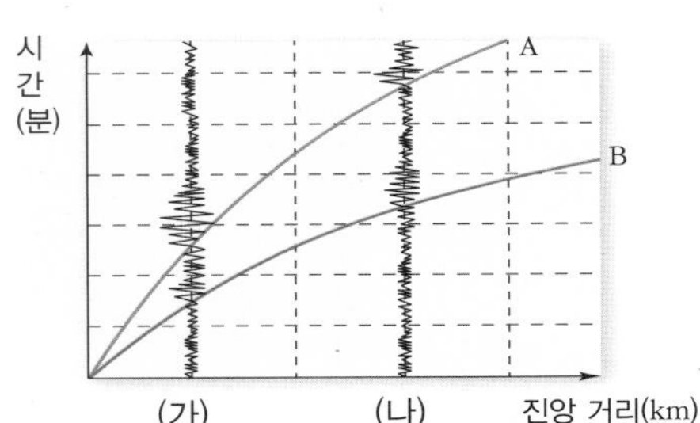

이에 대한 설명으로 옳은 것만을 〈보기〉에서 있는 대로 고른것은?

〈 보기 〉

ㄱ. PS시의 길이는 (가) 〉(나)이다.
ㄴ. A는 종파, B는 횡파의 성질을 나타낸다.
ㄷ. 지진파의 진폭의 크기는 (가) 〉(나)이다.

① ㄱ ② ㄴ ③ ㄷ
④ ㄱ, ㄴ ⑤ ㄴ, ㄷ

26 다음 그림은 지구 내부의 깊이에 따른 밀도와 지진파의 속도 분포를 나타낸 것이다.

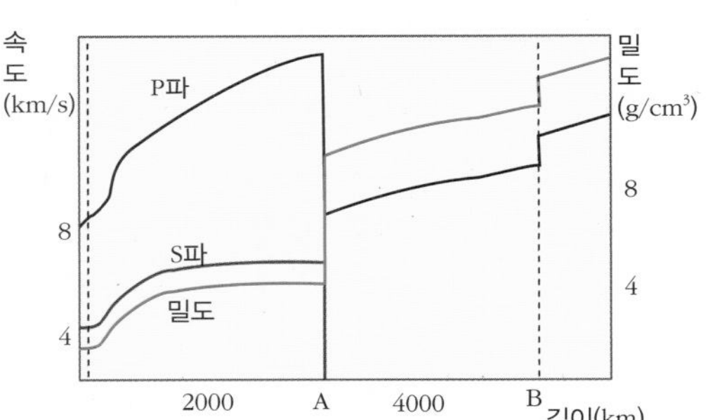

그림에 대한 설명으로 옳은 것만을 〈보기〉에서 있는 대로 고른 것은?

〈 보기 〉

ㄱ. 밀도는 지구 내부로 들어갈수록 증가한다.
ㄴ. A의 깊이에서 S파가 소멸하는 이유는 A~B구간이 액체로 이루어져 있기 때문이다.
ㄷ. 지진파의 속도 분포로부터 지구 내부의 층상 구조를 파악할 수 있다.

① ㄱ ② ㄷ ③ ㄱ, ㄴ
④ ㄴ, ㄷ ⑤ ㄱ, ㄴ, ㄷ

심화

27 다음 그림 (가)는 지진 기록이고 (나)는 주시곡선을 나타낸 것이다.

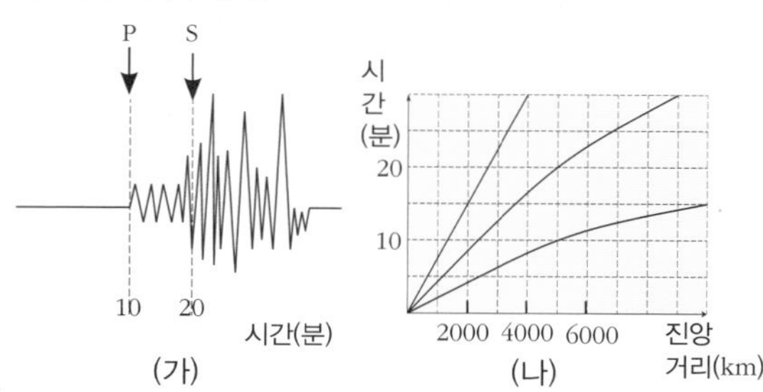

위의 지진 기록과 주시 곡선을 이용하여 진앙까지의 거리를 구하면?

① 250 km ② 500 km ③ 5,000 km
④ 10,000 km ⑤ 20,000 km

28 다음 그림은 진원에서 시작된 지진파와 각 관측소의 각거리를 나타낸 것이다. A, B, C 지점에 기록된 지진 기록을 〈보기〉에서 기호를 찾아 쓰시오.

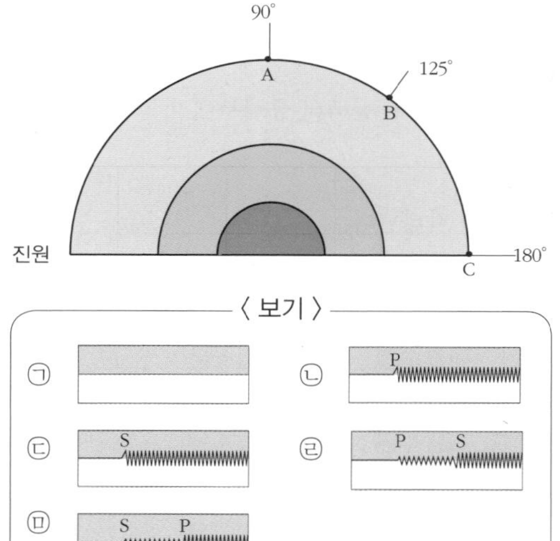

A : ____________

B : ____________

C : ____________

29 다음 그림 (가)는 깊이에 따른 지구 내부의 온도와 용융점을, (나)는 깊이에 따른 지구 내부의 압력과 밀도를 나타낸 것이다.

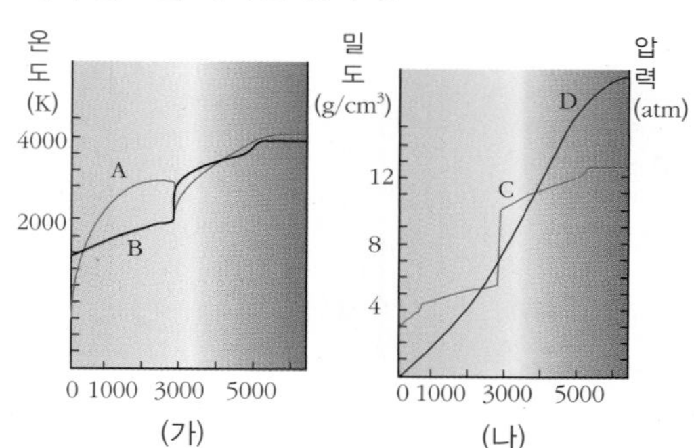

이에 대한 설명으로 옳은 것은?

① A는 지구 내부의 온도 분포를 나타낸다.
② B로부터 외핵과 내핵의 구성 물질을 알 수 있다.
③ A와 B를 비교하면 외핵이 액체 상태임을 알 수 있다.
④ C는 지구 내부의 압력 분포를 나타낸다.
⑤ 지진파의 속도는 D에 반비례한다.

30 우리가 직접 지구의 내부를 관찰할 수 없다. 따라서, 지구 내부에 관한 정보를 알아내는 간접적인 방법은 여러 가지가 있는데, 그 중 하나가 지진파를 이용하는 것이다. 지진파의 어떤 성질을 이용하여 지구 내부를 관찰하는지 설명하시오.

7강. 판 구조론의 정립 과정

1. 조륙 운동과 조산 운동

(1) **조륙 운동** : 지각이 넓은 범위에서 융기하거나 침강하는 운동이다.

① **조륙 운동의 원인** : 지각의 두께가 두꺼워지면 새로운 평형을 찾아 아래로 침강된다. 반대로 지각이 가벼워지면 새로운 평형을 이루기 위해 지각이 융기된다.

② **침강과 융기 과정**

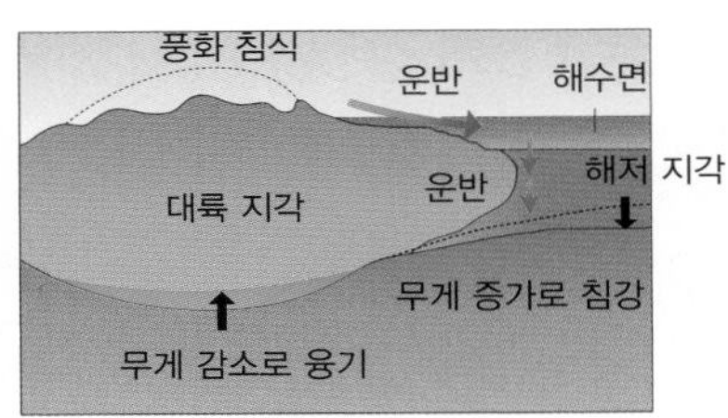

▲ 융기 과정

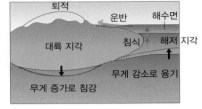

▲ 침강 과정

풍화, 침식을 받거나, 빙하가 녹아서 주변보다 지각이 상승하여 해수면 위로 올라가는 작용	두꺼운 퇴적층이나 빙하가 쌓여 아래쪽으로 움직이게 되어 해수면 아래로 들어가는 작용

(2) **조산 운동** : 지층들이 횡압력을 받아 대규모의 산맥을 만드는 지각 변동을 말한다.

① **조산 운동의 원인** : 맨틀의 대류에 의한 판이 충돌하여 습곡 산맥이 생긴다.

② **습곡 산맥의 형성 과정**

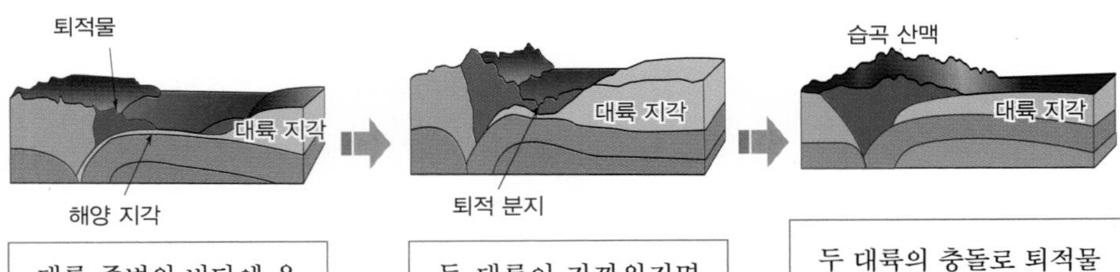

대륙 주변의 바다에 육지에서 쌓인 막대한 양의 퇴적물이 쌓인다.	두 대륙이 가까워지면서 퇴적물이 더 두꺼워진다.	두 대륙의 충돌로 퇴적물이 밀려 올라가면서 습곡과 단층이 생기며 습곡 산맥이 형성된다.

③ **습곡 산맥의 특성**

· 높은 산에서 해양 생물의 흔적이 발견된다.
· 광역 변성 작용을 받아 변성암이 나타나며, 산맥의 중심부에 마그마의 관입으로 인한 화성암이 나타난다.
· 두꺼운 퇴적 지층과 층리가 나타난다.
· 습곡, 단층과 같은 지질 구조가 많이 나타난다.

개념확인 1

해저에서 수평하게 퇴적한 지층들이 횡압력을 받아 습곡 산맥을 만드는 운동을 무슨 운동이라고 하는지 쓰시오.

( )

확인+1

조륙 운동에 대한 설명으로 옳은 것은 ○표, 옳지 않은 것은 ×표 하시오.

(1) 리아스식 해안과 피오르드는 융기에 대한 증거이다. ( )
(2) 지각이 가벼워지면서 새로운 평형을 이루기 위해 지각이 융기된다. ( )

● 조륙 운동의 증거 (융기)

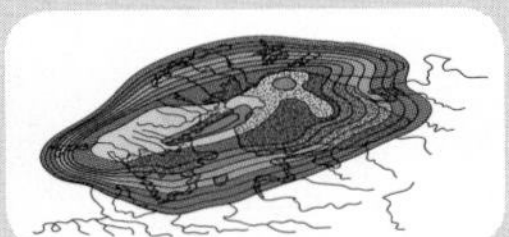
▲ 스칸디나비아 반도의 융기

▲ 해안 단구, 하안 단구

● 조륙 운동의 증거 (침강)

▲ 리아스식 해안

▲ 피오르드

● 지각평형설

지각이 맨틀 위에 평형을 이루고 떠 있는 것으로 생각하는 이론을 말한다.

모호면의 두께가 일정하지 않다는 것은 에어리 설이 유력하고, 해양 지각과 대륙 지각의 밀도가 다르다는 것은 프랫설이 유력하다.

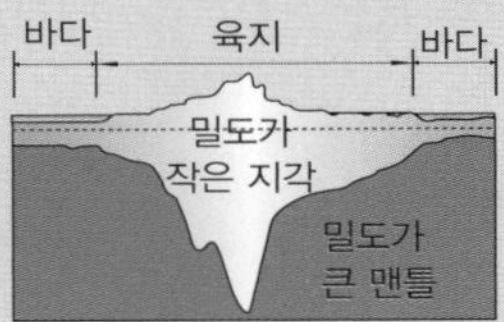

▲ 에어리의 지각 평형설

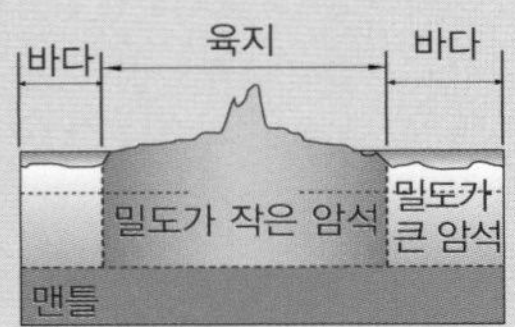

▲ 프랫의 지각 평형설

· 보상면 : 누르는 압력이 같은 지점을 연결한 선

$$\Delta p = \rho g \Delta h$$

Δp : 압력 변화량 ρ: 암석의 밀도
g : 중력 가속도 h : 높이 변화량

미니사전

침강 [沈 가라앉다 降 내리다] 주변보다 땅덩어리가 상대적으로 낮아지는 현상

2. 대륙 이동설과 해저 확장설

(1) 대륙 이동설 : 베게너(1912년)는 과거에는 지구 상의 모든 대륙이 하나로 붙어 있었는데, 오랜 시간에 걸쳐 서서히 갈라지고 이동하여 현재와 같은 대륙과 해양의 분포를 이루게 되었다고 주장하였다.

① 대륙 이동설의 증거

해안선의 일치	지질 구조의 연속성	빙하의 분포와 이동 방향	고생대 화석의 분포
		빙하 빙하의 이동 방향	글로소프테리스
대서양에 접한 남아메리카 대륙과 아프리카 대륙의 해안선 모양이 일치한다.	떨어져 있는 대륙의 조산대 및 산맥 등에서 발견된 지질 구조가 연속적이다.	대륙이 모이면 빙하의 이동 방향과 흔적이 과거의 남극점을 중심으로 멀어져 간 모습이 된다.	바다를 헤엄쳐 건널 수 없는 고생물의 화석이 여러 대륙에서 발견되고, 대륙이 모이면 화석의 분포 지역이 연결된다.

② 대륙 이동설의 한계 : 대륙을 이동시키는 원동력에 대한 근본적인 원인을 제시하지 못했다.

(2) 해저 확장설 : 헤스(1962년)는 해령에서 맨틀 물질이 치솟아 올라 새로운 해양 지각을 생성하고, 생성된 지각은 맨틀 대류를 따라 해령을 중심으로 양쪽으로 멀어져 해저가 확장한다고 주장하였다.

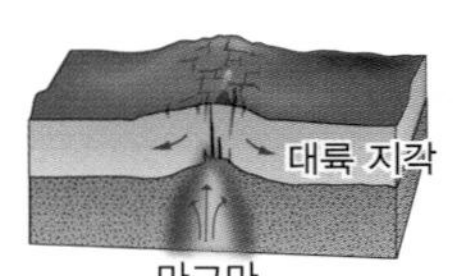

판이 갈라지는 초기 단계

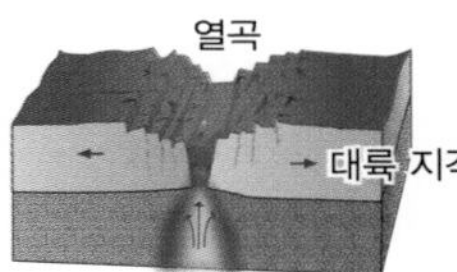

열곡의 형성 단계

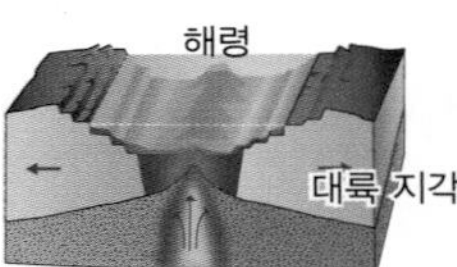

해령의 형성 단계

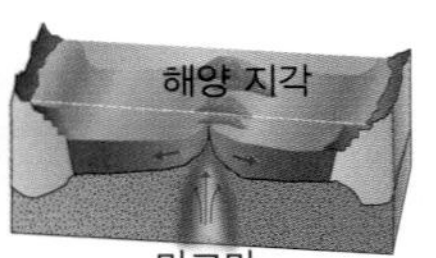

대양의 형성 단계

① 해저 확장설의 증거

· 해양 지각 나이 : 해령으로부터 멀어질수록 바다 속 퇴적물의 나이가 점점 많아진다.
· 퇴적물의 두께 : 해령에서 멀어질수록 바다 속 퇴적물의 두께가 두꺼워진다.

● 대륙의 이동

2억 3천만 년 전

1억 3천 5백만 년 전

6천 5백만 년 전

현재

● 맨틀 대류설

홈스(1929년)는 지구 내부의 맨틀에서 상부와 하부의 온도 차에 의해 대류가 일어나고 맨틀 위에 떠 있는 대륙이 맨틀 대류에 의해 이동한다는 주장을 하였다. 대륙이동설의 대륙 이동의 원동력에 대해 이론적으로 뒷받침하였다.

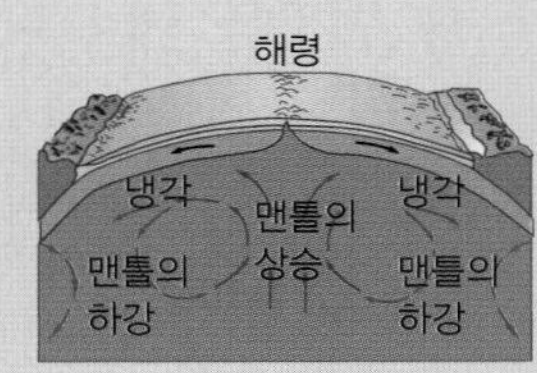

개념확인 2 정답 및 해설 33쪽

해저 확장설에 대한 설명으로 옳은 것은 ○표, 옳지 않은 것은 ×표 하시오.

(1) 해령에서 멀어질수록 해양 지각의 연령이 많아진다. ( )
(2) 해령으로부터 멀어질수록 해저 퇴적물의 두께가 얇아진다. ( )
(3) 해령으로부터 멀어질수록 해저 퇴적물 최하층의 연령이 많아진다. ( )

확인+2

대륙이동설의 증거가 아닌 것은?

① 지질 구조의 연속성 ② 빙하의 분포와 이동 방향 ③ 해안선의 일치
④ 해양 지각의 나이 ⑤ 고생대 화석의 분포

3. 판 구조론 I

(1) 판과 판 구조론

① **판** : 암석권을 이루는 각각의 조각을 말하며, 대륙판과 해양판으로 구분한다.

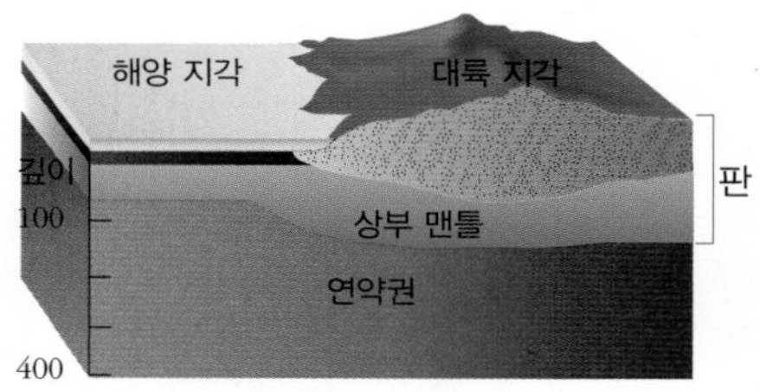

▲ 판의 구조

	대륙판	해양판
판의 구성	대륙 지각 + 상부 맨틀의 일부	해양 지각 + 상부 맨틀의 일부
두께	두껍다	얇다
평균 밀도	작다	크다
구성 물질	화강암질 암석	현무암질 암석

② **판 구조론** : 1967년 윌슨 등 여러 과학자들이 주장한 것으로 지구의 표면은 10여개의 판들로 구성되어 있으며, 맨틀의 대류 운동으로 판은 서로 다른 방향과 속도로 서서히 움직이면서 판과 판의 경계에서 지각 변동이 활발하게 일어난다는 이론이다.

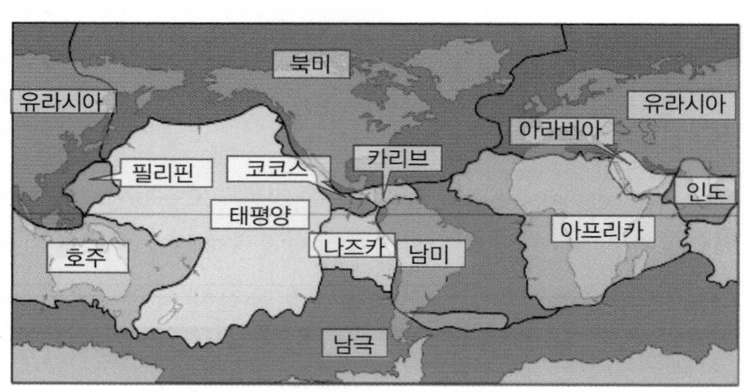

▲ 판의 분포와 경계

(2) 판 경계와 지각 변동

① **발산형 경계** : 판과 판 사이가 멀어지면서 새로운 판이 형성되는 경계를 말한다.

	해양판의 발산	대륙판의 발산
모습	해령, 해양판, 해양판, 마그마	열곡대, 대륙판, 대륙판, 마그마
특징	해양판이 멀어지면서 상승한 마그마는 해령을 형성하고, 새로운 해양 지각이 생성된다	대륙판이 멀어지면서 장력을 받아 정단층이 생기는 현상이 반복되면서 V 형 열곡이 생성된다
발달 지형	해령	열곡대
지각 변동	화산 활동, 천발 지진	화산 활동, 천발 지진
예	대서양 중앙 해령, 동태평양 해령	동아프리카 열곡대, 아이슬란드 열곡대

개념확인 3

암석권을 이루는 각각의 조각으로, 대륙판과 해양판으로 구분할 수 있는 이것을 무엇이라고 하는지 쓰시오.

( )

확인+3

해양판의 발산으로 발달하는 지형은?

① 열곡대 ② 해령 ③ 습곡 산맥
④ 변환 단층 ⑤ 해구

- 연약권
맨틀 물질이 부분적으로 용융되어 있어 맨틀 대류가 일어난다. 암석권인 판의 바로 아래층을 형성한다.

- 해령
해양판이 서로 멀어지며 그 사이로 맨틀 물질이 상승하여 새로운 지각이 생성된다.

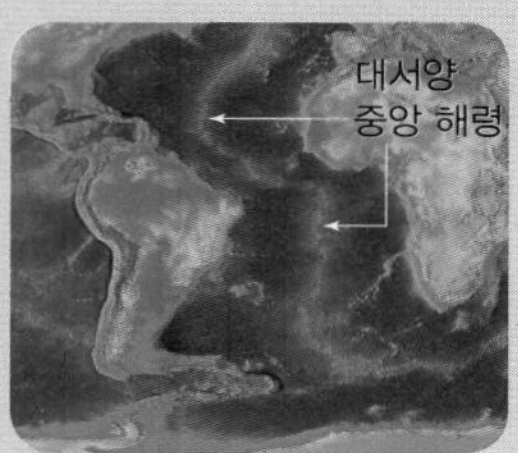

▲ 대서양 중앙 해령

- 열곡
판의 확장이 일어나는 곳에서 두 개의 단층 사이에 생성되는 골짜기이다.

▲ 동아프리카 열곡대

- 열점
판의 경계가 아닌데도, 판 아래의 깊은 곳에서 마그마가 생성되는 곳으로, 열점의 위치는 고정되어 있고, 마그마의 분출로 생긴 화산섬은 판의 이동에 따라 생성되므로 판의 움직임을 알 수 있다.

미니사전

연약권 [軟 연하다 弱 약하다 圈 구역] 딱딱한 암석권 아래로 평균 지하 100km 부근의 부드러운 부분

4. 판 구조론 II

② **수렴형 경계** : 판과 판이 서로 충돌하면서 판이 소멸되는 경계를 말한다.

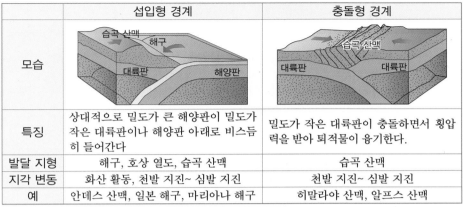

	섭입형 경계	충돌형 경계
모습	습곡 산맥, 해구, 대륙판, 해양판	습곡 산맥, 대륙판, 대륙판
특징	상대적으로 밀도가 큰 해양판이 밀도가 작은 대륙판이나 해양판 아래로 비스듬히 들어간다	밀도가 작은 대륙판이 충돌하면서 횡압력을 받아 퇴적물이 융기한다.
발달 지형	해구, 호상 열도, 습곡 산맥	습곡 산맥
지각 변동	화산 활동, 천발 지진~ 심발 지진	천발 지진~ 심발 지진
예	안데스 산맥, 일본 해구, 마리아나 해구	히말라야 산맥, 알프스 산맥

③ **보존형 경계** : 해령축을 가로지르는 방향으로 변환 단층이 발달하고, 판의 생성이나 소멸 없이 서로 엇갈린다.

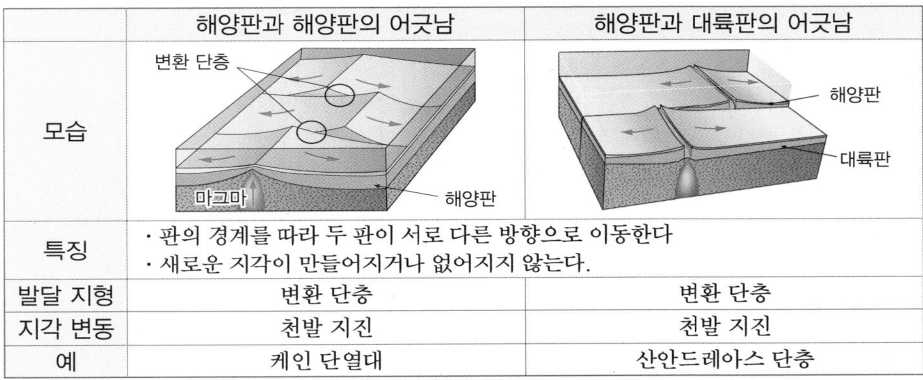

	해양판과 해양판의 어긋남	해양판과 대륙판의 어긋남
모습	변환 단층, 마그마, 해양판	해양판, 대륙판
특징	· 판의 경계를 따라 두 판이 서로 다른 방향으로 이동한다 · 새로운 지각이 만들어지거나 없어지지 않는다.	
발달 지형	변환 단층	변환 단층
지각 변동	천발 지진	천발 지진
예	케인 단열대	산안드레아스 단층

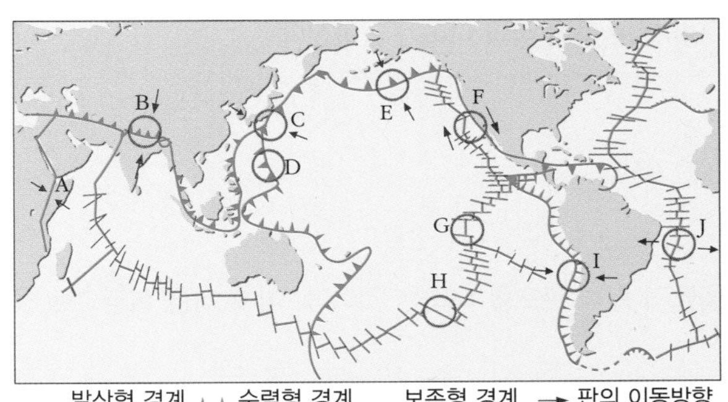

▲ 판 경계의 실제 지형

	지형	지명
수렴형 경계	습곡 산맥	B 히말라야 산맥
	해구, 호상 열도	C 일본 해구
		D 마리아나 해구
		E 알루산 해구
	해구, 습곡 산맥	I 페루-칠레 해구, 안데스 산맥
발산형 경계	열곡대	A 동아프리카 열곡대
	해령	G 동태평양 해령
		J 대서양 중앙 해령
보존형 경계	변환 단층	F 산안드레아스 단층
		H 해령 부근의 단층

개념확인 4

정답 및 해설 33쪽

보존형 경계에 대한 설명으로 옳은 것은 ○표, 옳지 않은 것은 ×표 하시오.

(1) 판이 생성되거나 소멸되지 않는다. ( )

(2) 해령과 나란하게 변환 단층이 발달한다. ( )

확인+4

수렴형 경계에 해당하지 않는 것은?

① 안데스 산맥 ② 일본 해구 ③ 히말라야 산맥
④ 대서양 중앙 해령 ⑤ 알프스 산맥

해구

상대적으로 밀도가 큰 해양판이 섭입할 때 밀도가 작은 해양판의 끝부분이 말려서 들어가면서 깊은 골짜기가 생성된다.

▲ 마리아나 해구

습곡 산맥

밀도가 비슷한 두 대륙이 충돌하게 되면 대륙 지각에 있던 퇴적물들이 강한 횡압력을 받아 높이 솟아오르게 되어 산이 생성된다.

▲ 히말라야 산맥

변환 단층

판이 서로 다른 방향으로 이동하므로 끊어진 부분이 나타난다.

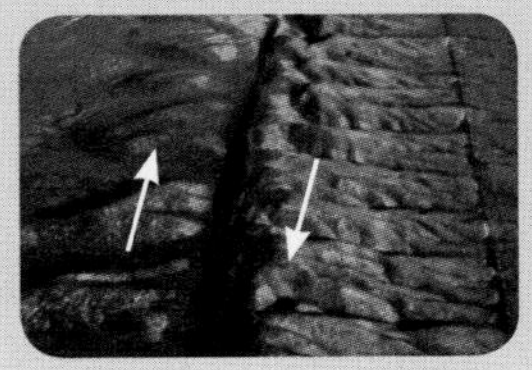
▲ 산안드레아스 단층

판 경계와 지각 변동

	천발 지진	심발 지진	화산 활동
발산형 경계	O	X	O
섭입형 경계	O	O	O
충돌형 경계	O	O	거의 없음
보존형 경계	O	X	X

개념 다지기

01

조륙 운동에 대한 설명으로 옳은 것만을 〈보기〉에서 있는 대로 고른 것은?

〈 보기 〉

ㄱ. 두꺼운 퇴적물이 쌓여 무거워지면 지각은 침강한다.
ㄴ. 높은 산에서 해양 생물의 화석이 발견되는 것은 해수면이 상승했기 때문이다.
ㄷ. 빙하기 이후 간빙기에서는 지각을 누르던 빙하가 녹으면서 지각의 무게가 감소하여 침강한다.

① ㄱ ② ㄱ, ㄴ ③ ㄴ, ㄷ ④ ㄱ, ㄷ ⑤ ㄱ, ㄴ, ㄷ

02

습곡 산맥에 대한 설명으로 옳지 않은 것은?

① 두꺼운 퇴적 지층과 층리가 나타난다.
② 높은 산에서 해양 생물의 흔적이 발견된다.
③ 광역 변성 작용을 받으면 변성암이 나타난다.
④ 해저에서 수평하게 퇴적한 지층들이 횡압력을 받아 만들어진다.
⑤ 지각의 두께가 두꺼워지면서 새로운 평형을 찾아 아래로 침강한다.

03

다음은 지권의 변화에 대한 한 학설이다. 이 학설은 무엇인가?

· 헤스(1928년)는 해령에서 새로운 해양 지각이 만들어져 양옆으로 이동하면서 해저가 점점 넓어지고, 해구에서 소멸한다고 주장하였다.
· 이 학설의 증거로 해령으로부터 멀어질수록 암석의 나이가 많아진다.

( )

04

그림은 과거 지구상에 생존했던 생물들의 화석 분포를 나타낸 것이다. 이에 대한 설명으로 옳은 것은?

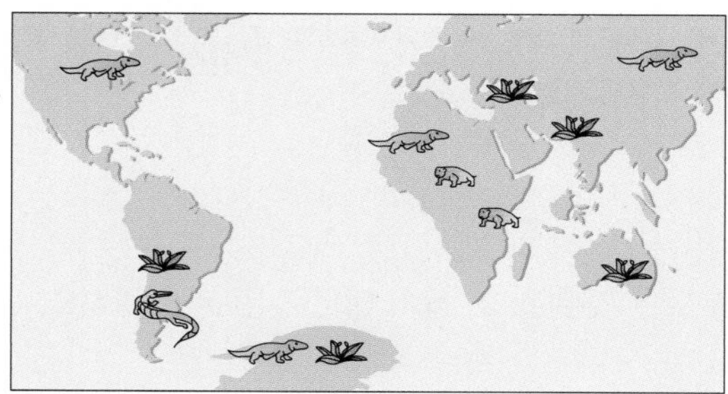

① 과거 지구는 빙하로 덮여 있었다.
② 고생물은 모두 해양을 통해 이동하였다.
③ 메조사우루스는 따뜻한 바다에서 생활하였다.
④ 서로 붙어 있던 과거의 대륙이 분리 · 이동하였다.
⑤ 모든 생물체는 전 지구상에서 동시에 진화하였다.

05

판의 경계와 발달 지형이 바르게 짝지어진 것은?

① 발산형 경계 - 습곡 산맥
② 발산형 경계 - 열곡대
③ 수렴형 경계 - 해령
④ 수렴형 경계 - 변환 단층
⑤ 보존형 경계 - 호상 열도

06

해령에 대한 설명으로 옳은 것만을 〈보기〉에서 있는 대로 고른 것은?

〈 보기 〉

ㄱ. 새로운 해양판이 생성된다.
ㄴ. 맨틀 대류 상승부에 형성된 지형이다.
ㄷ. 장력으로 인해 정단층이 나타날 수 있다.
ㄹ. 화산 활동이 활발하고, 심발 지진이 발생한다.

① ㄱ ② ㄱ, ㄴ ③ ㄴ, ㄷ ④ ㄱ, ㄷ ⑤ ㄱ, ㄴ, ㄷ

07

그림은 해령과 해령 부근에 발달한 변환 단층을 모식적으로 나타낸 것이다. 변환 단층에 해당하는 구간은?

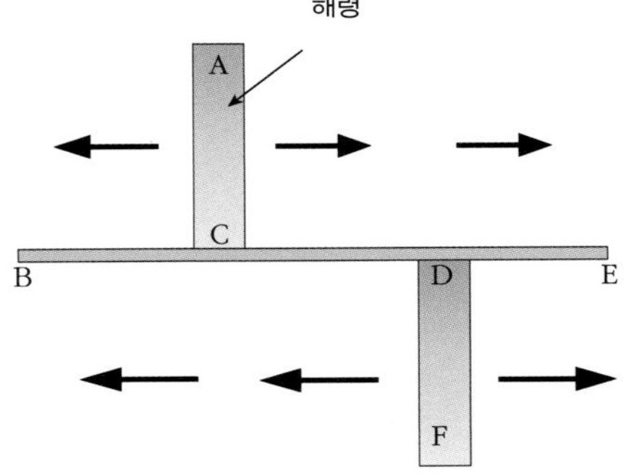

① A ~ C
② B ~ C
③ C ~ D
④ D ~ E
⑤ D ~ F

08

수렴형 경계에 대한 설명으로 옳은 것은?

① 새로운 판이 생성되는 곳이다.
② 충돌형 경계에는 해령이 발달한다.
③ 화산 활동이 활발하고, 천발지진만 일어난다.
④ 밀도가 큰 대륙판이 밀도가 작은 해양판 아래로 비스듬히 들어간다.
⑤ 해양판과 대륙판이 충돌하면서 안데스 산맥과 같은 습곡 산맥이 만들어진다.

유형 익히기&하브루타

[유형7-1] 조륙 운동과 조산 운동

다음 그림은 습곡 산맥의 형성 과정을 나타낸 것이다. 이와 관련된 설명으로 옳은 것은 ○표, 옳지 않은 것은 ×표 하시오.

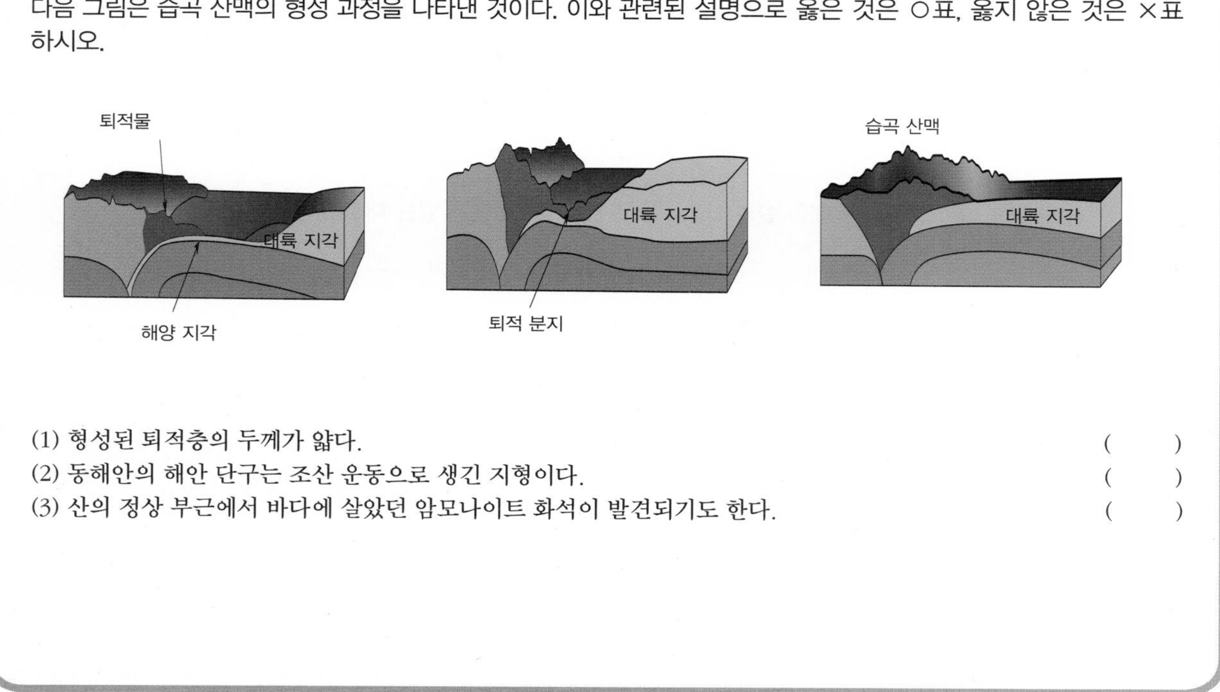

(1) 형성된 퇴적층의 두께가 얇다. ( )
(2) 동해안의 해안 단구는 조산 운동으로 생긴 지형이다. ( )
(3) 산의 정상 부근에서 바다에 살았던 암모나이트 화석이 발견되기도 한다. ( )

01 다음 중 조산 운동의 특징에 대한 설명으로 옳은 것은?

① 주로 장력을 받아 생성된다.
② 피오르드 지형이 이에 속한다.
③ 원인은 해수면의 높이 변화이다.
④ 산맥의 중심부에는 화성암이 존재한다.
⑤ 맨틀의 상승부에서 습곡산맥이 형성된다.

02 다음 그림은 이탈리아에 있는 세라피스 사원의 돌기둥이다. 이 돌기둥에는 바다에 사는 조개가 뚫어 놓은 구멍이 있다.

이것으로부터 과거 이 지역에서 일어났던 지각 변동에 대한 설명으로 옳은 것은?

① 침강 ② 침강 후 융기
③ 침식 후 침강 ④ 융기
⑤ 융기 후 침강

[유형7-2] 대륙 이동설과 해저 확장설

다음은 판 구조론이 정립되기까지 제시된 여러 주장 또는 증거이다. (가)와 (나)의 내용으로 적절한 것을 <보기>에서 각각 골라 기호로 답하시오.

이론	주장 또는 증거
대륙 이동설	(가)
맨틀 대류설	지구 내부 맨틀의 대류에 의해 대륙이 이동한다.
해저 확장설	(나)
판 구조론	여러 판들의 상대적 운동으로 지각 변동이 일어난다.

〈 보기 〉

ㄱ. 습곡 산맥에 단층 작용이 나타난다.
ㄴ. 글로솝테리스 화석이 인도, 아프리카, 남미에서 발견된다.
ㄷ. 지각의 평형을 이루기 위해 지반의 융기와 침강이 나타난다.
ㄹ. 해령으로부터 멀어질수록 바다 속 퇴적물의 나이가 점점 많아진다.

(가) ____________ (나) ____________

03 그림 (가)~(다)는 대륙이 이동하는 모습을 순서 없이 나타낸 것이다.

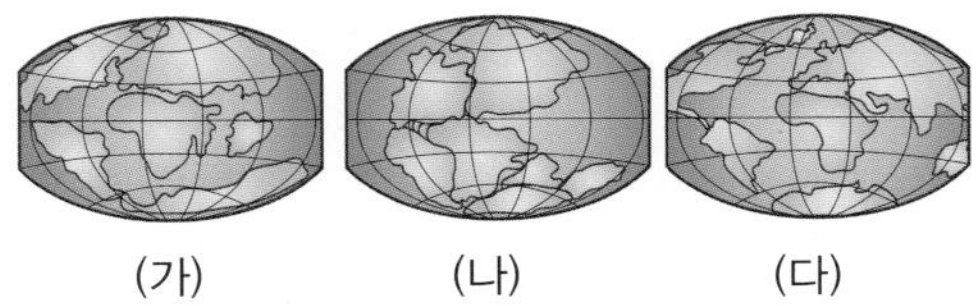

(가) (나) (다)

이에 대한 설명으로 옳은 것만을 <보기>에서 있는 대로 고른 것은?

〈 보기 〉

ㄱ. 순서대로 나열하면 (가)→(나)→(다)이다.
ㄴ. (가)는 고생대 말로 판게아를 이루고 있었다.
ㄷ. 증거로 남아메카 대륙과 아프리카 대륙의 해안선 모양이 일치한다.

① ㄱ ② ㄷ ③ ㄱ, ㄷ
④ ㄴ, ㄷ ⑤ ㄱ, ㄴ, ㄷ

04 다음은 맨틀 대류에 의한 지각의 생성과 이동을 나타낸 것이다.

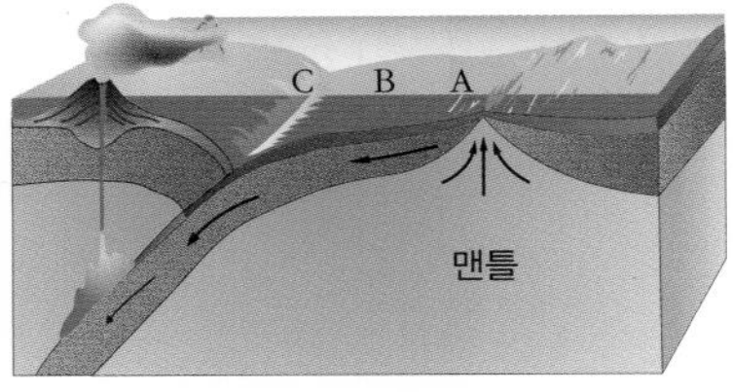

이에 대한 설명으로 옳은 것만을 <보기>에서 있는 대로 고른 것은?

〈 보기 〉

ㄱ. 지각의 연령이 가장 젊은 곳은 A 이다.
ㄴ. 지진과 화산 활동이 활발한 곳은 B 이다.
ㄷ. A 에서 C 로 갈수록 해저 퇴적물의 두께는 두꺼워진다.

① ㄴ ② ㄷ ③ ㄱ, ㄴ
④ ㄱ, ㄷ ⑤ ㄱ, ㄴ, ㄷ

유형 익히기 & 하브루타

[유형7-3] 판 구조론 Ⅰ

다음은 히말라야 산맥의 주요 특징과 히말라야 산맥의 중턱에서 발견된 암모나이트 화석의 사진이다. 이에 대한 설명으로 옳은 것만을 <보기>에서 있는 대로 고른 것은?

· 6000 m 이상 융기한 습곡 산맥이다.
· 정상부에는 신생대 지층이 있다.
· 인도 판과 유라시아 판 경계에 있다.

〈 보기 〉

ㄱ. 이 화석을 포함하는 지층은 과거 바다에서 형성되었다.
ㄴ. 이 산맥이 습곡 작용을 받아 융기된 시기는 중생대이다.
ㄷ. 이 산맥은 대륙판과 대륙판의 충돌에 의해 만들어 졌다.

① ㄱ ② ㄷ ③ ㄱ, ㄴ ④ ㄱ, ㄷ ⑤ ㄱ, ㄴ, ㄷ

05 다음 그림은 맨틀 대류를 나타낸 것이다. 이에 대한 설명으로 옳은 것은?

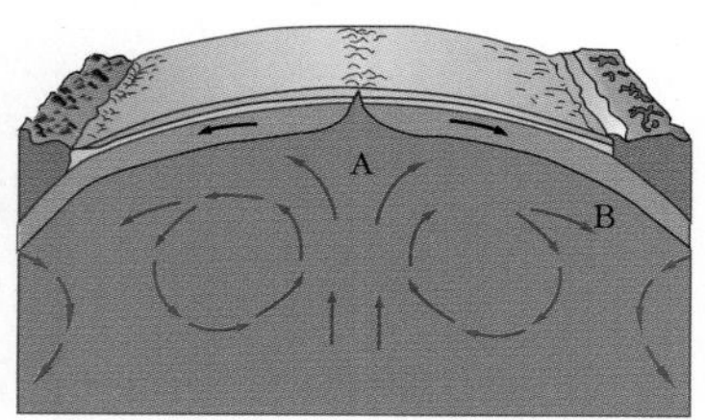

① A에서는 주로 해구가 발달한다.
② A 지형은 발산형 경계로 판이 새로 생성되는 지역이다.
③ B에서는 주로 변환 단층이 발달한다.
④ B에서는 보존형 경계로 판이 생성되거나 소멸되지 않는다.
⑤ A와 B 에서는 모두 천발 지진과 심발 지진이 발생한다.

06 다음 그림은 지구 상의 판의 분포를 나타낸 것이다.

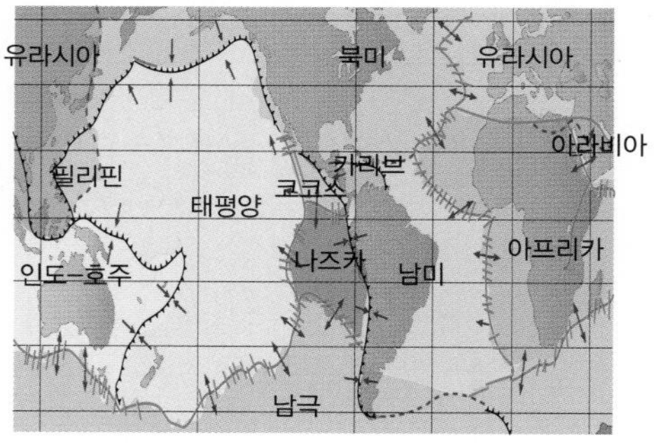

이에 대한 설명으로 옳은 것만을 <보기>에서 있는 대로 고른 것은?

〈 보기 〉

ㄱ. 유라시아 판보다 태평양 판이 더 두껍다.
ㄴ. 판의 경계는 지진대, 화산대와 대부분 일치한다.
ㄷ. 마주하는 판의 이동 방향과 이동 속도는 거의 같다.

① ㄴ ② ㄷ ③ ㄱ, ㄴ
④ ㄴ, ㄷ ⑤ ㄱ, ㄴ, ㄷ

[유형7-4] 판 구조론 II

다음은 판 구조 운동을 모식적으로 나타낸 것이다.

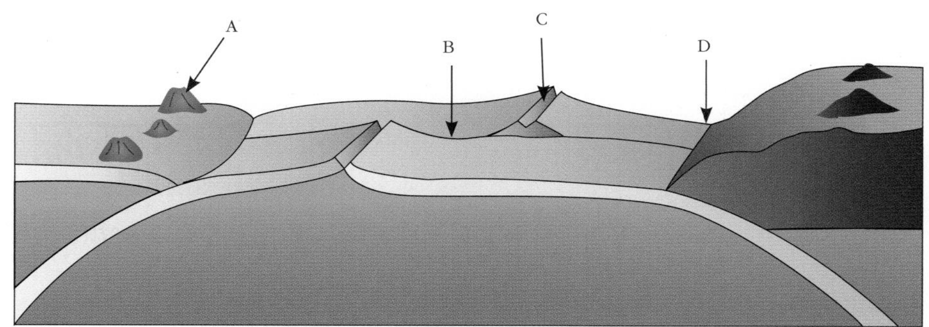

A~D 지역의 특징을 설명한 것으로 옳은 것은?

① A 는 호상 열도로 해구와 나란하게 발달한다.
② B 는 판이 생성되는 경계이다.
③ B 와 C 에서는 심발 지진이 발생한다.
④ C 는 습곡 작용에 의해 형성된 산맥이다.
⑤ D 아래에서는 맨틀 대류가 상승한다.

07 다음 그림은 어느 지역에서 판의 분포와 이동 방향을 나타낸 것이다.

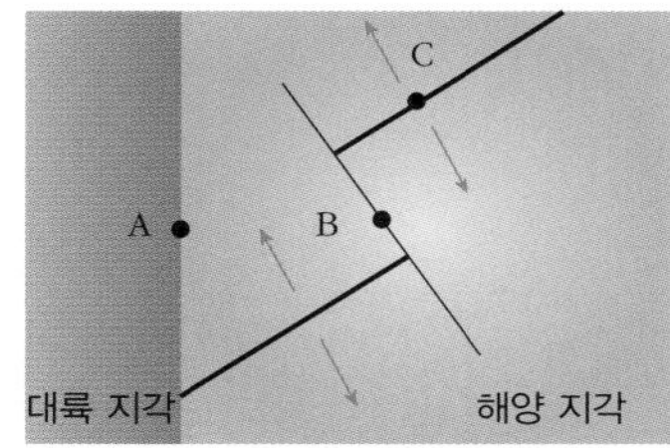

이에 대한 설명으로 옳은 것만을 〈보기〉에서 있는 대로 고른 것은?

〈 보기 〉
ㄱ. A에서는 새로운 해양 지각이 생성된다.
ㄴ. 화산 활동은 B보다 C에서 활발하게 일어난다.
ㄷ. 맨틀 대류는 A에서 상승하고, C에서 하강한다.

① ㄱ ② ㄴ ③ ㄷ
④ ㄱ, ㄷ ⑤ ㄴ, ㄷ

08 표는 판의 경계에 해당하는 A~C 세 지역에서 판의 이동 방향과 판의 종류를 나타낸 것이다.

	판의 이동 방향	판의 종류
A	← →	해양판과 해양판
B	↑ ↓	해양판과 대륙판
C	→ ←	대륙판과 대륙판

이에 대한 설명으로 옳은 것만을 〈보기〉에서 있는 대로 고른 것은?

〈 보기 〉
ㄱ. 대서양 중앙 해령은 A에 해당한다.
ㄴ. B에서는 심발지진이 자주 발생한다.
ㄷ. C에서는 화산 활동이 활발하게 일어난다.

① ㄱ ② ㄷ ③ ㄱ, ㄴ
④ ㄴ, ㄷ ⑤ ㄱ, ㄴ, ㄷ

창의력&토론마당

01

대륙 지각과 상부 맨틀의 밀도가 각각 2.8 g/cm^3 과 3.3 g/cm^3 이고, 다음의 그림과 같이 지각 평형을 이루고 있다. 이때 통상적인 지각(표면의 해발 고도가 0)의 두께는 35km이고, 누르는 압력이 같은 지점을 연결한 선을 보상면이라고 한다.

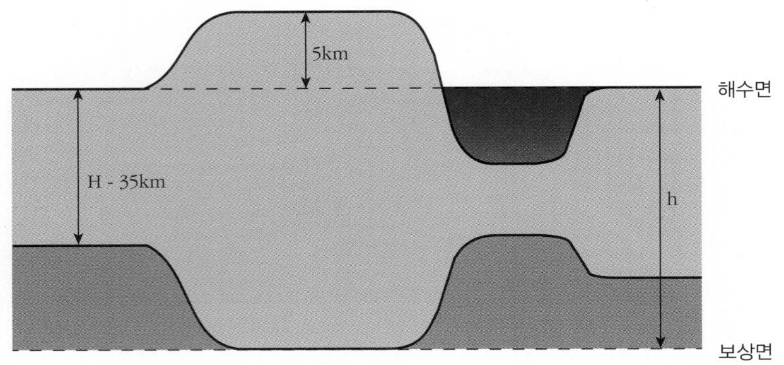

(1) 해발 고도가 5km인 산맥 하부 보상면의 깊이(h)를 구하시오.

(2) 이 산맥의 상부 2km가 침식에 의해 깎여 나간 후 다시 지각 평형을 이룬다면 산맥의 높이(해수면으로부터의 높이)를 구하시오. (단, 중력 가속도 $g = 9.8 \mathrm{m/s^2}$이다.)

02

다음 그림은 우리 나라의 남해안과 동해안의 모습이다. 물음에 답하시오.

(가)

(나)

(1) 남해안과 동해안이 나타난 지형의 특징과 조륙 운동의 종류를 쓰시오.

	지형 특징	조륙운동
남해안		
동해안		

(2) 다음 그림과 같이 수조에 물을 담고, 나무 도막을 물에 띄었다. 이후 나무 도막 B 위에 A를 올려놓을 때 나무 도막 B의 운동을 관찰하였다. 나무 도막 B의 운동은 (가)와 (나) 중 어떤 지형과 관계가 있는지 쓰고, 그 이유를 각각 서술하시오.

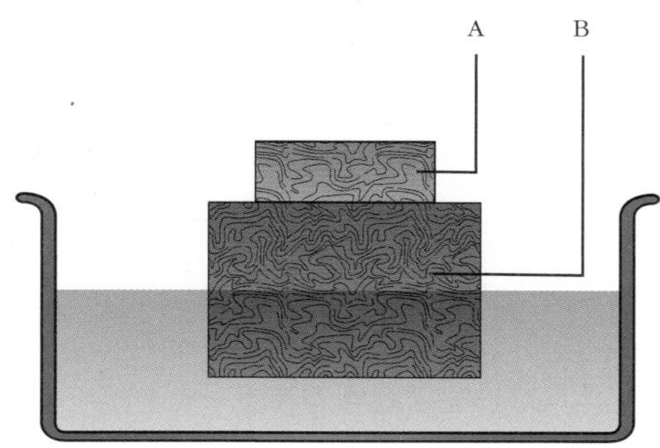

(3) 다음은 조륙 운동과 관련된 그림이다. A ~ D에 들어갈 작용이나 현상을 쓰시오.

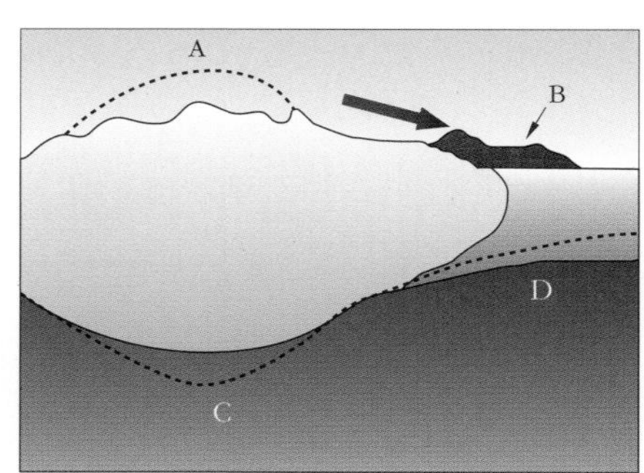

A (   ),   B (   ),   C (   ),   D (   )

창의력&토론마당

03 다음은 태평양에서의 판 구조의 단면과 운동 방향을 나타낸 것이다. (단, 해양판 A와 B의 이동속도는 같다.)

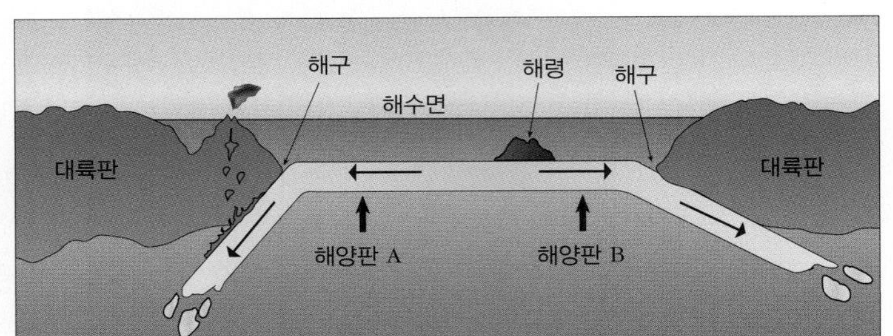

(1) 해구로 섭입하는 해양판 A와 B의 연령이 다르게 나타났다. 그 이유를 퇴적물의 두께와 퇴적물의 연령의 차이점과 관련시켜 서술하시오.

(2) 해구로 섭입하는 해양판의 기울기가 그림에서 처럼 다르게 나타났다면, 온도, 밀도, 해양판의 연령과 관련지어 그 이유를 설명하시오.

(3) 위와 같이 대륙판과 해양판이 충돌하여 만들어진 지형의 예를 〈보기〉에서 있는 대로 고르시오.

〈 보기 〉

ㄱ. 대서양 중앙 해령	ㄴ. 안데스 산맥
ㄷ. 히말라야 산맥	ㄹ. 동아프리카 열곡대
ㅁ. 산안드레아스 단층	ㅂ. 마리아나 해구

(4) 다음은 판의 경계를 구분하는 과정을 나타낸 것이다.

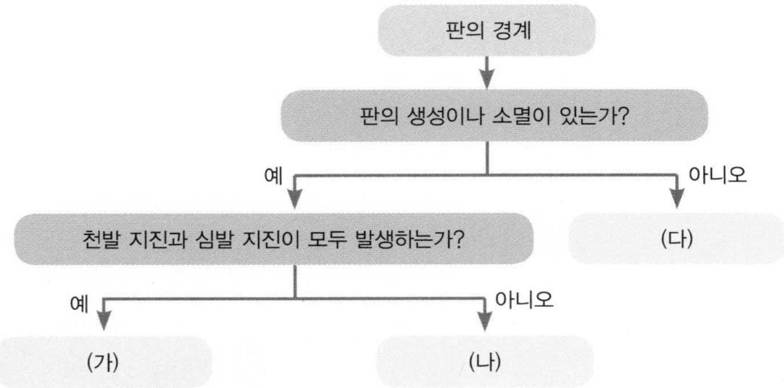

해령과 해구는 (가)~(다) 중 어디에 해당하는지 쓰시오.

해령 : (   )   해구 : (   )

04

그림은 우리나라와 일본 부근의 판 경계와 화산 분포를 나타낸 것이다.

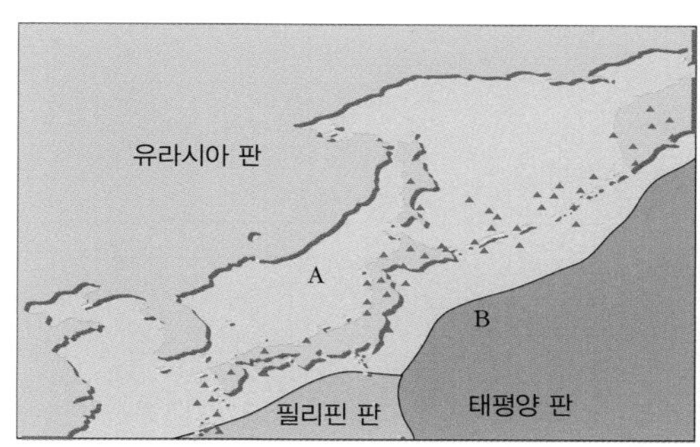

(1) B에서 A로 갈수록 달라지는 것을 다음에 있는 단어를 사용하여 판 구조론과 관련하여 서술하시오.

퇴적물의 두께	퇴적물의 나이

(2) 일본과 히말라야의 공통점과 차이점을 판 구조론적 관점에서 서술하시오.

스스로 실력 높이기

01 조륙 운동의 증거가 아닌 것은?

① 변환 단층
② 해안 단구
③ 피오르드
④ 리아스식 해안
⑤ 스칸디나비아 반도의 융기

02 다음 빈칸에 알맞은 말을 각각 고르시오.

> 지각은 맨틀 위에 떠 있으므로 침식된 부분은 가벼워져 (㉠ 융기, ㉡ 침강)한다. 이와 같이 지각이 상하 방향의 힘을 받아 움직이는 현상을 (㉠ 조산 운동, ㉡ 조륙 운동)이라 한다.

03 다음은 판 구조론이 출현하는 과정에서 등장한 여러 학설들을 시간 순서없이 나타낸 것이다.

> (가) 맨틀에서 상부와 하부의 온도 차에 의해 대류가 일어나고, 대륙이 맨틀 대류에 따라 이동한다.
> (나) 판게아가 분리되어 현재의 대륙 분포를 이루었다.
> (다) 해령에서 새로운 해양 지각을 생성되어 맨틀 대류를 따라 양쪽으로 멀어져 해저가 확장된다.

(가)~(다)를 등장한 시간 순서대로 나열하시오.

04 대륙 이동설에 대한 설명으로 옳지 않은 것은?

① 베게너가 최초로 주장하였다.
② 멀리 떨어진 두 대륙에서 같은 화석이 나타난다.
③ 대륙 이동의 원동력을 맨틀 대류로 설명하였다.
④ 남아메리카 대륙과 아프리카 대륙의 해안선 모양이 일치한다.
⑤ 고생대 말기에는 지금의 대륙이 모두 합쳐져 초대륙(판게아)을 만들었다.

05 해령에서 맨틀 물질이 치솟아 올라 새로운 해양 지각을 생성하고, 생성된 지각은 맨틀 대류를 따라 해령을 중심으로 양쪽으로 멀어져 해저가 확장된다고 주장하는 학설은 무엇인가?

( )

06 다음 그림 (가)와 (나)는 판의 경계의 두 종류를 나타낸 것이다. 이에 대한 설명 중 옳은 것은 ○표, 옳지 않은 것은 ×표 하시오.

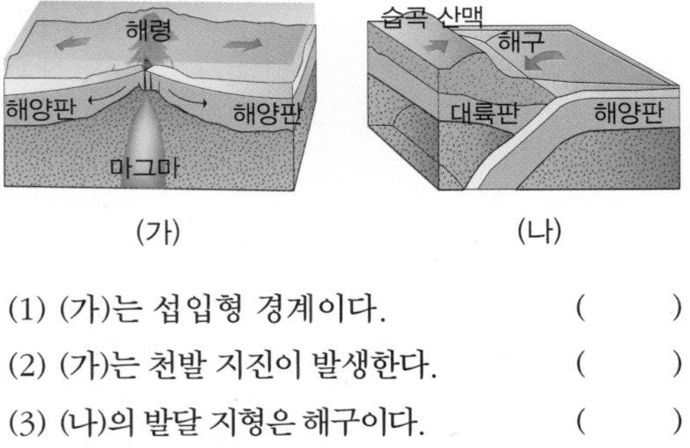

(가) (나)

(1) (가)는 섭입형 경계이다. ( )
(2) (가)는 천발 지진이 발생한다. ( )
(3) (나)의 발달 지형은 해구이다. ( )
(4) (나)의 대표적인 예로는 산안드레아스 단층이 있다. ( )

07 다음 그림은 맨틀의 대류를 나타낸 것이다. A, B 지역에서 생성되는 지형을 바르게 짝지은 것은?

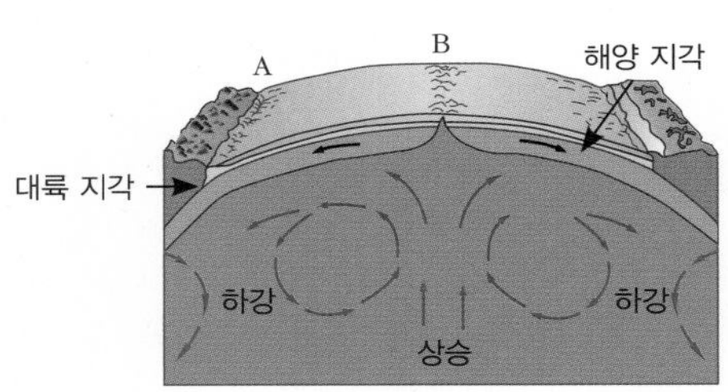

	A	B		A	B
①	해령	해구	②	해구	해령
③	열곡	습곡 산맥	④	습곡 산맥	열곡
⑤	변환 단층	습곡 산맥			

08 다음은 판에 대한 설명이다. 빈칸에 알맞은 말을 각각 쓰시오.

> (㉠)을 이루는 각각의 조각을 말하며, 대륙판은 해양판에 비해 두께가 (㉡)지만 밀도가 (㉢).

㉠ ( ), ㉡ ( ), ㉢ ( )

09 발산형 경계와 수렴형 경계의 공통점을 모두 고르시오.

① 해령이 발달한다.
② 천발 지진이 발생한다.
③ 화산 활동이 활발하게 일어난다.
④ 새로운 판이 형성되는 경계이다.
⑤ 맨틀의 대류 운동으로 판이 움직이면서 형성되는 경계이다.

10 그림 (가)와 (나)는 서로 다른 수렴형 경계를 나타낸 것이다.

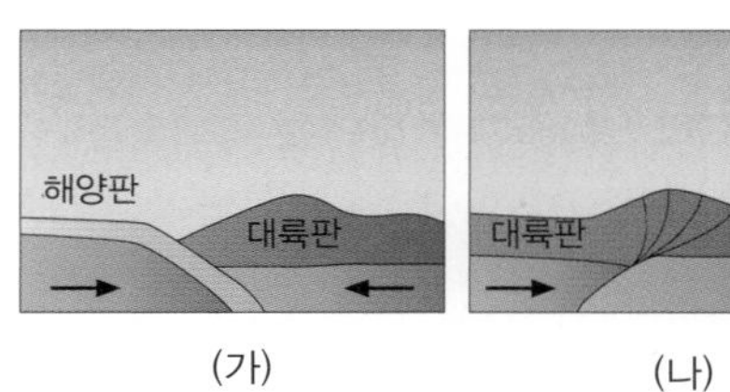

(가) (나)

이에 대한 설명으로 옳은 것만을 〈보기〉에서 있는 대로 고른 것은?

〈 보기 〉
ㄱ. (가)에서는 습곡 산맥에 형성될 수 있다.
ㄴ. (나)에서는 천발 지진과 심발 지진이 모두 발생한다.
ㄷ. (가)와 (나)에서는 화산 활동이 활발하게 일어난다.

① ㄱ ② ㄷ ③ ㄱ, ㄴ
④ ㄴ, ㄷ ⑤ ㄱ, ㄴ, ㄷ

11 그림 (가)는 길이가 다른 나무 조각을 물에 띄웠을 때의 모습을 나타낸 것이고, (나)는 대륙 지각과 해양 지각 단면의 일부를 나타낸 모식도이다.

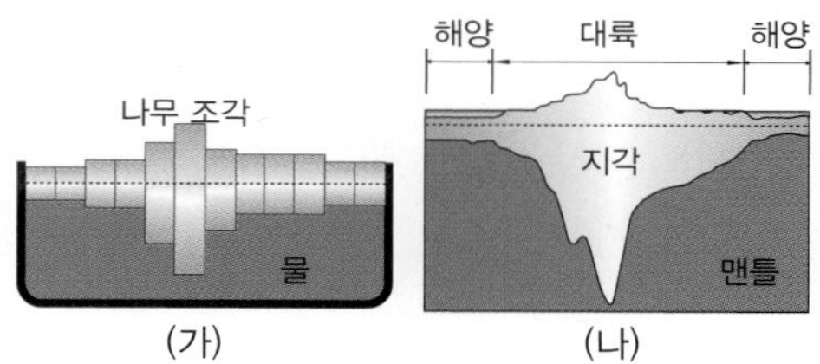

(가) (나)

원리에 대한 설명으로 옳은 것만을 〈보기〉에서 있는 대로 고른 것은?

〈 보기 〉
ㄱ. 평균 밀도는 지각보다 맨틀이 크다.
ㄴ. 평균 밀도는 대륙 지각보다 해양 지각이 크다.
ㄷ. 고도가 높은 곳은 지각의 두께가 두껍다.

① ㄱ ② ㄴ ③ ㄱ, ㄴ
④ ㄱ, ㄷ ⑤ ㄱ, ㄴ, ㄷ

12 히말라야 산맥은 인도 대륙과 유라시아 대륙의 경계에서 형성되었다. 히말라야 산맥이 형성된 원인에 대한 설명으로 옳은 것은?

① 물과 공기에 의한 침식 작용 때문에 형성되었다.
② 격렬한 지각 변동인 화산과 지진 활동 때문에 형성되었다.
③ 유수와 빙하의 퇴적 작용에 의해 오랜 시간 동안 퇴적되어 생성되었다.
④ 지구의 연평균 기온이 높아져서 빙하가 녹아 지각이 상승하면서 형성되었다.
⑤ 맨틀의 대류에 의한 판의 충돌 때문에 발생한 횡압력으로 생성된 습곡 산맥이다.

13 대륙 이동설에 대한 설명으로 옳은 것은?

① 대륙이 이동하는 원동력을 맨틀 대류로 설명하였다.
② 발표 당시에 대부분 과학자들의 지지를 받았던 지질학 이론이었다.
③ 하나였던 판게아가 여러 개로 분리된 시기를 신생대로 설명한다.
④ 현재 남아 있는 빙하의 흔적과 이동 방향에 따라 대륙을 모으면 한 덩어리로 모인다.
⑤ 대륙 이동의 증거를 해령에서 멀수록 해양 지각의 나이가 많아짐을 제시하였다.

스스로 실력 높이기

14 그림은 대서양 어느 해저에서 해양 지각의 연령 분포를 나타낸 것이다.

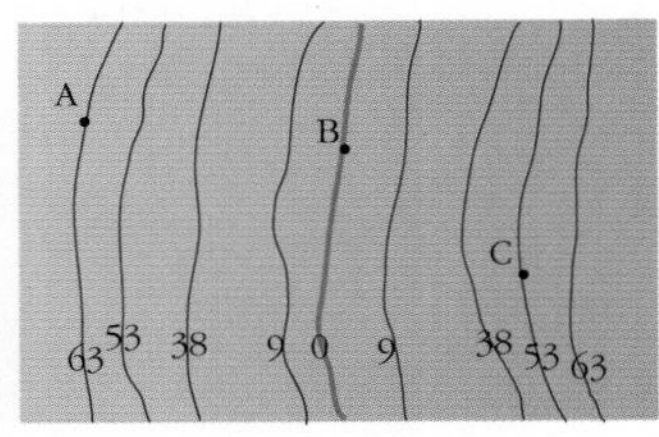

이에 대한 설명으로 옳은 것만을 〈보기〉에서 있는 대로 고른 것은?

〈 보기 〉

ㄱ. B에서는 맨틀 대류가 상승한다.
ㄴ. 해저 퇴적물의 두께는 A보다 C가 두껍다.
ㄷ. 해양 지각의 대칭적인 연령 분포는 해저 확장으로 생기는 현상이다.

① ㄱ ② ㄷ ③ ㄱ, ㄷ
④ ㄴ, ㄷ ⑤ ㄱ, ㄴ, ㄷ

15 그림 (가)와 (나)는 고생대 말기와 중생대 중기의 수륙 분포를 나타낸 것이다.

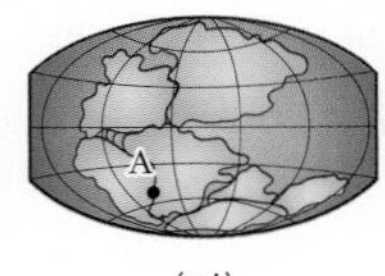

(가)

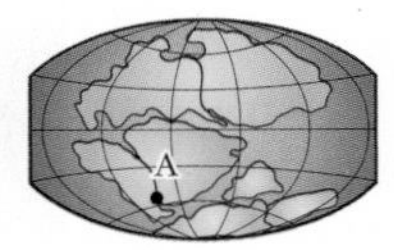

(나)

A 지역에 대한 설명으로 옳은 것만을 〈보기〉에서 있는 대로 고른 것은?

〈 보기 〉

ㄱ. 맨틀 대류의 상승부였다.
ㄴ. 천발 지진이 자주 발생했다.
ㄷ. 화산 활동이 활발했다.
ㄹ. 판이 소멸하는 지역이다.

① ㄱ, ㄴ ② ㄷ, ㄹ ③ ㄱ, ㄴ, ㄷ
④ ㄴ, ㄷ, ㄹ ⑤ ㄱ, ㄴ, ㄷ, ㄹ

16 다음 중 판에 대한 설명으로 옳지 않은 것은?

① 연약권에서 맨틀 대류가 일어난다.
② 대륙 지각은 해양 지각보다 두껍다.
③ 암석권은 연약권보다 평균 밀도가 작다.
④ 판은 암석권과 연약권의 일부를 포함한다.
⑤ 판의 운동은 지구 내부 에너지에 의해 일어난다.

17 일본 해구는 유라시아 판과 태평양 판이 만나는 지형이다. 이에 대한 설명으로 옳은 것만을 〈보기〉에서 있는 대로 고른 것은?

〈 보기 〉

ㄱ. 화산 활동은 해구를 경계로 태평양 판 쪽에서 활발하게 일어난다.
ㄴ. 일본 해구는 발산 경계에서 만들어졌다.
ㄷ. 유라시아 판은 태평양 판보다 밀도가 작다.

① ㄴ ② ㄷ ③ ㄱ, ㄴ
④ ㄴ, ㄷ ⑤ ㄱ, ㄴ, ㄷ

18 다음 그림은 판의 이동 방향을 나타낸 것이다.

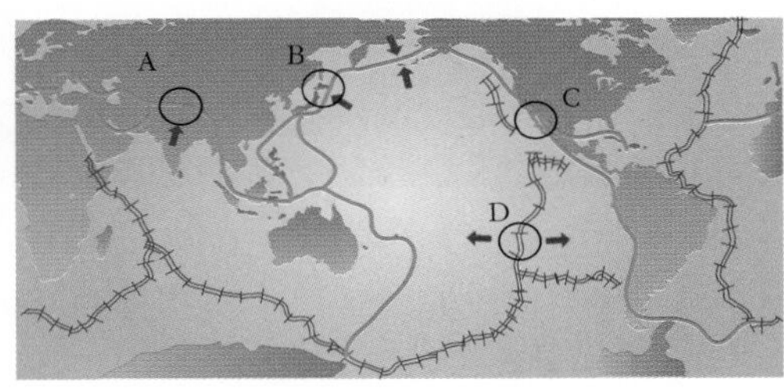

판의 경계 A~D에 대한 설명으로 옳은 것은?

① A에는 대륙판과 해양판의 충돌로 습곡 산맥이 분포한다.
② B에서는 해양판이 대륙판 아래로 섭입한다.
③ C에서는 새로운 해양 지각이 생성되어 확장된다.
④ D에서는 화산 활동이 적고, 심발 지진이 많이 발생한다.
⑤ A와 B는 발산형 경계이고, D는 수렴형 경계이다.

C

19 그림 (가)와 (나)는 지각과 맨틀의 이동 방향을 모식적으로 나타낸 것이다.

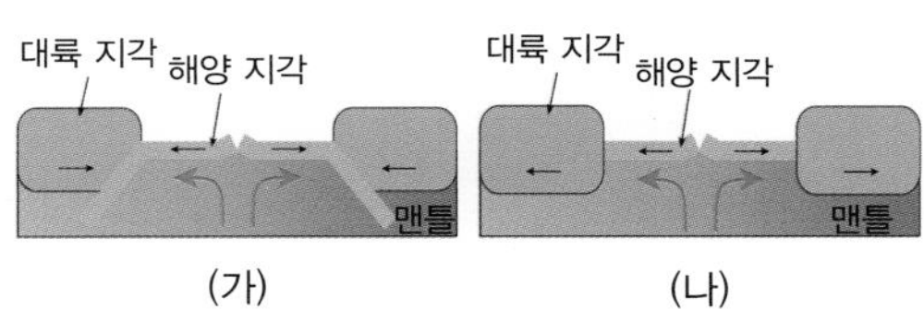

(가) (나)

이에 대한 설명으로 옳은 것만을 〈보기〉에서 있는 대로 고른 것은?

〈 보기 〉
ㄱ. (가)는 대서양 지역의 단면과 유사하다.
ㄴ. (나)에서 두 대륙은 점점 멀어질 것이다.
ㄷ. 대륙 주변부의 지진 활동은 (가)보다 (나)에서 더 활발하다.

① ㄴ ② ㄷ ③ ㄱ, ㄴ
④ ㄴ, ㄷ ⑤ ㄱ, ㄴ, ㄷ

20 다음 그림 (가), (나)는 해양에 형성된 판의 경계 밑 화산과 진앙의 위치를 나타낸 것이다. (A와 B, C와 D 는 각각 서로 다른 판이다.)

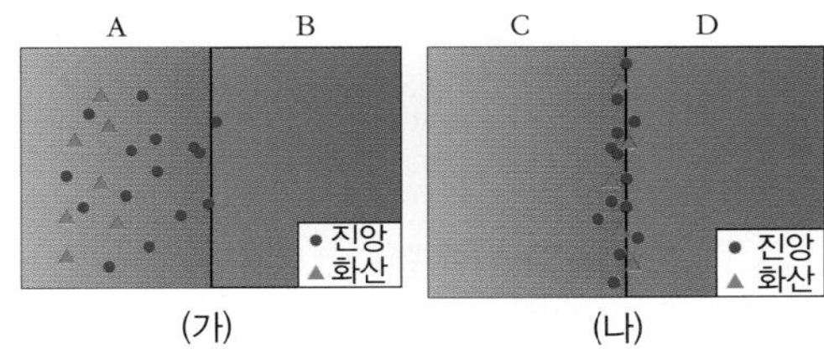

(가) (나)

이에 대한 설명으로 옳지 않은 것은?

① (가)는 수렴형 경계를 나타낸다.
② (가)에서 판 A는 B보다 밀도가 크다.
③ (나)에서 발생하는 지진은 대부분 천발 지진이다.
④ (나)에서 판 C와 D를 구성하는 암석은 서로 비슷하다.
⑤ (가)와 (나) 모두 화산 활동이 활발하게 일어난다.

21 그림은 북아메리카 북동부를 덮고 있던 빙하가 녹은 후 최근 6000년 동안의 해발 고도 변화량을 나타낸 것이다.

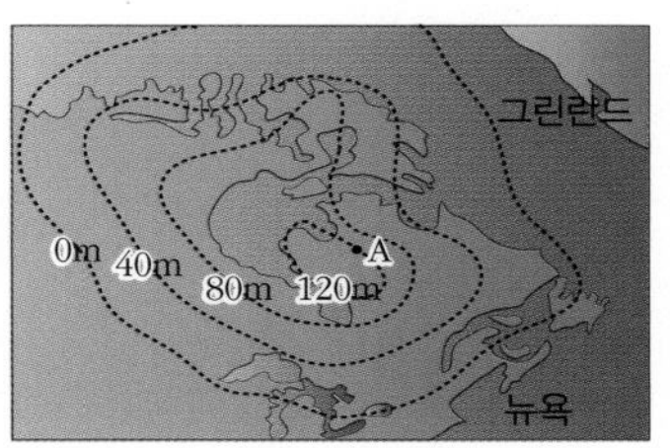

A 지역의 해발 고도의 평균 변화율(cm/년)을 구하시오.

① 1cm/년 ② 2cm/년 ③ 5cm/년
④ 10cm/년 ⑤ 20cm/년

22 표는 해령과 해구 사이에 있는 일직선 상의 지점 A, B, C를 시추한 결과를 나타낸 것이다.

시추 지점	퇴적물 두께(m)	퇴적물 나이	
		표층 퇴적물	바닥 퇴적물
A	2	최근	100만 년
B	500	최근	7500만 년
C	1200	최근	13000만 년

이에 대한 설명으로 옳은 것만을 〈보기〉에서 있는 대로 고른 것은?

〈 보기 〉
ㄱ. 세 지점 중 C가 해령에서 가장 멀다.
ㄴ. 세 지점 중 수심이 가장 깊은 곳은 A이다.
ㄷ. 바닥 퇴적물의 나이는 시추 지점의 해양 지각이 생성된 시기와 거의 같다.

① ㄱ ② ㄴ ③ ㄷ
④ ㄱ, ㄴ ⑤ ㄱ, ㄷ

스스로 실력 높이기

23 그림은 알래스카 부근에 있는 판의 경계와 화산의 분포를 나타낸 것이다.

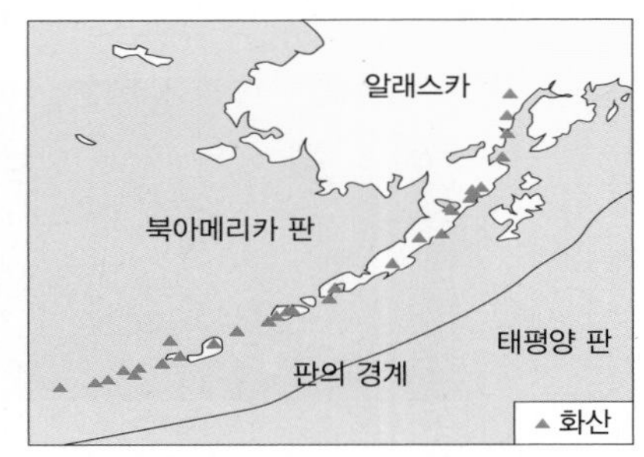

이에 대한 설명으로 옳은 것만을 〈보기〉에서 있는 대로 고른 것은?

〈 보기 〉

ㄱ. 태평양 판이 북아메리카 판 밑으로 섭입하고 있다.
ㄴ. 판의 경계를 따라 좁고 긴 열곡대가 형성된다.
ㄷ. 진앙은 북아메리카 판보다 태평양 판에 더 많이 분포한다.

① ㄱ ② ㄷ ③ ㄱ, ㄴ
④ ㄱ, ㄷ ⑤ ㄱ, ㄴ, ㄷ

24 그림 (가)는 필리핀 판과 태평양 판의 경계 지역을 (나)는 1990년 이후 발생한 지진의 진앙 분포를 나타낸다.

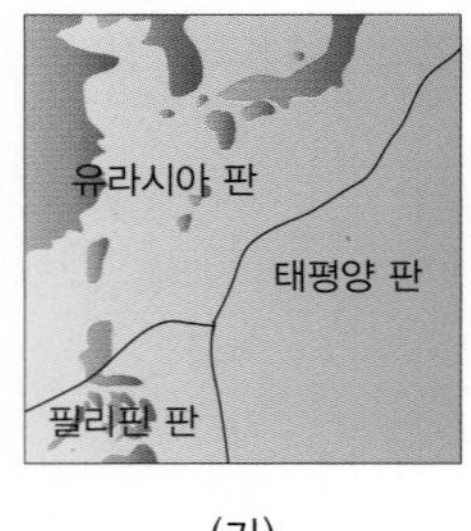

(가)

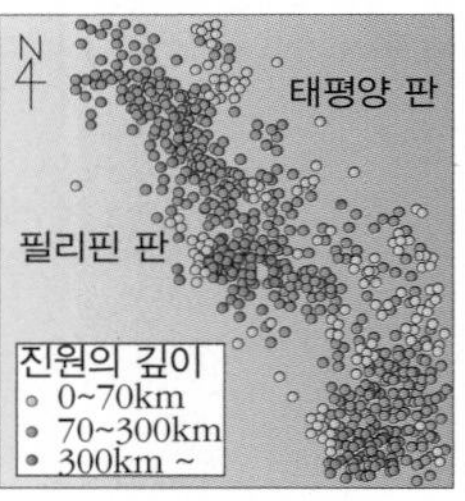

(나)

이에 대한 설명으로 옳은 것만을 〈보기〉에서 있는 대로 고른 것은?

〈 보기 〉

ㄱ. 두 판은 서로 수렴하고 있다.
ㄴ. 이 지역의 화산 활동은 주로 태평양 판에서 일어난다.
ㄷ. 진원의 깊이는 두 판의 경계에서 필리핀 판 쪽으로 갈수록 대체로 깊어진다.

① ㄴ ② ㄷ ③ ㄱ, ㄴ
④ ㄴ, ㄷ ⑤ ㄱ, ㄷ

25 그림은 아프리카 부근에 있는 판의 상대적인 이동 방향을 나타낸 것이다.

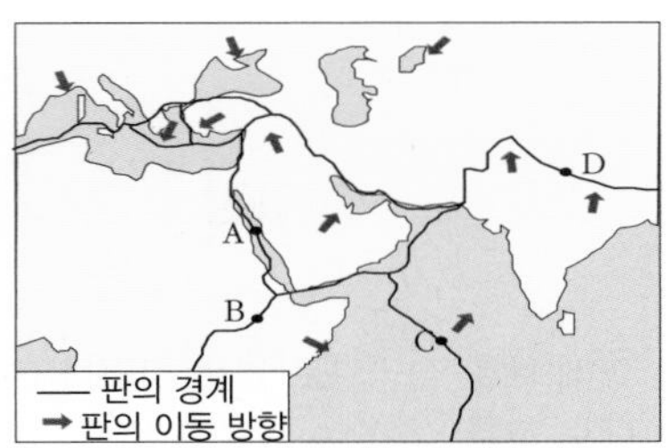

이에 대한 설명으로 옳은 것만을 〈보기〉에서 있는 대로 고른 것은?

〈 보기 〉

ㄱ. A의 바다는 점점 좁아질 것이다.
ㄴ. B와 C에서는 주로 천발 지진이 일어난다.
ㄷ. D에서는 화산 활동에 의한 피해는 거의 일어나지 않는다.

① ㄱ ② ㄴ ③ ㄷ
④ ㄱ, ㄴ ⑤ ㄴ, ㄷ

26 그림은 나즈카 판과 남아메리카 판의 해양 지각 연령 분포와 남아메리카 대륙 주변의 판 경계를 나타낸 것이다.

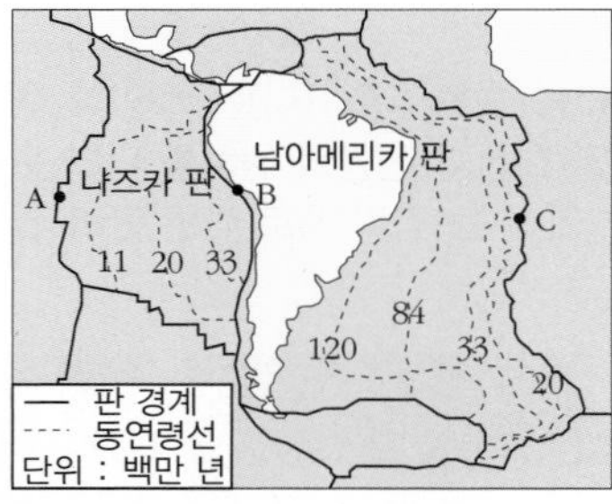

그림에 대한 설명으로 옳은 것만을 〈보기〉에서 있는 대로 고른 것은?

〈 보기 〉

ㄱ. 판의 이동 속도는 나즈카 판이 남아메리카 판보다 빠르다.
ㄴ. A와 C 지역에서는 주로 심발 지진이 발생하였다.
ㄷ. B 지역은 맨틀 대류의 상승부에 해당한다.

① ㄱ ② ㄷ ③ ㄱ, ㄴ
④ ㄴ, ㄷ ⑤ ㄱ, ㄴ, ㄷ

심화

27 그림은 스칸디나비아 반도를 덮고 있는 빙하가 녹으면서 최근 1만년 동안 지각이 융기한 높이를 나타낸 것이다.

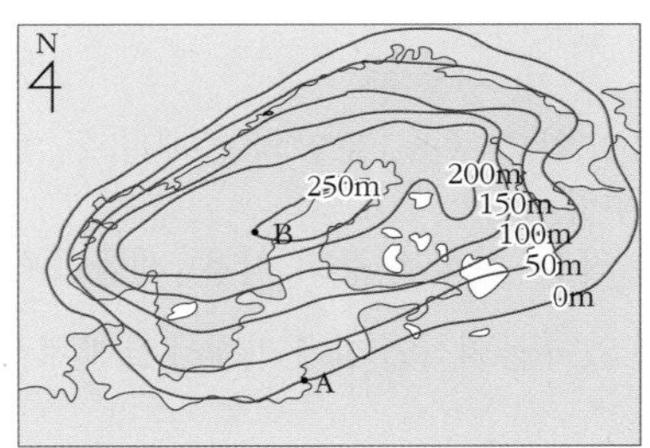

현재 두 지점 A와 B가 동일 고도에 위치해 있다. 이에 대한 설명으로 옳은 것만을 〈보기〉에서 있는 대로 고른 것은?

〈 보기 〉
ㄱ. B는 횡압력을 받아 융기하였다.
ㄴ. 1만 년 전에는 B가 A보다 250m 높았다.
ㄷ. 1만년 전 빙하의 두께는 A에서 B로 갈수록 두껍다.

① ㄱ ② ㄷ ③ ㄱ, ㄷ
④ ㄴ, ㄷ ⑤ ㄱ, ㄴ, ㄷ

28 다음 그림은 태평양의 하와이 열도와 화산섬을 이루는 암석의 절대 연령을 나타낸 것이다.

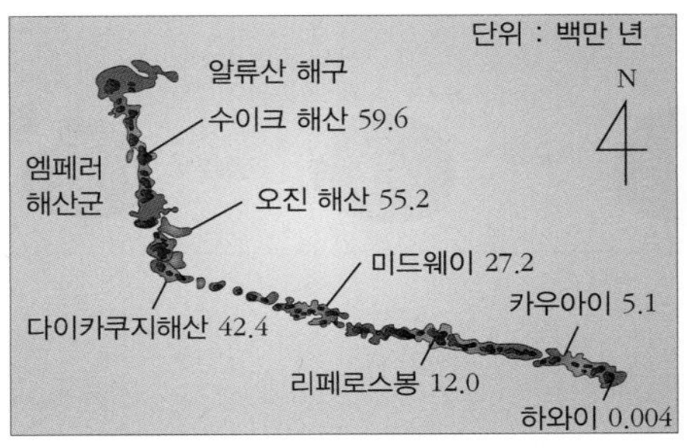

이에 대한 설명으로 옳지 않은 것은?

① 태평양 판의 이동 속도는 일정하지 않다.
② 판의 이동 방향은 4240년 전에 바뀌었다.
③ 새로운 화산섬은 하와이의 남동쪽에 형성된다.
④ 하와이 열도를 형성한 열점은 해령에서 멀어지고 있다.
⑤ 태평양 판의 이동 방향은 북북서에서 서북서로 바뀌었다.

29 그림 (가)~(다)는 북아메리카 서해안에 위치한 산안드레아스 단층의 형성 과정을 순서대로 나타낸 것이다.

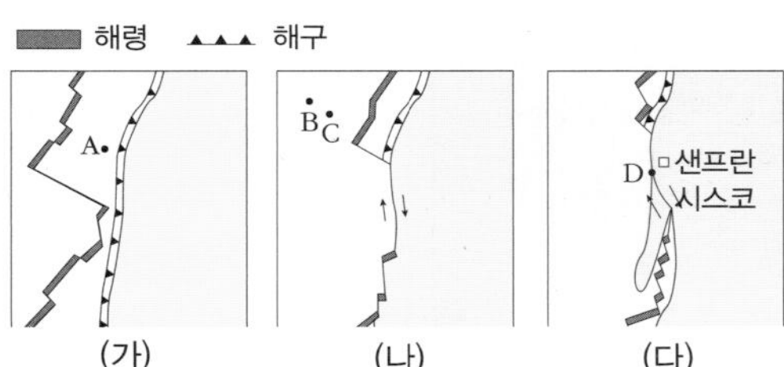

지점 A~D에 대한 설명으로 옳은 것만을 〈보기〉에서 있는 대로 고른 것은?

〈 보기 〉
ㄱ. A 근처의 해령과 해구 사이의 거리는 시간이 갈수록 좁아진다.
ㄴ. 퇴적물의 두께는 B가 C보다 두껍다.
ㄷ. D에서는 화산 활동이 활발하게 일어난다.
ㄹ. D에서는 천발지진이 발생한다.

① ㄱ, ㄴ ② ㄷ, ㄹ ③ ㄱ, ㄴ, ㄹ
④ ㄴ, ㄷ, ㄹ ⑤ ㄱ, ㄴ, ㄷ, ㄹ

30 그림은 해양 지각에 분포하는 단층선들 중 일부를 나타낸 것이다. 지진이 자주 발생하는 단층선은 빨간 실선으로, 지진이 거의 발생하지 않는 단층선은 검정 실선으로 표시하였다.

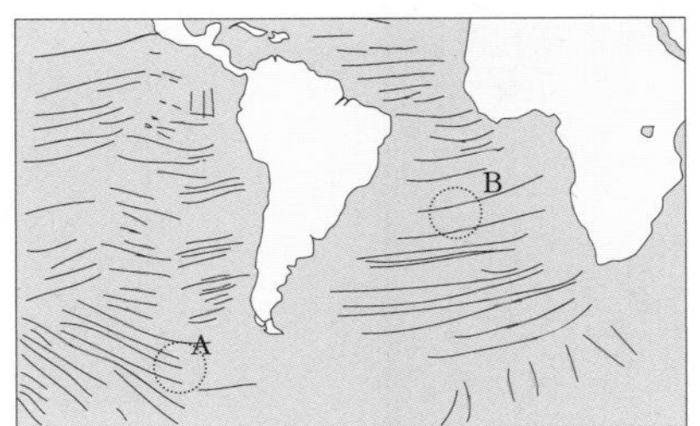

그림에 대한 설명으로 옳은 것만을 〈보기〉에서 있는 대로 고른 것은?

〈 보기 〉
ㄱ. 빨간 실선으로 표시된 단층선은 변환 단층을 나타낸다.
ㄴ. 검정 실선으로 표시된 단층선은 형성 당시의 판의 이동 방향과 나란하다.
ㄷ. A와 B 지역에서는 모두 새로운 해양 지각이 생성되고 있다.

① ㄱ ② ㄴ ③ ㄷ
④ ㄱ, ㄴ ⑤ ㄱ, ㄴ, ㄷ

8강. 풍화 작용과 사태

1. 풍화 작용 I

(1) 풍화와 풍화 작용

① **풍화** : 지표와 지표 부근에 분포하는 암석이 물, 공기, 생물 등의 작용으로 잘게 부서지거나 성분이 변하는 현상이다.

② **풍화 작용** : 풍화를 일으키는 모든 작용이다.

- 풍화 작용을 일으키는 요인 : 물, 공기, 생물 등
- 풍화 속도에 영향을 주는 요인 : 모암의 종류, 토양의 존재 유무, 암석의 대기 중 노출 시간, 지형, 기후(기온, 강수량) 등
- 풍화 작용의 종류 : 기계적 풍화 작용, 화학적 풍화 작용, 생물학적 풍화 작용

(2) 기계적 풍화 작용 : 암석의 성분 변화 없이 물리적인 힘에 의해서 잘게 부서지는 현상이다. 한랭 건조한 지역에서 잘 일어난다.

① 기계적 풍화 작용에 의해 암석이 잘게 부서질수록 물이나 공기와 접하는 표면적이 넓어져 화학적 풍화 작용이 더 촉진된다.

② 기계적 풍화 작용의 종류

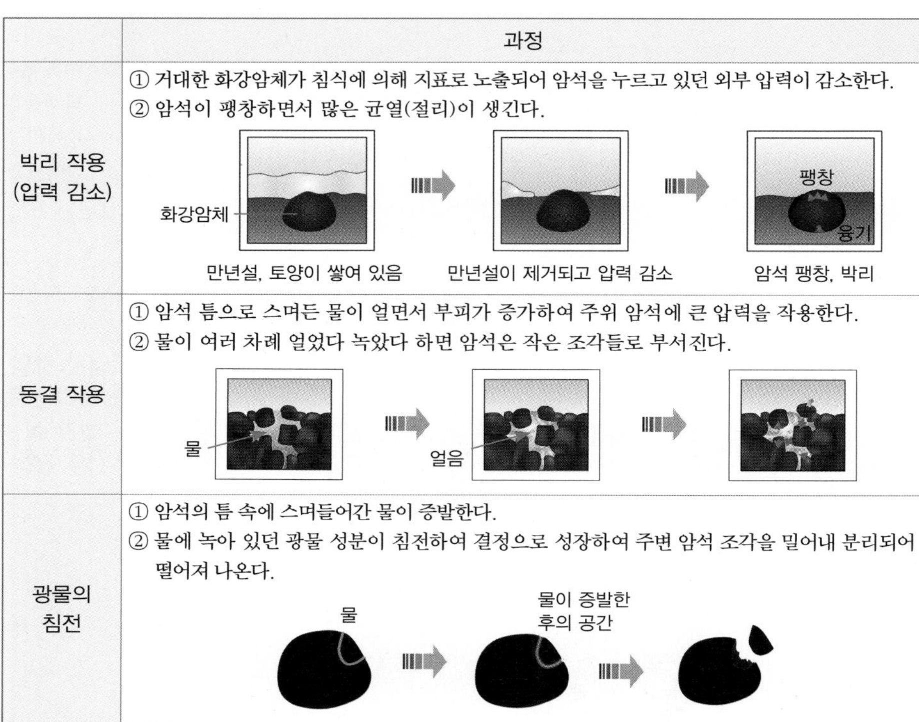

	과정
박리 작용 (압력 감소)	① 거대한 화강암체가 침식에 의해 지표로 노출되어 암석을 누르고 있던 외부 압력이 감소한다. ② 암석이 팽창하면서 많은 균열(절리)이 생긴다. 화강암체 / 팽창 / 융기 만년설, 토양이 쌓여 있음 → 만년설이 제거되고 압력 감소 → 암석 팽창, 박리
동결 작용	① 암석 틈으로 스며든 물이 얼면서 부피가 증가하여 주위 암석에 큰 압력을 작용한다. ② 물이 여러 차례 얼었다 녹았다 하면 암석은 작은 조각들로 부서진다. 물 / 얼음
광물의 침전	① 암석의 틈 속에 스며들어간 물이 증발한다. ② 물에 녹아 있던 광물 성분이 침전하여 결정으로 성장하여 주변 암석 조각을 밀어내 분리되어 떨어져 나온다. 물 / 물이 증발한 후의 공간

개념확인 1

기계적 풍화 작용의 결과로 만들어진 것을 모두 고르시오.

① 적철석 ② 테일러스 ③ 석회 동굴
④ 녹은 대리석 조각상 ⑤ 판상 절리

확인+1

풍화 작용에 대한 설명으로 옳은 것은 ○표, 옳지 않은 것은 ×표 하시오.

(1) 풍화 작용을 일으키는 가장 중요한 요인은 바람이다. ( )

(2) 광물의 침전 과정 결과 타포니가 생성된다. ( )

박리 작용의 예 – 판상 절리
암석에 평행하게 생긴 균열

동결 작용의 예 – 테일러스
잘게 부서진 암석 조각들이 산기슭에 쌓여 있는 지형

광물의 침전 예 – 타포니
암석 표면에서 약한 부분이 풍화되면서 움푹하게 파인 구멍

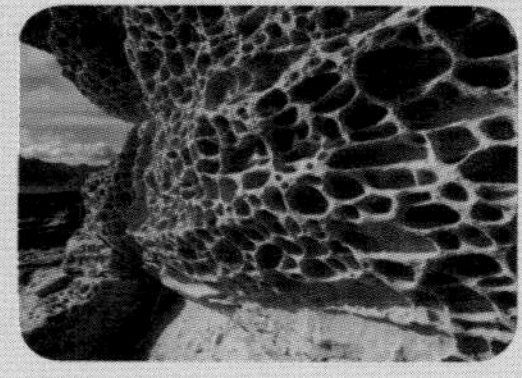

미니사전

박리 [剝 벗기다 離 떨어지다] 암석에서 바위가 양파껍질처럼 떨어져 나오는 현상

모암 [母 어머니 岩 암석] 관입한 마그마 주위 암석

2. 풍화 작용 II

(3) **화학적 풍화 작용** : 물이나 공기의 작용에 의해 암석을 이루는 광물 성분이 변하거나 용해되어 암석이 풍화되는 현상이다. 온난 다습한 지역에서 잘 일어난다.

① 단단한 암석이 화학적 풍화 작용을 받아 약해지면 기계적 풍화 작용에 더 민감하게 되어 쉽게 부서진다.

② 화학적 풍화 작용의 종류

	과정
용해 작용	이산화 탄소가 물에 용해되면 탄산(H_2CO_3)이 생성되고, 이러한 산성을 띠는 물이 여러 광물을 용해시키는 작용이다. 예 석회암이 이산화 탄소가 녹아 있는 지하수와 반응하여 녹으면서 석회 동굴을 형성한다. $CaCO_3 + H_2O + CO_2 \rightleftarrows Ca(HCO_3)_2$ (침전 작용 ←, 용해 작용 →) 방해석 물 이산화 탄소 → 탄산수소 칼슘
가수 분해	물속의 수소 이온(H^+)이나 수산화 이온(OH^-)이 광물을 구성하는 이온을 치환하는 작용이다. 예 정장석이 이산화 탄소가 녹아 있는 물과 반응하여 고령토로 변한다. $2KAlSi_3O_8 + 2H_2O + CO_2 \longrightarrow Al_2SiO_5(OH)_4 + K_2CO_3 + 4SiO_2$ 정장석 물 이산화 탄소 → 고령토 탄산 칼륨 이산화 규소
산화 작용	암석 속의 금속 성분이 물이나 대기 중의 산소와 반응하는 작용이다. 예 암석 속의 철이 산소와 반응하여 적철석이 된다. $4Fe + 3O_2 \longrightarrow 2Fe_2O_3$ 철 산소 → 적철석

(4) **기계적 풍화 작용과 화학적 풍화 작용 비교**

	기계적 풍화 작용	화학적 풍화 작용
정의	암석의 성분 변화 없이 물리적인 힘에 의해 풍화되는 현상	암석을 구성하는 광물의 성분이 변하거나 용해되어 풍화되는 현상
기후	한랭 건조한 지역에서 우세	온난 다습한 지역에서 우세
종류	박리 작용, 동결 작용, 광물의 침전 등	용해 작용, 가수 분해, 산화 작용 등
예	판상 절리, 테일러스, 타포니 등	석회 동굴 형성, 녹은 대리석 조각상, 고령토, 녹슨 철 등

(5) **생물학적 풍화 작용** : 동식물이나 사람의 활동에 의해 암석이 부서지거나 분해되는 현상이다.

개념확인 2

정답 및 해설 39쪽

동식물이나 사람의 활동에 의해 암석이 부서지거나 분해되는 현상을 무엇이라고 하는지 쓰시오.

( )

확인+2

정장석이 화학적 풍화 작용을 받아 형성되는 광물은?

① 고령토 ② 석영 ③ 감람석
④ 적철석 ⑤ 대리석

석회 동굴

이산화 탄소를 포함하고 있는 지하수가 석회암과 반응하여 탄산수소 칼슘을 만든다. 탄산수소 칼슘은 물에 잘 녹기 때문에 석회암 지대의 틈을 넓혀 석회 동굴을 만든다.

$CaCO_3 + H_2O + CO_2 \rightleftarrows Ca(HCO_3)_2$

녹은 대리석 조각상

$CaCO_3 + H_2SO_4 \longrightarrow CaSO_4 + H_2O + CO_2$

녹슨 철

$4Fe + 3O_2 \longrightarrow 2Fe_2O_3$

- 구동력

중력에 의해 물체를 아래로 이동시키려는 힘이다.

- 마찰력

구동력과 반대 방향으로 작용하여 물체의 이동을 억제하는 힘이다.

- 안정율

사면의 안정한 정도를 판단할 수 있는 값이다.

$$안정율 = \frac{마찰력}{구동력}$$

안정율 > 1 : 안정
안정율 < 1 : 불안정

3. 사태 I

(1) 사태의 발생

① **사태** : 단단하게 굳어 있지 않은 토양이나 퇴적물, 암석 등이 중력에 의해 경사면을 따라 흘러내리는 현상이다.

② **사태의 발생 원인** : 집중 호우, 지진, 화산 활동 및 인간의 활동 등

③ **경사면에 작용하는 힘**

- g : 경사면에 놓인 물체에 작용하는 힘(중력)
- g_p : 경사면에 수직으로 작용하는 힘
- g_t : 경사면에 나란하게 작용하는 힘(구동력)
- f_s : 물체가 미끄러지지 않도록 하는 힘(마찰력)

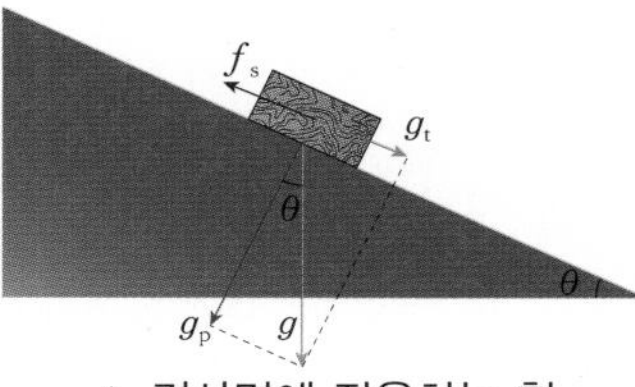

▲ 경사면에 작용하는 힘

(2) 사태의 원인

① **경사면에서의 물체의 운동**

- $g_t < f_s$: 마찰력이 더 크므로 물체는 안정 상태로 미끄러지지 않는다.
- $g_t > f_s$: 구동력이 더 크므로 물체가 경사면을 따라 미끄러져 내린다. 사태가 일어난다.

② **안식각**

- 경사면에서 물체가 미끄러지지 않는 최대각이다.
- 사면의 각도가 안식각보다 크면 불안정하여 붕괴되기 쉽다.
- 사면에 있는 퇴적물에 포함된 물의 양에 따라 안식각이 변한다. (젖은 모래의 안식각 > 건조한 모래의 안식각)

③ **강수량**

- 산사태는 강수량이 많을수록 많이 발생한다. 강수량이 많아지면 토양 입자 사이에 물이 포화되고 마찰 계수가 크게 작아지면서 안식각도 작아지기 때문에 경사가 급한 지형에서는 산사태가 발생한다.
- 단층면이나 층리, 절리 면에는 고운 점토가 채워져 있는데 물이 포화되면 마찰 계수가 작아져 미끄럽게 되어 산사태가 발생한다.

④ **벌목, 광산 개발 등**

- 토양의 식생이나 상태를 바꿔 놓으면 안식각이 변하기 때문에 산사태가 발생하기 쉽다.

⑤ **지진, 화산 활동 등**

- 지하수의 흐름이 바뀌거나 단층이나 절리가 생기면 지반의 상태가 변하여 산사태가 발생하기 쉽다.

개념확인 3

사태를 일으키는 근본적인 힘은?

① 중력　② 장력　③ 마찰력
④ 저항력　⑤ 횡압력

확인+3

사태에 대한 설명으로 옳은 것은 ○표, 옳지 않은 것은 ×표 하시오.

(1) 경사각이 클수록 사태가 발생하기 어렵다. (　　)
(2) 집중 호우로 인해 토양에 물이 많이 포함되면 사태가 발생하기 쉽다. (　　)
(3) 자갈은 모래보다 큰 경사까지 견딜 수 있으므로 자갈의 안식각이 모래보다 작다. (　　)

4. 사태 II

(3) 사태의 종류

	특징	형태
암석 낙하	· 절벽의 사면으로부터 커다란 암석 덩어리나 암석의 파편, 흙 등이 중력에 의해 매우 빠르게 굴러 떨어지는 현상이다. · 도로면의 절벽과 경사가 급한 사면에서 주로 발생한다.	
함몰 사태	· 커다란 암석 덩어리나 토사의 미끌림면에서 움푹 꺼져 내려앉는 현상이다. · 물로 포화되거나 사면의 경사가 매우 급할 때 발생한다.	
미끄럼 사태	· 굴곡된 사면이나 평탄한 미끄러운 사면을 따라 토양과 암석이 마치 액체와 같이 흘러내리는 현상이다. · 눈에 보이지 않는 암석 내의 균열, 층리면을 따라 발생한다.	
포행	· 토양이나 암석이 팽창과 수축을 반복하며 아주 느린 속도로 서서히 이동하는 현상으로 한랭한 환경에서 잘 일어난다. · 산사면에 자라는 나무는 포행으로 아래 부분이 휘어져 자란다.	

(4) 사태의 피해와 방지책

① **사태의 피해** : 단단하게 굳지 않은 토양이나 퇴적물, 암석 등이 경사면을 타고 낮은 곳으로 흘러내려 도로를 막거나 주택을 파손하는 등 피해를 입힌다.

② **사태의 피해와 대책**

· 배수로 건설 : 배수로를 건설하여 집중 호우시 물이 빨리 빠지도록 한다.

· 토양 결속력 유지 : 나무를 심어 알맞은 수분 유지와 뿌리의 압력으로 토양의 결속력을 유지시킨다.

· 사태 방지 시설 및 보강 장치 : 옹벽이나 숏크리트를 설치하여 토사가 흐르지 못하게 하고, 사면 보강을 위한 장치를 한다.

숏크리트

분무기로 뿜어서 사용하는 콘크리트 공법. 콘크리트로 사면을 덮어서 물이 사면에 스며드는 것을 방지한다.

옹벽

사면의 아랫 부분에 벽을 세워서 토사를 지지한다. 투수성이 좋은 자갈을 채우고, 배수구를 설치해야한다.

개념확인 4 정답 및 해설 39쪽

사태의 종류에 대한 설명으로 옳은 것은 ○표, 옳지 않은 것은 ×표 하시오.

(1) 토양이나 암석이 사면 아래로 느린 속도로 이동하는 현상을 포행이라고 한다. ( )

(2) 함몰 사태는 절벽의 사면으로 커다란 암석 덩어리가 중력에 의해 떨어지는 현상이다. ( )

확인+4

콘크리트로 사면을 덮어서 물이 사면에 스며드는 것을 방지하는 방법은 무엇인지 쓰시오.

( )

미니사전

함몰 [陷 빠지다 沒 빠지다] 경사면에서 통상의 지반면에 대하여 낮은 위치까지 구멍 모양으로 움푹 들어간 곳

개념 다지기

01 기계적 풍화 작용에 대한 설명으로 옳은 것만을 〈보기〉에서 있는 대로 고른 것은?

〈 보기 〉

ㄱ. 암석 성분의 변화 없이 잘게 부서진다.
ㄴ. 압력의 감소, 물의 동결 작용으로 일어난다.
ㄷ. 대표적인 예로 석회 동굴, 고령토 등이 있다.

① ㄱ ② ㄱ, ㄴ ③ ㄴ, ㄷ ④ ㄱ, ㄷ ⑤ ㄱ, ㄴ, ㄷ

02 풍화 작용에 대한 설명으로 옳은 것은?

① 기계적 풍화를 받으면 암석의 전체 표면적이 감소한다.
② 물의 동결 작용은 화학적 풍화 작용을 일으키는 주된 요인이다.
③ 화학적 풍화 작용은 암석을 구성하는 광물의 성분을 변화시키지 않는다.
④ 고온 다습한 열대 지방에서는 화학적 풍화 작용이 기계적 풍화 작용보다 우세하다.
⑤ 식물의 뿌리는 기계적 풍화 작용을 일으키지만 화학적 풍화 작용을 일으키지는 않는다.

03 풍화 작용에 의해 나타난 결과와 풍화의 주요 원인을 바르게 연결한 것은?

① 타포니 - 압력 감소
② 고령토 - 용해 작용
③ 석회 동굴 - 산화 작용
④ 판상 절리 - 해수의 결정
⑤ 테일러스 - 물의 동결 작용

04 그림은 박리 작용에 의해 암석의 표면이 갈라지는 과정을 나타낸 것이다.

만년설이 쌓여있음 만년설이 녹음

이에 대한 설명으로 옳은 것만을 〈보기〉에서 있는 대로 고른 것은?

〈 보기 〉

ㄱ. 기계적 풍화 작용에 해당한다.
ㄴ. 지표 부근에서 형성된 화산암에서 잘 나타난다.
ㄷ. 물이 여러 차례 얼었다 녹았다 하면 암석이 작은 조각들로 부서지며 생성된 것이다.

① ㄱ ② ㄱ, ㄴ ③ ㄴ, ㄷ ④ ㄱ, ㄷ ⑤ ㄱ, ㄴ, ㄷ

05 사태에 대한 설명으로 옳은 것만을 〈보기〉에서 있는 대로 고른 것은?

〈 보기 〉

ㄱ. 사태를 일으키는 근본적인 힘은 중력이다.
ㄴ. 사면의 토양이 물로 포화되면 불안정해진다.
ㄷ. 사태는 경사각이 안식각보다 클 때 잘 일어난다.

① ㄱ ② ㄱ, ㄴ ③ ㄴ, ㄷ ④ ㄱ, ㄷ ⑤ ㄱ, ㄴ, ㄷ

06 다음 설명에 해당하는 사태의 종류를 쓰시오.

· 경사가 아주 완만한 곳에서 매우 느리게 일어나는 사태이다.
· 이 사태로 인해 산사면에 자라는 커다란 나무가 사면에 기울어져 서 있다.

( )

07 그림은 경사면에 위치한 어떤 물체에 작용하는 힘을 나타낸 것이다.

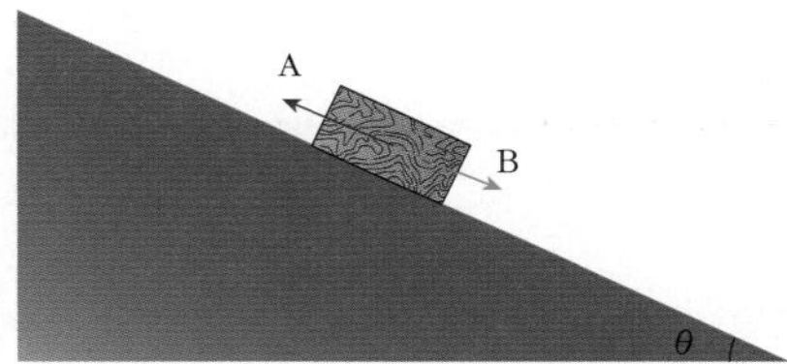

이에 대한 설명으로 옳은 것만을 〈보기〉에서 있는 대로 고른 것은?

〈 보기 〉

ㄱ. 힘 A가 클수록 물체는 잘 미끄러지지 않는다.
ㄴ. θ의 값이 커질수록 힘 B의 값도 커진다.
ㄷ. 힘 B가 A보다 크면 물체는 사태가 일어난다.

① ㄱ ② ㄱ, ㄴ ③ ㄴ, ㄷ ④ ㄱ, ㄷ ⑤ ㄱ, ㄴ, ㄷ

08 사면의 안정도를 감소시켜 사태 발생을 촉진시키는 요인으로 옳은 것만을 〈보기〉에서 있는 대로 고른 것은?

〈 보기 〉

ㄱ. 지진 발생 ㄴ. 집중 호우
ㄷ. 사면의 경사각 감소 ㄹ. 광산 개발

① ㄱ ② ㄱ, ㄴ ③ ㄴ, ㄷ ④ ㄱ, ㄴ, ㄹ ⑤ ㄱ, ㄴ, ㄷ, ㄹ

유형 익히기&하브루타

[유형8-1] 풍화 작용 I

그림은 풍화 작용에 의해 암석이 잘게 부서지는 과정을 나타낸 것이다. 그림에 대한 설명으로 옳은 것을 <보기>에서 있는 대로 고른 것은?

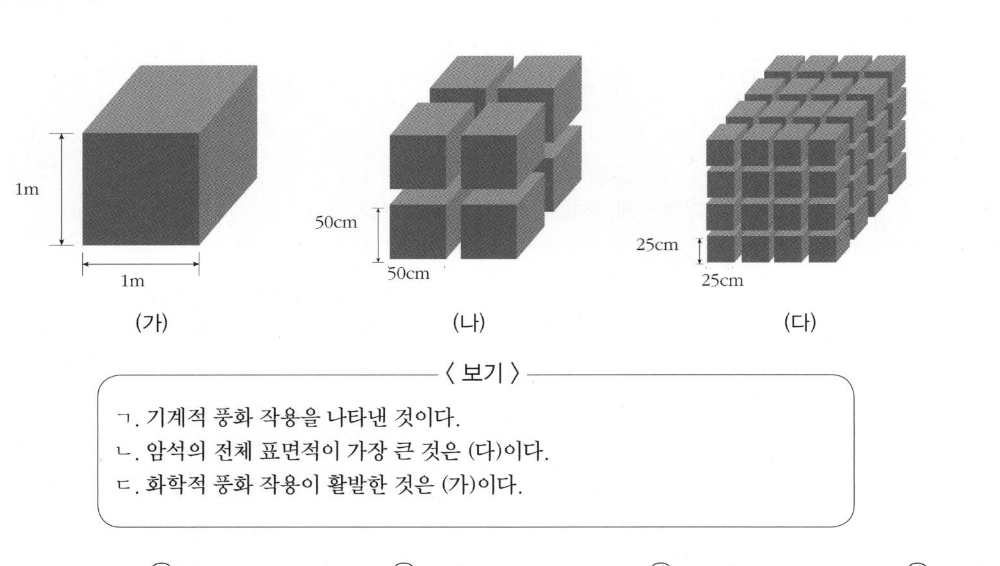

(가) (나) (다)

<보기>

ㄱ. 기계적 풍화 작용을 나타낸 것이다.
ㄴ. 암석의 전체 표면적이 가장 큰 것은 (다)이다.
ㄷ. 화학적 풍화 작용이 활발한 것은 (가)이다.

① ㄱ ② ㄷ ③ ㄱ, ㄴ ④ ㄱ, ㄷ ⑤ ㄱ, ㄴ, ㄷ

01 다음 중 풍화 작용의 특징에 대한 설명으로 옳은 것은?

① 풍화 작용을 일으키는 가장 주된 요인은 바람이다.
② 박리 작용은 압력이 증가하는 환경에서 일어난다.
③ 기계적 풍화 작용이 많이 진행될수록 화학적 풍화 작용도 잘 일어난다.
④ 석회암 지대에 생긴 석회 동굴은 기계적 풍화 작용에 의해 형성된 것이다.
⑤ 암석이 풍화될 때 기계적 풍화 작용과 화학적 풍화 작용 중 하나의 풍화 작용만 받는다.

02 그림 (가)는 물의 동결 작용에 의한 풍화 작용을, (나)는 압력의 변화에 의한 풍화 작용을 나타낸 것이다.

(가) (나)

이에 대한 설명으로 옳은 것만을 <보기>에서 있는 대로 고른 것은?

<보기>

ㄱ. (가)는 한랭 건조한 지역보다 온난 다습한 지역에서 잘 일어난다.
ㄴ. (나)의 예로는 테일러스가 있다.
ㄷ. (가)와 (나)는 기계적 풍화 작용에 해당한다.

① ㄱ ② ㄷ ③ ㄱ, ㄷ
④ ㄴ, ㄷ ⑤ ㄱ, ㄴ, ㄷ

[유형8-2] 풍화 작용 II

다음은 광물의 풍화 과정에서 일어나는 몇 가지 반응을 나타낸 것이다. 이에 대한 설명으로 옳은 것만을 〈보기〉에서 있는 대로 고른 것은?

(가) $CaCO_3 + H_2O + CO_2 \longrightarrow Ca(HCO_3)_2$
(나) $4FeSiO_3 + O_2 \longrightarrow 2Fe_2O_3 + 4SiO_2$
(다) $2KAlSi_3O_8 + 2H_2O + CO_2 \longrightarrow Al_2SiO_5(OH)_4 + K_2CO_3 + 4SiO_2$

〈 보기 〉

ㄱ. (가)는 석회 동굴의 형성 과정에서 일어난다.
ㄴ. (나)는 기계적 풍화 과정이다.
ㄷ. (다)는 기온의 일교차가 큰 사막 지역에서 잘 일어난다.

① ㄱ ② ㄷ ③ ㄱ, ㄴ ④ ㄱ, ㄷ ⑤ ㄱ, ㄴ, ㄷ

03 그림 (가)와 (나)는 동결 작용과 용해 작용에 의해 형성된 지형을 순서 없이 나타낸 것이다.

(가)

(나)

이에 대한 설명으로 옳은 것만을 〈보기〉에서 있는 대로 고른 것은?

〈 보기 〉

ㄱ. (가)는 석회암 지대에서 잘 발달한다.
ㄴ. (나)는 열대 지역에서 잘 나타난다.
ㄷ. (가)는 화학적 풍화 작용을, (나)는 기계적 풍화 작용을 주로 받았다.

① ㄱ ② ㄷ ③ ㄱ, ㄷ
④ ㄴ, ㄷ ⑤ ㄱ, ㄴ, ㄷ

04 그림 (가)~(다)는 풍화 작용에 의해 변화된 모습을 나타낸 것이다.

(가)

(나)

(다)

(가)~(다) 중 고온 다습한 환경에서 우세하게 일어나는 풍화 작용에 의한 산물들을 있는 대로 고른 것은?

① (가) ② (나) ③ (가), (나)
④ (가), (다) ⑤ (가), (나), (다)

유형 익히기 & 하브루타

[유형8-3] 사태 Ⅰ

그림은 사면에 놓인 물체에 작용하는 힘을 나타낸 것이다. 사태가 발생할 확률이 커지는 경우로 옳은 것만을 〈보기〉에서 있는 대로 고른 것은?

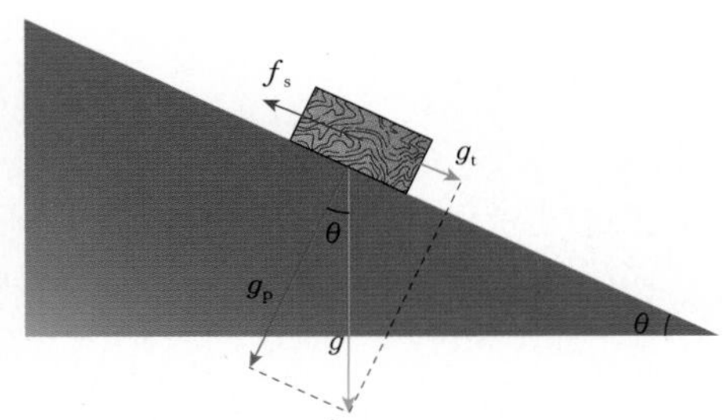

〈 보기 〉

ㄱ. θ의 값이 커지는 경우
ㄴ. 힘 f_s가 감소하는 경우
ㄷ. 힘 g_t가 증가하는 경우

① ㄱ ② ㄴ ③ ㄱ, ㄷ ④ ㄴ, ㄷ ⑤ ㄱ, ㄴ, ㄷ

05 그림 (가), (나), (다)는 두 나무판 사이에 있는 모래의 물 함량에 따라 달라지는 안식각을 나타낸 것이다.

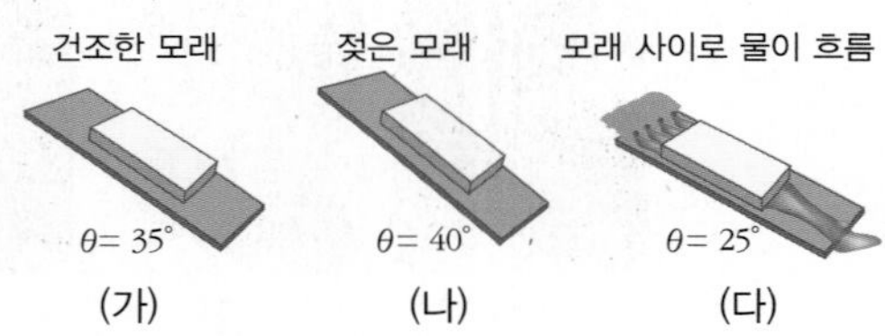

이에 대한 설명으로 옳은 것만을 〈보기〉에서 있는 대로 고른 것은?

〈 보기 〉

ㄱ. 경사면의 안정도는 (가)가 (나)보다 높다.
ㄴ. (나)에서 젖은 모래는 두 나무판 사이의 마찰력을 감소시킨다.
ㄷ. 집중 호우 시에 발생하는 사태는 (다)에 해당한다.

① ㄴ ② ㄷ ③ ㄱ, ㄴ
④ ㄴ, ㄷ ⑤ ㄱ, ㄴ, ㄷ

06 사태가 일어날 확률이 가장 <u>낮은</u> 곳은?

① 벌목에 의해 식생이 바뀐 지형
② 폭우로 인해 물의 함량이 포화된 사면
③ 급경사의 언덕이 무너져 내려 완만해진 사면
④ 판의 경계로 지진이 자주 일어나는 경사가 급한 사면
⑤ 사면을 절단하여 안식각보다 경사가 급한 사면을 만든 지형

[유형8-4] 사태 II

그림(가)~(다)는 서로 다른 유형의 사태를 나타낸 것이다.

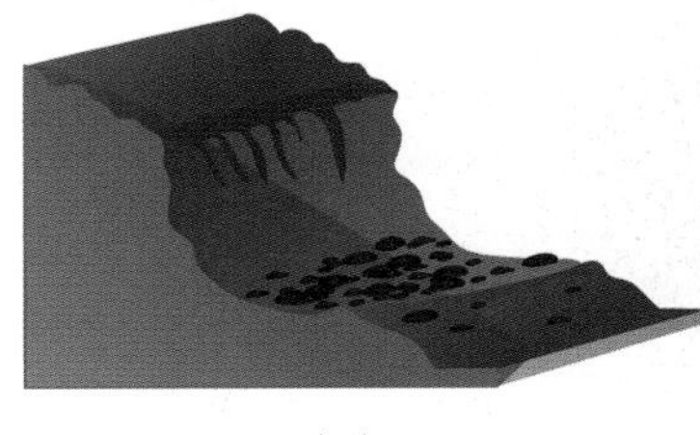
(가)

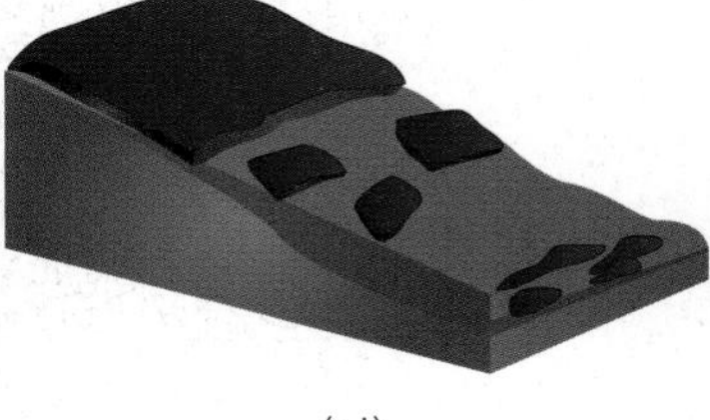
(나)

(다)

물질의 이동 속도가 빠른 것부터 순서대로 나열한 것은?

① (가) - (나) - (다)
② (가) - (다) - (나)
③ (나) - (가) - (다)
④ (나) - (다) - (가)
⑤ (다) - (가) - (나)

07 그림 (가)와 (나)는 서로 다른 유형의 사태를 나타낸 것이다.

(가)

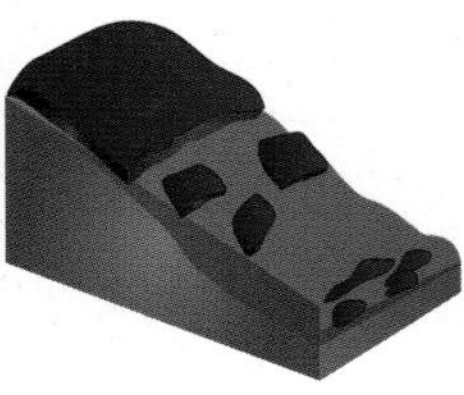
(나)

이에 대한 설명으로 옳은 것만을 〈보기〉에서 있는 대로 고른 것은?

〈 보기 〉
ㄱ. (가)는 고온 다습한 환경에서 자주 일어난다.
ㄴ. (나)는 층리면을 따라 발생한다.
ㄷ. 이동 속도는 (나)가 (가)보다 빠르다.

① ㄱ
② ㄴ
③ ㄷ
④ ㄱ, ㄷ
⑤ ㄴ, ㄷ

08 그림은 물의 포함 정도에 따른 안식각의 크기를 비교한 것으로, (가)는 건조한 모래, (나)는 물이 적당히 포함된 모래, (다)는 물이 충분히 포함된 모래이다.

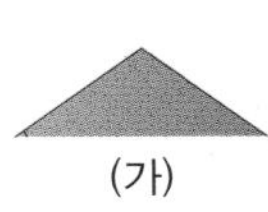
(가)

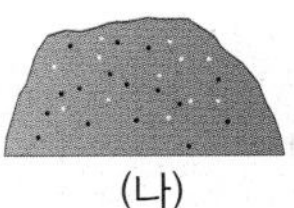
(나)

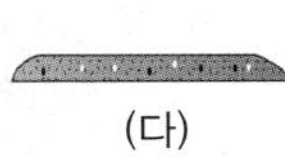
(다)

이에 대한 설명으로 옳은 것만을 〈보기〉에서 있는 대로 고른 것은?

〈 보기 〉
ㄱ. 입자 사이에 포함되어 있는 물의 양이 많을수록 안식각은 커진다.
ㄴ. 물이 적당히 포함된 모래에서 사태가 가장 잘 일어난다.
ㄷ. 비가 많이 내릴 경우 사태의 발생 가능성이 높아진다.

① ㄱ
② ㄷ
③ ㄱ, ㄴ
④ ㄴ, ㄷ
⑤ ㄱ, ㄴ, ㄷ

창의력&토론마당

01 다음 그림은 화강암이 기계적 풍화 작용을 받아 작은 알갱이로 된 후, 화학적 풍화 작용이 일어나는 과정을 차례대로 나타낸 것이고, 표는 주요 광물의 화학적 풍화 과정에서 용해되는 성분과 용해되지 않은 물질을 각각 나타낸 것이다.

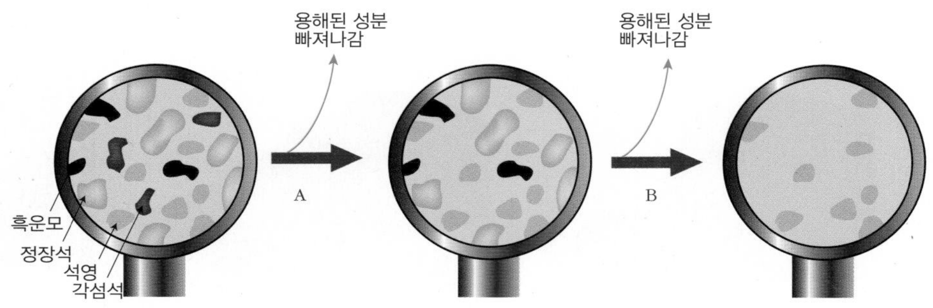

광물	용해되는 성분	용해되지 않는 물질	
		운반되어 나가는 물질	남아 있는 물질
석영		-	석영입자
정장석	K^{+}	점토	-
흑운모	K^{+}	점토	-
각섬석	Ca^{+}, Mg^{2+}	점토	-

(1) A와 B에서 용해된 점토는 어떤 광물이 분해되었는지 각각 쓰고, 그 이유를 서술하시오.

(2) A와 B에서 주로 용해되는 성분을 각각 쓰고, 그 이유를 쓰시오.

(3) 화학적 풍화에 가장 약한 광물을 쓰고, 그 이유를 쓰시오.

02 다음 그림 (가)는 기계적 풍화 작용을 받아 나타난 테일러스이고, 그림 (나)는 화학적 풍화 작용을 받아 나타난 석회 동굴이다. 그림을 보고 물음에 답하시오.

(가)

(나)

(1) 그림 (가)는 기계적 풍화 작용의 종류 중 어디에 해당하는지 쓰고, 그렇게 생각한 이유를 쓰시오.

(2) 다음은 연 강수량과 연평균 기온에 따른 풍화 작용의 종류와 정도를 나타낸 것이다. A와 B 중 기계적 풍화 작용이 우세하게 일어나는 곳의 기호를 쓰고, 그 이유를 서술하시오.

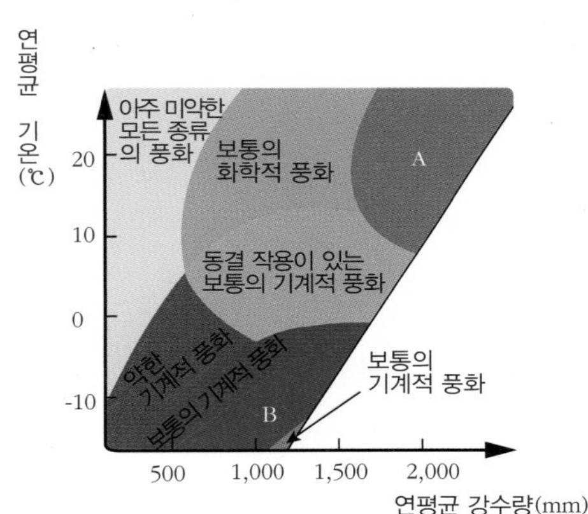

(3) 그림 (나)가 형성되는 반응을 식으로 나타내시오.

창의력&토론마당

03 그림은 암석의 모양과 크기에 따른 안식각을 나타낸 것이다.

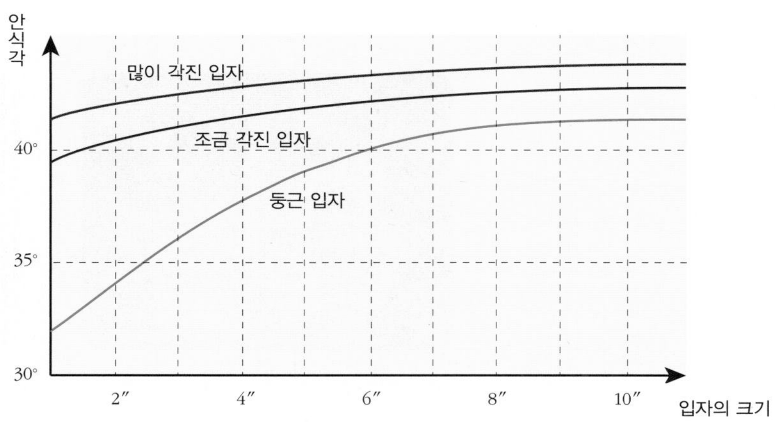

(1) 입자의 크기에 따라 안식각이 다르게 나타났다. 입자의 크기와 사태의 관계를 서술하시오.

(2) 입자의 모양에 따라 안식각이 다르게 나타났다. 입자의 모양과 사태의 관계를 서술하시오.

(3) 조금 각진 암석 입자의 크기가 4″ 이고 경사각이 40° 일때, 사태가 일어날지 예상해보고 그 이유를 쓰시오.

04 그림은 어느 지역의 지질 단면도를 나타낸 것이다.

(1) 이 지역에 많은 비가 올 때, 일어날 수 있는 산사태의 위험성에 대한 설명으로 옳은 것만을 〈보기〉에서 있는 대로 고르시오.

〈 보기 〉

ㄱ. 풍화 과정에 있는 (가)층은 투수성이 높아 붕괴 위험이 있다.
ㄴ. (나)층은 결에 따라 암석이 미끄러져 내리기 쉽다.
ㄷ. (다)층은 물의 흡수와 물빠짐이 좋아 사태로부터 비교적 안전하다.
ㄹ. (라)층은 입자들끼리 결합력이 커서 사태에 대한 저항력이 크다.

(2) 산을 깎아 만든 도로의 지질 단면을 그린 예이다. 자동차 위쪽에서 산사태가 일어날 위험성이 가장 큰 지질 구조를 가진 도로를 고르고, 그 이유를 쓰시오.

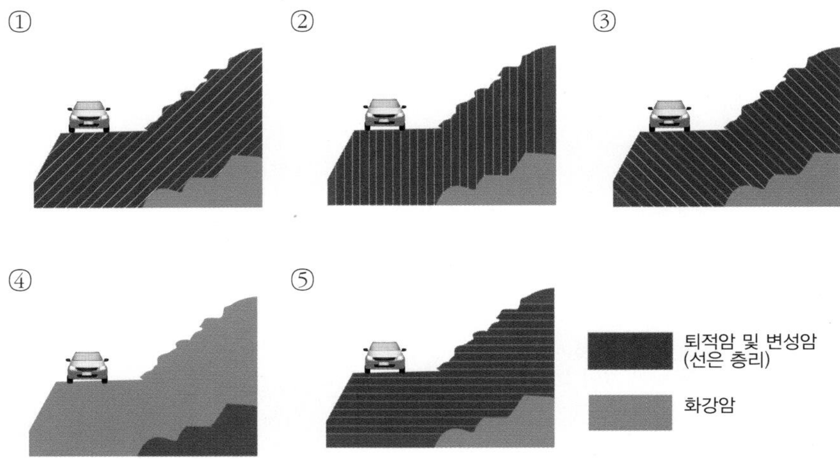

스스로 실력 높이기

01 다음 풍화에 대한 설명으로 옳은 것은 ○표, 옳지 않은 것은 ×표 하시오.

(1) 주로 지하 깊은 곳에서 일어난다. ( )

(2) 생물 활동에 의해서도 풍화 작용이 일어난다. ( )

(3) 암석이 부서지거나 성분이 변하는 현상이다. ( )

02 다음 빈칸에 알맞은 말을 각각 고르시오.

> 기계적 풍화 작용은 암석이 (㉠ 성분 변화 없이, ㉡ 성분이 변하여) 풍화되는 현상이다. (㉠ 한랭 건조한 지역, ㉡ 온난 다습한 지역)에서 우세하다.

03 기계적 풍화 작용에 해당하는 것은?

① 동결 작용　② 용해 작용　③ 산화 작용　④ 가수 분해　⑤ 나무의 작용

04 화학적 풍화 작용에 대한 설명으로 옳지 않은 것은?

① 온난 다습한 지역에서 우세하게 나타난다.
② 이끼 식물은 화학적 풍화 작용을 일으키기도 한다.
③ 암석의 성분 변화 없이 물리적인 힘에 의해 잘게 부서진다.
④ 암석이 화학적 풍화 작용을 받아 약해지면 기계적 풍화 작용이 더 잘 일어난다.
⑤ 물속의 수소 이온이 광물을 구성하는 이온을 치환하는 작용도 화학적 풍화 작용이다.

05 다음은 방해석이 풍화되어 탄산수소 칼슘이 될 때 일어나는 반응을 식으로 나타낸 것이다.

$$CaCO_3 + H_2O + CO_2 \longrightarrow Ca(HCO_3)_2$$

이와 같은 반응을 일으키는 풍화 작용의 종류는 무엇인가?

① 박리 작용　② 용해 작용　③ 동결 작용　④ 가수 분해　⑤ 산화 작용

06 다음 그림과 같은 경사면에 작용하는 힘에 대한 설명으로 옳은 것은 ○표, 옳지 않은 것은 ×표 하시오.

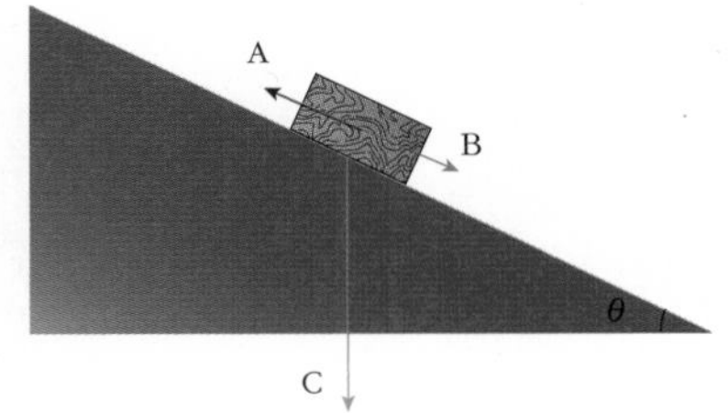

(1) A보다 B가 크면 사태가 일어난다. ( )

(2) θ가 안식각보다 크면 사태가 일어난다. ( )

(3) C는 중력으로 사태와 관련 없는 힘이다. ( )

07 사태에 대한 설명으로 옳은 것만을 <보기>에서 있는 대로 고른 것은?

〈 보기 〉

ㄱ. 안정율이 1보다 작으면 안정한 사면이다.
ㄴ. 안식각은 경사면에서 물체가 미끄러지지 않는 최대각이다.
ㄷ. 강수량이 많아지면 사태가 발생하기 쉽다.

① ㄱ　② ㄷ　③ ㄱ, ㄴ　④ ㄴ, ㄷ　⑤ ㄱ, ㄴ, ㄷ

08 미끄러운 사면을 따라 암석과 토양이 미끄러져 흘러내리는 사태는 무엇인가?

( )

09 다음은 암석 낙하에 대한 설명이다. 빈칸에 알맞은 말을 각각 고르시오.

암석 낙하는 절벽의 사면에서 암석 덩어리나 토사가 (㉠ 굴러 떨어지는, ㉡ 움푹 꺼져 내려 앉는) 현상이다. (㉠ 느린, ㉡ 빠른) 이동 속도를 가진다.

10 그림 (가)와 (나)는 서로 다른 사태의 종류를 나타낸 것이다.

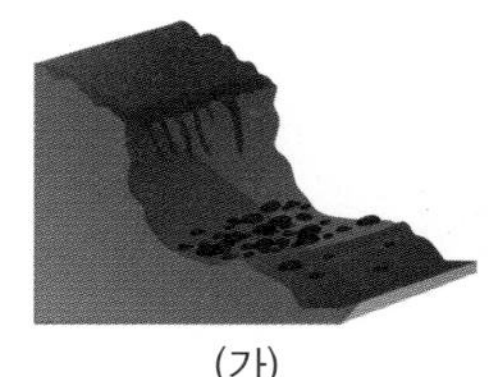
(가)

(나)

이에 대한 설명으로 옳은 것만을 〈보기〉에서 있는 대로 고른 것은?

〈 보기 〉
ㄱ. (가)는 도로면의 절벽과 경사가 급한 사면에서 주로 발생한다.
ㄴ. (나)는 토양과 암석이 마치 액체처럼 흘러내리는 현상이다.
ㄷ. (가)와 (나)로 인한 피해를 줄이기 위해 옹벽을 설치한다.

① ㄱ ② ㄷ ③ ㄱ, ㄷ
④ ㄴ, ㄷ ⑤ ㄱ, ㄴ, ㄷ

11 풍화 작용에 의해 생성된 지형에 대한 설명으로 옳은 것은?

① 적철석은 암석 속의 철 성분이 산소와 반응하여 생성된다.
② 타포니는 암석이 생성된 후 주변의 압력 감소로 인해 나타난다.
③ 석회 동굴은 수산화 이온이 광물을 구성하는 이온을 치환하는 작용이다.
④ 고령토는 석회암이 이산화 탄소가 녹아 있는 물과 반응하여 만들어졌다.
⑤ 테일러스는 암석의 틈 속에 스며들어간 물로 광물의 성분이 변하면서 풍화된 것이다.

12 그림은 풍화 작용에 의해 암석이 잘게 부서지는 과정을 나타낸 것이다.

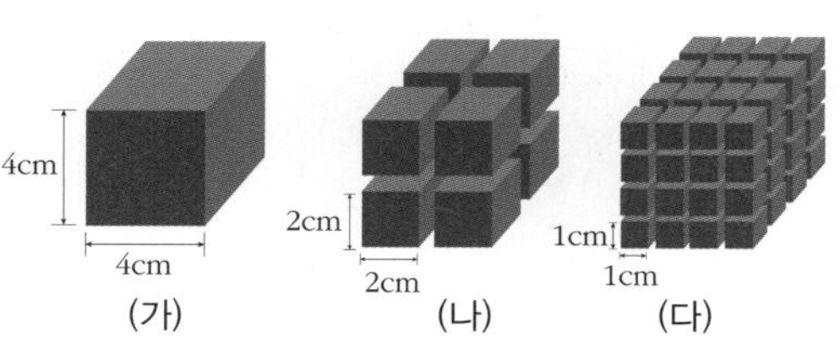

(가) (나) (다)

이에 대한 설명으로 옳은 것만을 〈보기〉에서 있는 대로 고른 것은?

〈 보기 〉
ㄱ. (가)에서 (다)로 변하는 것은 기계적 풍화 작용이다.
ㄴ. 화학적 풍화 작용이 가장 잘 일어나는 것은 (가)이다.
ㄷ. (다)의 전체 표면적은 (가)보다 4배 크다.

① ㄱ ② ㄴ ③ ㄱ, ㄴ
④ ㄱ, ㄷ ⑤ ㄱ, ㄴ, ㄷ

13 그림은 대부분 석회암으로 구성되어 있는 A ~ C 지역의 연평균 기온과 강수량을 나타낸 것이다.

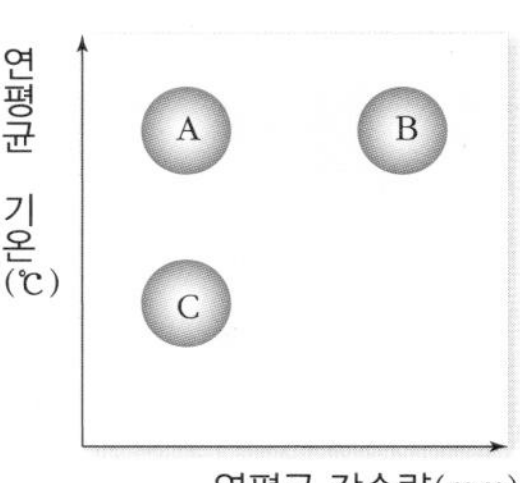

이에 대한 설명으로 옳은 것만을 〈보기〉에서 있는 대로 고른 것은?

〈 보기 〉
ㄱ. 화학적 풍화 작용은 B 보다 A 에서 활발하다.
ㄴ. 기계적 풍화 작용이 가장 활발한 곳은 C 이다.
ㄷ. 박리 작용은 C 에서 가장 잘 형성된다.

① ㄱ ② ㄷ ③ ㄱ, ㄴ
④ ㄴ, ㄷ ⑤ ㄱ, ㄴ, ㄷ

스스로 실력 높이기

14 그림 (가)와 (나)는 기계적 풍화 작용과 화학적 풍화 작용의 예를 순서 없이 나타낸 것이다.

(가)

(나)

이에 대한 설명으로 옳은 것만을 〈보기〉에서 있는 대로 고른 것은?

〈 보기 〉

ㄱ. (가)의 풍화 작용은 정장석을 점토 광물로 변화시킨다.
ㄴ. 화강암은 대리암보다 (나)의 풍화 작용에 강하다.
ㄷ. 극지방에서는 (나)의 풍화 작용이 (가)보다 우세하다.

① ㄱ ② ㄴ ③ ㄱ, ㄷ
④ ㄴ, ㄷ ⑤ ㄱ, ㄴ, ㄷ

15 다음은 암석의 풍화 작용을 설명한 것이다.

(가) $CaCO_3 + H_2CO_3 \rightleftarrows Ca(HCO_3)_2$
(나) 암석 틈에서 식물의 뿌리가 성장하면 주위의 암석이 압력을 받아 쪼개어 갈라진다.
(다) 지하 깊은 곳의 암석이 지표로 노출되면 압력이 낮아지므로 팽창하면서 균열이 생긴다.

이에 대한 설명으로 옳은 것만을 〈보기〉에서 있는 대로 고른 것은?

〈 보기 〉

ㄱ. (가)는 정장석으로부터 고령토가 형성되는 반응식이다.
ㄴ. (가)와 (다)는 화학적 풍화 작용, (나)는 생물학적 풍화 작용에 해당한다.
ㄷ. 화강암의 박리 작용은 (나)보다 (다)의 영향으로 잘 형성된다.

① ㄴ ② ㄷ ③ ㄱ, ㄴ
④ ㄴ, ㄷ ⑤ ㄱ, ㄴ, ㄷ

16 다음 중 사태에 대한 설명으로 옳지 않은 것은?

① 사태는 중력에 의해 발생한다.
② 안정율이 1보다 작으면 사태가 일어난다.
③ 사태가 일어난 곳은 식생의 피해가 없다.
④ 집중 호우와 지진 등에 의해 발생하기도 한다.
⑤ 사면 물질이 마을을 송두리째 파괴하기도 한다.

17 경사각이 θ인 사면에 놓여 있는 토양에 작용하는 힘에 대한 설명으로 옳은 것만을 〈보기〉에서 있는 대로 고른 것은?

〈 보기 〉

ㄱ. 토양의 무게가 커지면 구동력이 커진다.
ㄴ. 경사각 θ가 커지면 구동력이 작아진다.
ㄷ. 토양이 물을 충분히 흡수하면 마찰력은 커진다.

① ㄱ ② ㄷ ③ ㄱ, ㄴ
④ ㄴ, ㄷ ⑤ ㄱ, ㄴ, ㄷ

18 그림 (가)와 (나)는 물의 함량에 따른 안식각의 크기를 비교한 것이다. (가)는 건조한 모래이고, (나)는 물에 젖은 모래이다.

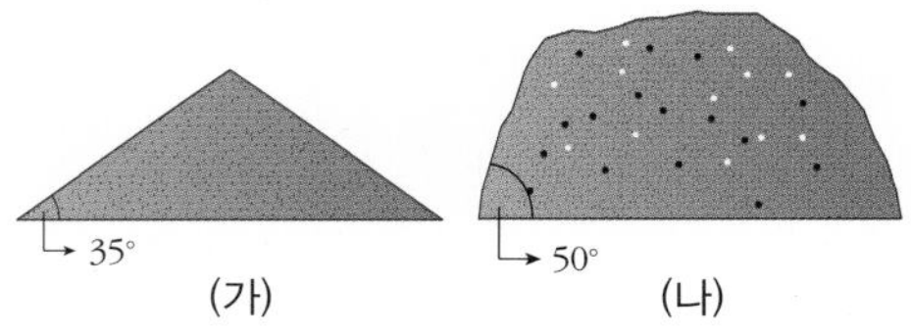

(가) (나)

이에 대한 설명으로 옳은 것만을 〈보기〉에서 있는 대로 고른 것은?

〈 보기 〉

ㄱ. (가)에서 사면의 경사가 35° 보다 크면 사태가 발생한다.
ㄴ. (가)에서 건조한 모래를 계속 부어주면 안식각은 점점 커질 것이다.
ㄷ. (나)에 물을 계속 뿌려주면 안식각은 점점 커질 것이다.

① ㄱ ② ㄷ ③ ㄱ, ㄴ
④ ㄴ, ㄷ ⑤ ㄱ, ㄴ, ㄷ

C

19 그림 (가)와 (나)는 사태의 종류를 나타낸 것이다.

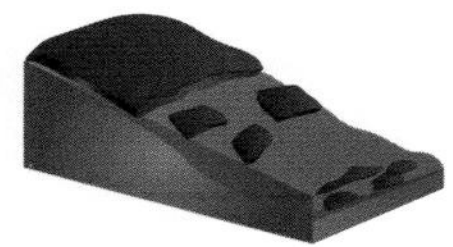

(가) (나)

이에 대한 설명으로 옳은 것만을 〈보기〉에서 있는 대로 고른 것은?

〈 보기 〉

ㄱ. 이동 속도는 (가)가 (나)보다 느리다.
ㄴ. 사면의 경사는 (가)가 (나)보다 완만하다.
ㄷ. (나)는 강수량이 적은 지역일수록 잘 일어난다.

① ㄴ ② ㄷ ③ ㄱ, ㄴ
④ ㄴ, ㄷ ⑤ ㄱ, ㄴ, ㄷ

20 다음 그림은 사태의 종류 중 하나가 발생할 때 토양 입자의 움직임을 나타낸 것이다.

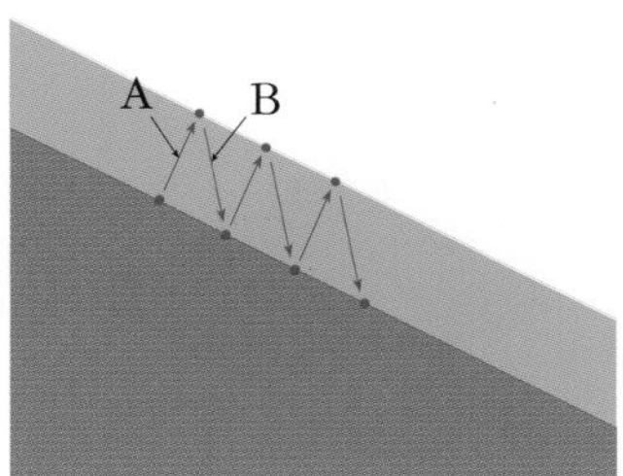

이에 대한 설명으로 옳은 것만을 〈보기〉에서 있는 대로 고른 것은?

〈 보기 〉

ㄱ. A 과정은 결빙, B 과정은 해빙 과정에 일어난다.
ㄴ. 경사면의 표면이 주로 토양으로 덮여 있는 경우에 잘 일어난다.
ㄷ. 사태가 진행될수록 사면에서 자라는 나무는 아래 부분이 휘어져 자란다.

① ㄱ ② ㄷ ③ ㄱ, ㄴ
④ ㄴ, ㄷ ⑤ ㄱ, ㄴ, ㄷ

21 그림 (가)는 현무암질 암석에서 바깥 부분이 화학적으로 풍화된 풍화 테두리이고, (나)는 A, B 두 지역의 현무암질 암석의 조사 결과이다.

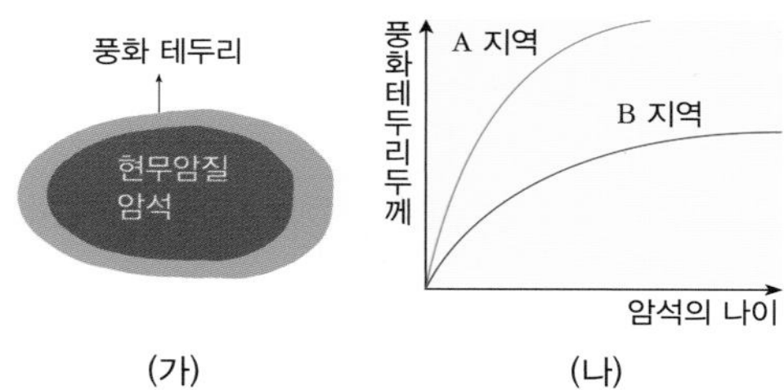

(가) (나)

A, B 두 지역의 현무암질 암석의 풍화 현상과 관련된 설명으로 옳은 것만을 〈보기〉에서 있는 대로 고른 것은?

〈 보기 〉

ㄱ. A 지역보다 B 지역이 더 습윤할 것이다.
ㄴ. B 지역보다 A 지역이 연평균 기온이 더 높을 것이다.
ㄷ. A 지역보다 B 지역에서 암석의 풍화가 더 빠르게 진행될 것이다.

① ㄴ ② ㄷ ③ ㄱ, ㄴ
④ ㄴ, ㄷ ⑤ ㄱ, ㄴ, ㄷ

22 그림 (가)는 기계적 풍화 작용의 예를, (나)는 화학적 풍화 작용의 예를 나타낸 것이다.

(가) (나)

이에 대한 설명으로 옳은 것만을 〈보기〉에서 있는 대로 고른 것은?

〈 보기 〉

ㄱ. (가)에서는 절리면을 따라 풍화가 잘 일어난다.
ㄴ. (나)의 풍화 과정에서 산성비는 풍화 속도를 증가시킨다.
ㄷ. 고온 다습한 지방에서는 (가)가 (나)보다 우세하게 일어난다.

① ㄱ ② ㄴ ③ ㄷ
④ ㄱ, ㄴ ⑤ ㄱ, ㄷ

스스로 실력 높이기

23 다음 표는 위도가 다른 지역 A, B, C 의 연평균 기온과 연 강수량을 각각 나타낸 것이다.

구분	A	B	C
연평균 기온(℃)	−5	20	30
연 강수량(mm)	500	1000	2000

이에 대한 설명으로 옳은 것만을 〈보기〉에서 있는 대로 고른 것은?

〈 보기 〉

ㄱ. A 는 C 보다 고위도 지역이다.
ㄴ. 기계적 풍화 작용이 가장 우세한 지역은 B 이다.
ㄷ. 화학적 풍화 작용으로 생성된 토양층의 두께는 C 가 A 보다 두꺼울 것이다.

① ㄱ ② ㄴ ③ ㄷ
④ ㄱ, ㄴ ⑤ ㄱ, ㄷ

24 그림은 경사면 위에 놓여 있는 토양에 작용하는 힘을 나타낸 것이다.

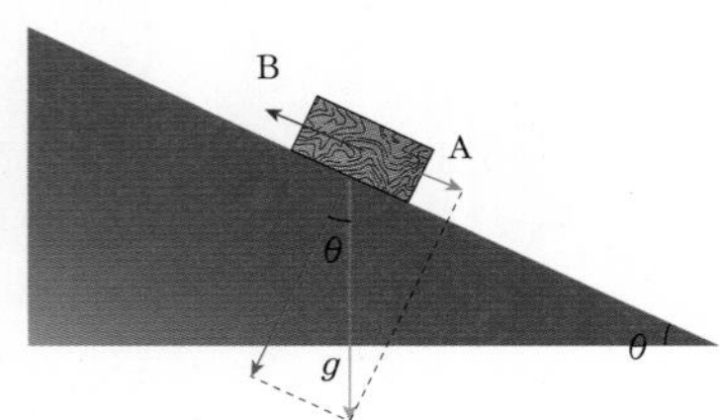

사태가 발생할 가능성이 증가하는 경우로 옳은 것만을 〈보기〉에서 있는 대로 고른 것은?

〈 보기 〉

ㄱ. A가 B보다 크면 토양이 미끄러져 내린다.
ㄴ. 사면의 토양이 물로 포화되면 B가 작아진다.
ㄷ. θ가 안식각보다 크면 사태가 발생할 수 있다.

① ㄴ ② ㄷ ③ ㄱ, ㄴ
④ ㄴ, ㄷ ⑤ ㄱ, ㄴ, ㄷ

25 그림 (가)~(다)는 입자의 크기에 따른 안식각의 크기를 비교한 것으로, (가)는 고운 모래, (나)는 굵은 모래, (다)는 자갈이다.

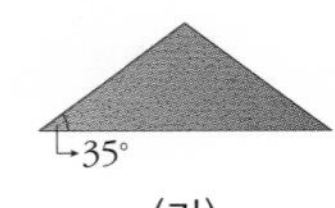

(가)

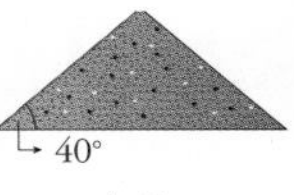

(나)

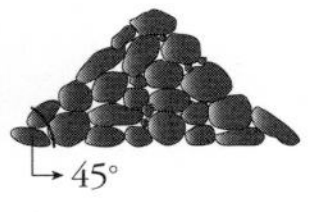

(다)

이에 대한 설명으로 옳은 것만을 〈보기〉에서 있는 대로 고른 것은?

〈 보기 〉

ㄱ. 입자의 크기와 안식각은 반비례한다.
ㄴ. 자갈로 만든 사면의 각도가 50° 가 되면 붕괴되기 쉽다.
ㄷ. 입자가 클수록 사태의 발생 가능성이 높아진다.

① ㄴ ② ㄷ ③ ㄱ, ㄴ
④ ㄴ, ㄷ ⑤ ㄱ, ㄴ, ㄷ

26 그림 (가)와 (나)는 두 종류의 사태를 나타낸 것이다.

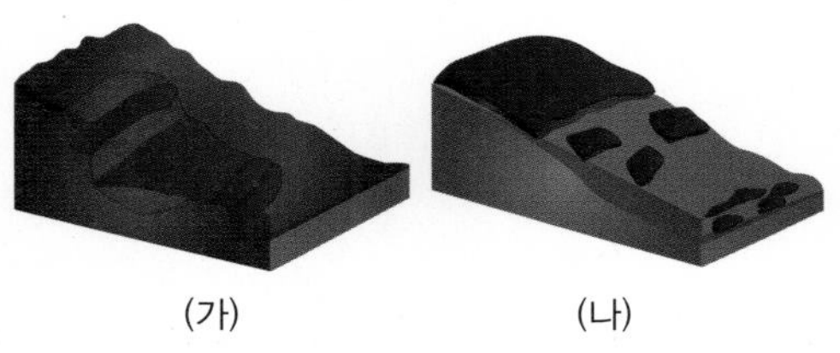
(가) (나)

그림에 대한 설명으로 옳은 것만을 〈보기〉에서 있는 대로 고른 것은?

〈 보기 〉

ㄱ. (가)는 사면을 따라 암석이나 토사가 함몰된 사태이다.
ㄴ. (나)는 사면의 토양이 팽창과 수축을 되풀이 하면서 매우 느리게 이동하는 사태이다.
ㄷ. (가)와 (나) 모두 사면의 물질이 물에 의해 포화될 때 더 잘 일어난다.

① ㄱ ② ㄷ ③ ㄱ, ㄴ
④ ㄱ, ㄷ ⑤ ㄱ, ㄴ, ㄷ

심화

27 다음은 풍화 작용의 원리를 알아보기 위한 실험이다.

[실험 과정]
(가) 화강암 조각을 알코올램프로 5분 정도 가열한 후 얼음물이 담긴 비커에 넣어 냉각시킨다.
(나) 냉각된 화강암 조각으로 (가) 과정을 3~5회 반복한다.
(다) 화강암 조각의 변화를 관찰한다.
[실험 결과]
화강암 조각에서 부스러기가 떨어져 나왔다.

이에 대한 설명으로 옳은 것만을 〈보기〉에서 있는 대로 고른 것은?

〈 보기 〉
ㄱ. 실험에서 화강암 조각의 변화는 기계적 풍화 작용에 해당한다.
ㄴ. 테일러스의 형성은 실험과 같은 풍화 작용으로 설명할 수 있다.
ㄷ. 온난 다습한 지역에서 더 우세하게 나타난다.

① ㄱ ② ㄷ ③ ㄱ, ㄴ
④ ㄴ, ㄷ ⑤ ㄱ, ㄴ, ㄷ

28 다음은 사태의 발생과 관련된 실험이다.

[실험 과정]
(가) 판자의 한쪽 끝에 벽돌을 올려놓고 판자를 서서히 들어 올리면서 벽돌이 움직이기 직전의 경사각(θ_1)을 측정한다.
(나) 판자 표면에 물을 충분히 흘리면서, 과정 (가)와 같이 벽돌이 움직이기 직전의 경사각(θ_2)을 측정한다.
[실험 결과]

θ_1	θ_2
38°	32°

이에 대한 설명으로 옳은 것만을 〈보기〉에서 있는 대로 고른 것은?

〈 보기 〉
ㄱ. θ_1만 안식각이다.
ㄴ. (나)에서 물은 벽돌에 작용하는 마찰력을 감소시킨다.
ㄷ. (가)과정에서 θ가 34° 인 경사면은 불안정하다.

① ㄱ ② ㄴ ③ ㄱ, ㄴ
④ ㄴ, ㄷ ⑤ ㄱ, ㄴ, ㄷ

29 다음은 물이 안식각에 미치는 영향을 알아보기 위한 실험이다.

[실험 과정]
(가) 건조한 모래의 안식각 측정
(나) 물에 젖은 모래의 안식각 측정
(다) 물에 충분히 젖은 모래의 안식각 측정
[실험 결과]

과정	(가)	(나)	(다)
안식각(°)	㉠	50	20

이 실험에 대한 설명으로 옳은 것만을 〈보기〉에서 있는 대로 고른 것은?

〈 보기 〉
ㄱ. ㉠은 50° 보다 크다.
ㄴ. 모래 사이의 공극을 채우고 있는 물의 양은 (다)가 (나)보다 많다.
ㄷ. (가)에서 모래의 양을 2배로 늘리면 안식각이 2배로 커진다.

① ㄴ ② ㄷ ③ ㄱ, ㄴ
④ ㄴ, ㄷ ⑤ ㄱ, ㄴ, ㄷ

30 그림 (가)는 경사면에 있는 퇴적물과 이에 작용하는 힘의 관계를, (나)는 퇴적물을 구성하는 모래 입자 사이에 물이 포함된 정도를 A, B, C로 나타낸 것이다.

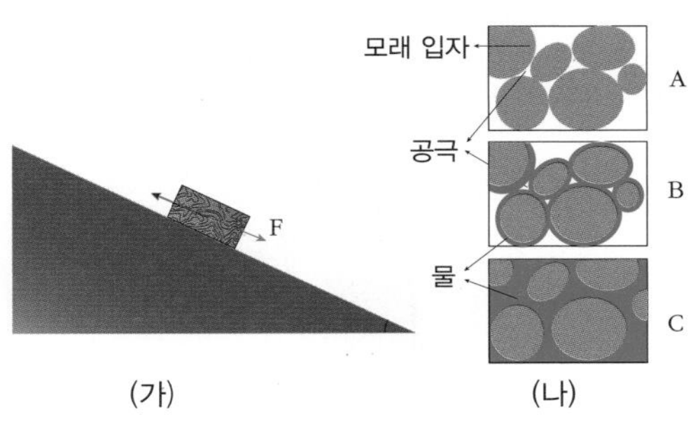

그림에 대한 설명으로 옳은 것만을 〈보기〉에서 있는 대로 고른 것은?

〈 보기 〉
ㄱ. (가)에서 경사면이 급해지면 F 가 커진다.
ㄴ. (나)에서 안식각이 가장 작은 것은 B이다.
ㄷ. 경사면에 배수 시설을 설치하면 사면의 안정도는 낮아진다.

① ㄱ ② ㄴ ③ ㄷ
④ ㄱ, ㄴ ⑤ ㄱ, ㄴ, ㄷ

다시 모든 대륙이 모인다! – 판게아 울티마

2억 5,000만 년 전 초대륙 판게아!

대륙 이동설을 주장한 베게너에 의하면 약 2억 5,000만 년 전에는 판게아라는 초대륙으로 모든 대륙들이 하나로 모여 있다가 약 2억년 전부터 분리되면서 이동하여 현재와 같은 대륙 분포를 이루었다고 한다.

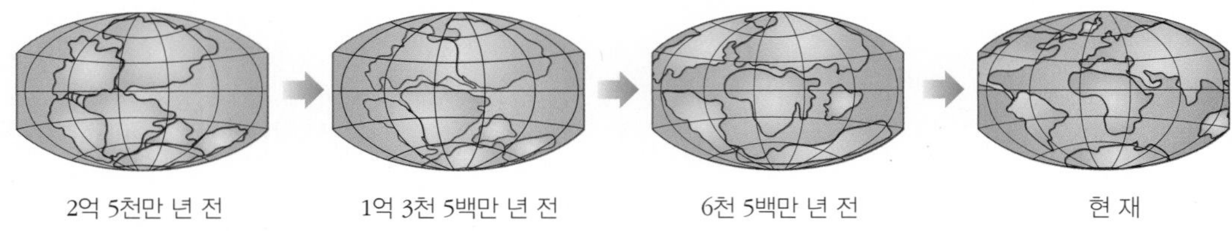

베게너의 「대륙 이동설」 I 베게너는 현재와 같은 대륙의 분포는 하나로 되어 있던 판이 분리되면서 형성된 것이라고 주장하였다.

대륙 사이에 있던 판이 침강하고, 대륙이 충돌하면서 초대륙 판게아가 형성되었고, 형성된 초대륙이 모포와 같이 열을 내보내지 않는 역할을 하는 '모포 효과'를 일으키게 된다. 이러한 모호 효과에 의해 대륙 밑에 있는 맨틀이 뜨거워지기 시작하면서 맨틀이 상승하여 판게아가 분열하기 시작한 것으로 추측하고 있다. 이와 같이 초대륙이 형성되고 분열하는 과정을 '윌슨 사이클(Wilson Cycle)'이라고 한다.

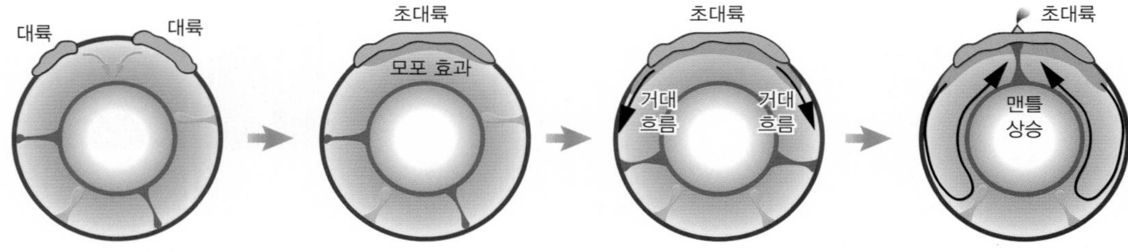

초대륙과 모포 효과 I 초대륙이 형성되면 '모포 효과'에 의해 맨틀이 뜨거워지기 시작하고, 뜨거워진 맨틀이 상승하여 또 다시 대륙이 분열된다.

4~5억 년을 주기로 초대륙이 형성

윌슨 사이클에 의하면 46억 년이라는 지구의 역사 동안 4~5억 년을 주기로 초대륙이 형성되고 분열되어왔다. 최초의 초대륙 발바라(Vaalbara)에서부터 초대륙 우르(Ur), 초대륙 케놀랜드(Kenorland), 초대륙 콜롬비아(Columbia), 초대륙 로디니아(Rodinia), 초대륙 파노티아

(Pannotia), 초대륙 판게아(Pangaea) 순으로 형성되어온 것이다.

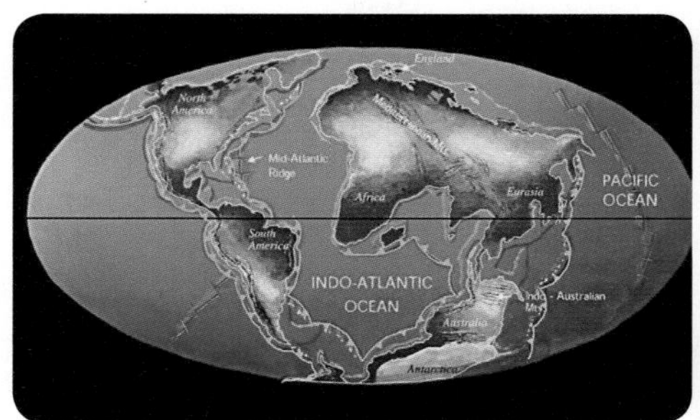

약 1억 5,000만 년 후 | 일본과 한반도는 합쳐지고, 아프리카 대륙과 아메리카 대륙이 접근하기 시작한다.

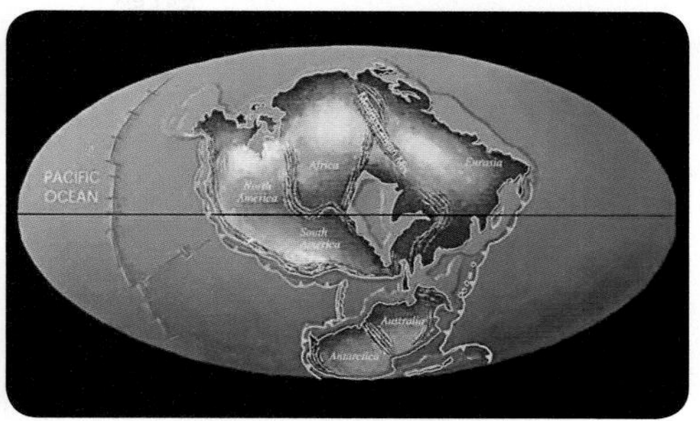

약 2억 5,000만 년 후 | 유라시아 대륙을 향해 모든 대륙이 움직인다.

윌슨 사이클에 의하면 지금으로부터 약 2억 5,000만 년 후에는 다시 모든 대륙이 모여 초대륙 『울티마(Pangaea Ultima)』가 형성될 것으로 추정하고 있다.

최후의 초대륙이라는 의미의 판게아 울티마

판게아 울티마는 인도양을 중심으로 생성된다고 한다. 대륙들이 전반적으로 남쪽으로 이동하면서 유라시아와 북미 대륙 대부분은 저위도 지방으로 남하하고, 남극 대륙은 북상하여 극권에서 완전히 벗어나며 우리나라는 적도권에 위치하게 된다고 한다. 또한, 북미 대륙은 더욱 남하하여 아프리카와 충돌하고 남미 대륙은 아프리카의 남쪽 끝을 둘러싸게 되어 남미 대륙과 동남아시아가 만나게 된다고 한다. 이때 대서양은 완전히 사라지고, 태평양은 유일한 초대양인 초태평양으로 확장된다고 한다.

하지만 이렇게 만들어진 초대륙도 모포 효과에 의해 5,000만 년 이내에 다시 분열하게 될 것이다. 지구 내부의 열기가 식어 지각 변동이 중단되거나, 점점 증가하는 태양의 열기로 인하여 바다가 소멸할 때까지 7억 5천만 년 후 ~ 12억 년 후 대륙은 계속 분열과 통합을 거듭하며 진정한 '최후의 초대륙'으로 나아갈 것이다.

Q1 판이 소멸하고, 생성되는 곳에 발달하는 지형은 무엇일지 각각 쓰고, 그 단어를 이용하여 초대륙이 형성되고 분열하는 과정에 대하여 서술하시오.

Q2 미래에 생기는 초대륙이 합쳐지는 과정에 대하여 100% 완벽하게 예측하기는 어렵다. 그 이유에 대하여 자신의 생각을 서술하시오.

Project - 탐구

[탐 구] 자료 해석

(가) 문헌에 기록된 역사 지진 피해 사례는 삼국 사기에 87회, 삼국 유사에 3회, 고려사에 249회, 조선왕조실록에 2,029회 기록되었다. 역사 문헌에 기록된 지진 가운데 가장 최대 피해 기록이 남은 것은 신라 혜공왕 3년(AD 779년) 3월 경주에서 발생한 진도 8 ~ 9(규모로는 6.7 정도)의 지진으로 민가가 무너지고 사망자가 100여 명이 발생하였다고 '삼국사기'에 기록되어 있다. 비슷한 진도의 지진으로 조선왕조실록 중종 13년 음력 5월 15일에도 다음과 같은 기록이 남아 있다. '유시에 세 차례 크게 지진이 있었다. 그 소리가 마치 성난 우레 소리처럼 커서 인마(人馬)가 모두 피하고, 담장과 성첩이 무너지고 떨어져서, 도성 안 사람들이 모두 놀라 당황하여 어쩔줄 모르고, 밤새도록 노숙하며 제집으로 들어가지 못하니, 고로들이 모두 옛날에는 없던 일이라 하였다. 팔도(八道)가 다 마찬가지였다.'

19세기 이후로는 비교적 미약한 지진 활동이 지속되었고, 20세기에는 1936년 7월 4일에 발생한 지리산 쌍계사 지진과, 1978년 10월 7일 발생한 홍성 지진이 1905년 이후 계기 지진 중 가장 큰 피해를 준 지진이었다. 홍성 지진은 사람이 다치지는 않았으나 그 재산 피해는 약 3억 원으로 추정되었다.

▲ 쌍계사 지진 피해

▲ 홍천 지진 피해

(나) 우리나라에서 지진계에 의한 지진 관측은 1978년부터 시작되었다. 다음 표와 그래프는 1978년부터 2015년까지 우리나라에서 발생한 지진의 횟수를 나타낸 것이다. 1978년 ~ 1989년까지는 아날로그 관측 시기이고, 1999년 이후부터는 디지털 관측 시기이며, 유감 지진이란 사람이 진동을 느낄 수 있을 정도의 지진을 말한다.

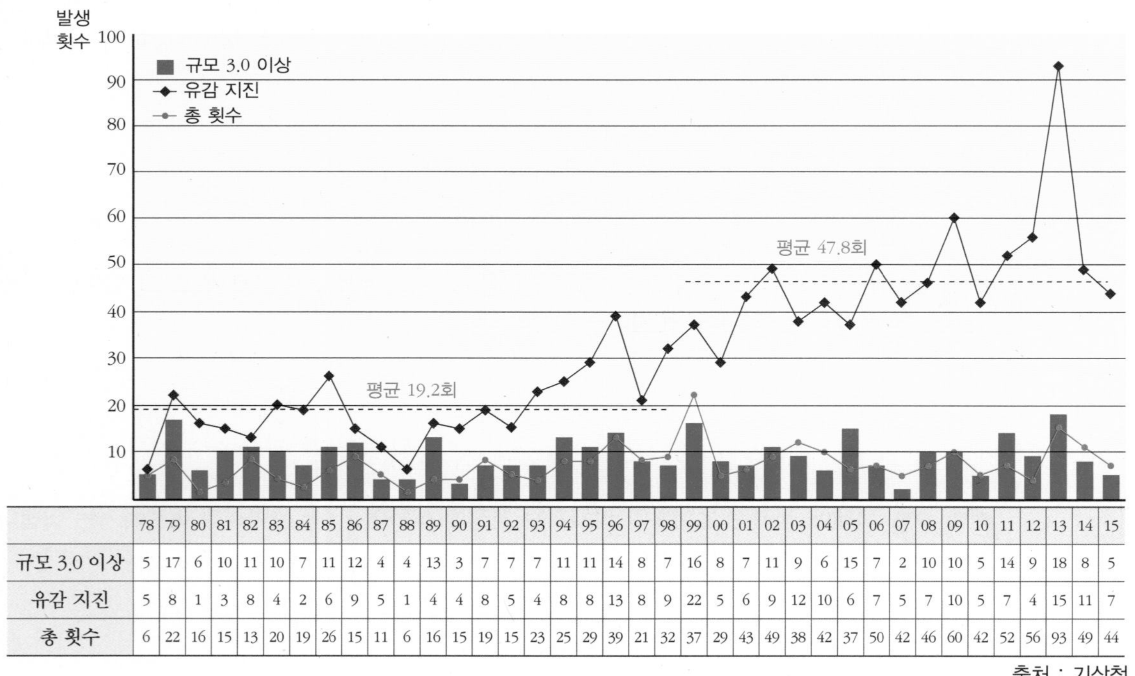

	78	79	80	81	82	83	84	85	86	87	88	89	90	91	92	93	94	95	96	97	98	99	00	01	02	03	04	05	06	07	08	09	10	11	12	13	14	15
규모 3.0 이상	5	17	6	10	11	10	7	11	12	4	4	13	3	7	7	7	11	11	14	8	7	16	8	7	11	9	6	15	7	2	10	10	5	14	9	18	8	5
유감 지진	5	8	1	3	8	4	2	6	9	5	1	4	4	8	5	4	8	8	13	8	9	22	5	6	9	12	10	6	7	5	7	10	5	7	4	15	11	7
총 횟수	6	22	16	15	13	20	19	26	15	11	6	16	15	19	15	23	25	29	39	21	32	37	29	43	49	38	42	37	50	42	46	60	42	52	56	93	49	44

출처 : 기상청

▲ 연도별 지진 발생 추이 ('78~'15년)

2015년을 기준으로 국내 지진의 발생 빈도는 2013년까지는 2011년 동일본 대지진의 영향으로 증가 추세를 보였으나, 2014년 이후 다시 안정화되면서 평균 수준을 유지하는 것으로 분석하고 있다. 국내 지진 발생 빈도가 가장 높은 지역은 대구와 경북이며 해역은 서해, 동해, 남해 순으로 자주 발생하는 것으로 파악되었다.

(다) 국내 지진 발생 빈도가 증가하는 이유에 대해서는 여러 가지 가설이 제기되고 있다. 우선 서해안에서 지진이 빈발하는 이유는 동일본 대지진의 영향일 가능성이 크다는 의견이다. 2011년에 발생한 동일본 대지진은 일본 열도에서 1,000년 만에 발생한 이례적인 큰 지진이었다. 이때 한반도가 일본 열도 방향으로 끌려가서 울릉도는 5cm, 내륙은 2cm 정도 동쪽으로 이동하였고, 이로 인해 지각 내 전체적인 힘의 불균형이 발생하여, 이 힘이 풀리면서 균형 상태에 도달하는 과정이 지진이라는 것이다.

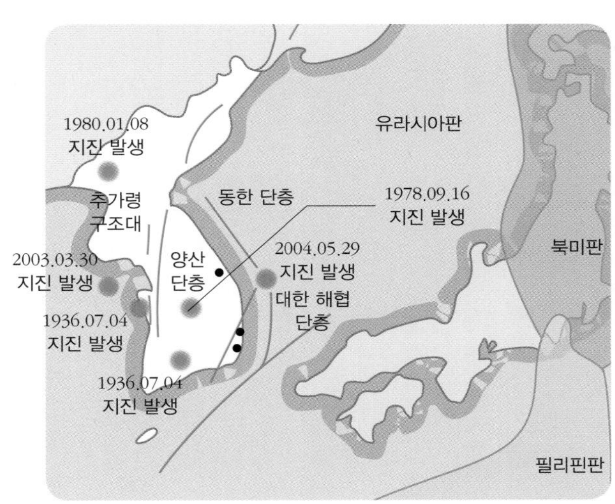

▲ 한반도 주변의 지각 구조

이 중 서해안에서 유독 백령도 인근과 보령 해역에서 지진이 많이 발생한 이유는 서해 백령도 해역에 '활성 단층'이 존재할 가능성이 크다는 전문가들의 의견도 있다. 활성 단층이란 활발한 지각 이동으로 땅이 갈라지는 곳으로 과거 한 차례 이상 움직였거나 현재 운동 중인 단층을 말한다.

또 다른 의견으로는 유라시아판의 중앙에 있는 한반도는 과거 중생대 때 남한과 북한 경계 인근 지역이 남중국판과 북중국판으로 나뉘어 있다가 하나로 합쳐졌는데 최근 이 판이 확장하는 움직임이 일어나면서 경계가 응력(외부 압력에 의해 받는 저항력)을 받아 지진이 발생하게 된다는 것이다.

또한, 지진은 대부분 지각의 변동에 따라 단층에서 암석이 변형되고 탄성 에너지가 축적되다가 결국 이 에너지가 암석의 마찰 저항보다 크게 될 때 파열이 일어나면서 에너지가 방출되어 일어나는 현상이라는 근거를 들어 서해안 바다 밑의 지각에 단층이 존재하고 이곳에서 탄성 에너지에 의해 지각이 파열되어 지진이 빈번하게 일어나는 것으로 추정하는 전문가들도 있다.

이처럼 원인을 밝히기 위한 연구는 계속 되어 왔지만 아직 명확한 사실을 알아내지는 못하고 있다.

1. 최근 들어 지진 발생 빈도가 증가한 이유는 무엇일까? 주어진 자료를 참고로 하여 자신의 생각을 서술하시오.

2. 우리나라는 지진 관측 기간이 짧고, 큰 지진을 겪은 적이 없기 때문에 '지진 안전 지대'라는 인식이 높아졌다. 연도별 지진 발생 추이를 근거로 하여 우리나라가 '지진 안전 지대'인지 아닌지에 대하여 자신의 생각을 서술하시오.

memo

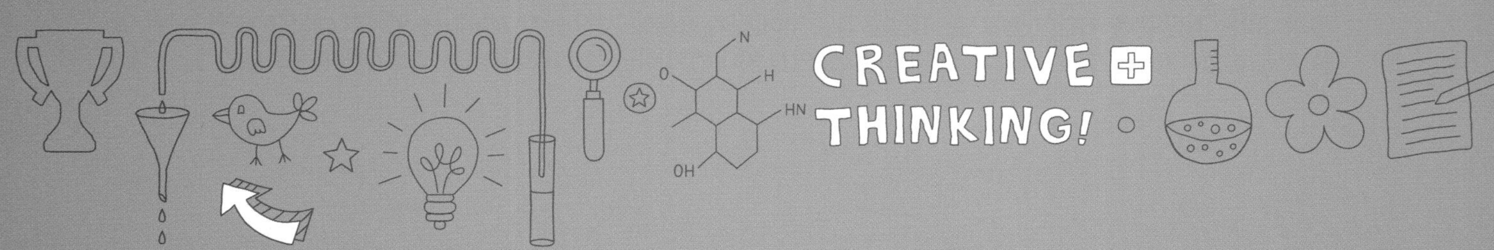

무한상상

무한상상

무엇부터 할까?
친구들 안뇽!

세페이드

3F. 지구과학(상)

정답 및 해설

윤찬섭
무한상상 영재교육 연구소

〈온라인 문제풀이〉
「스스로실력높이기」는 동영상 문제풀이를 합니다.
http://cafe.naver.com/creativeini
▶ 배너 아무 곳이나 클릭하세요.

무한상상

세페이드 I 변광성은 지구에서 은하까지의 거리를 재는 기준별이며 우주의 등대라고 불린다.

과학 학습의 지평을 넓히다!

창의력과학의 대표 브랜드

창의력과학 세페이드 시리즈 !

세페이드

3F. 지구과학(상)

정답 및 해설

윤찬섭
무한상상 영재교육 연구소

무한상상

Ⅰ 지구

1강. 행성으로서의 지구

개념 확인 12~15쪽

1. 대기, 지각, 바다 2. (1) X (2) O (3) X
3. 생명 가능 지대 4. (1) 화 (2) 금

2. 답 (1) X (2) O (3) X
해설 (1) 초기의 원시 지각은 지구 내부의 맨틀 대류 현상으로 일어난 지각 변동으로 대부분 소멸하였고 대륙 지각이 형성되었다.

4. 답 (1) 화 (2) 금
해설 (1) 태양과의 거리가 너무 멀어 지표상의 물이 모두 얼어버리기 때문에 액체 상태의 물이 존재할 수 없어 생명체가 살 수 없는 행성은 화성이다. (2) 높은 대기압과 짙은 이산화 탄소 농도로 인한 온실 효과로 평균 온도가 너무 높기 때문에 물과 생명체가 모두 존재할 수 없는 행성은 금성이다.

확인+ 12~15쪽

1. (1) 핵 (2) 맨틀 2. 오존층 3. ④
4. 액체 상태의 물

1. 답 (1) 핵 (2) 맨틀
해설 마그마 바다 속 철과 니켈과 같은 무거운 금속 성분들은 중심으로 가라앉아 핵을 이루고, 상대적으로 가벼운 규산염 물질들은 핵의 바깥쪽으로 맨틀을 이루었다.

2. 답 오존층
해설 원시 생명체는 원시 바다에서 처음 출현하였으며 이들의 광합성 작용에 의해 바다에 산소가 공급되었다. 이후 대기 중 산소의 양이 늘어나면서 생명체의 진화가 급격히 이루어졌고, 오존층이 형성된 이후에는 육상 생물이 등장하였다.

3. 답 ④
해설 지구는 공전 궤도의 이심률이 작아서 일 년 동안 온도 변화가 크지 않기 때문에 생명체가 살기에 좋은 환경이다.

개념 다지기 16~17쪽

01. ⑤ 02. ④ 03. ⑤ 04. ③ 05. ⑤ 06. ④
07. ③ 08. ②

01. 답 ⑤
해설 원시 지구의 진화는 원시 대기 형성 → 마그마 바다 형성 → 맨틀과 핵의 분리 → 원시 지각의 형성 → 원시 바다의 형성 순서이다. ④ 육상 생물은 대기 중의 산소의 양이 늘어나면서 오존층이 형성된 이후에 등장하였다.

02. 답 ④
해설 원시 지구가 만들어질 때 미행성체들의 충돌이 줄어들면서 지구의 온도가 내려가기 시작하였고, 이때 대기 중에 있던 수증기가 비가 되어 내리면서 마그마에서 빠져나온 물과 함께 원시 바다를 형성하였다. 즉, 원시 지구의 최초 바다는 화산 활동에 의해 방출된 물에 의해 형성된 것이 아니라 대기 중으로 방출된 수증기의 응결에 의한 비 때문이다.

03. 답 ⑤
해설 A는 지구 생성 이후 대기 중 함량 변화가 거의 없는 성분이다. B는 이산화 탄소로 초기 원시 대기의 주요 성분이다. 원시 바다가 형성된 후 많은 양이 바닷물에 용해되면서 석회암을 형성하였다. C는 산소로 바다에서 등장한 생물체의 광합성에 의해 대기 중에 공급되기 시작하였다. 이는 생명체의 등장과 다양한 종의 번성을 촉진하는 역할을 하였다.

04. 답 ③
해설 원시 생명체는 태양풍과 자외선을 피해 바다에서 출현하였다. 이때 바다 생명체의 광합성에 의해 바다에 산소를 공급하였다. 이후 대기 중 산소의 양이 늘어나면서 생명체의 진화가 급격히 이루어졌고, 오존층이 형성된 이후에 육상 생물이 등장할 수 있었다.

05. 답 ⑤
해설 액체 상태의 물은 비열이 높아 많은 양의 열을 긴 시간동안 보존할 수 있고, 다양한 물질을 녹일 수 있는 좋은 용매로 생명체가 탄생하고 진화할 수 있는 좋은 환경을 제공할 수 있기 때문에 생명체가 살아가는 데 액체 상태의 물이 필요하다.

06. 답 ④

해설 생명 가능 지대란 항성의 둘레에서 물이 액체 상태로 존재할 수 있는 거리의 범위를 말하며, 골디락스 지대라고도 한다. ② 태양계에서는 지구만 생명 가능 지대에 속한다. ③, ④ 중심별의 질량이 클수록 광도가 크기 때문에 생명 가능 지대가 중심별에서 멀어지고 그 폭은 넓어진다.

07. 답 ③

해설 ㄴ. 지구 자전축의 경사각 변화가 약 41,000년을 주기로 긴 시간에 걸쳐 서서히 변하기 때문에 다양한 생명체들이 환경과 기후에 적응할 수 있는 것이다. ㄷ. 적당한 두께의 대기(대기압)와 구성 성분으로 인한 온실 효과에 의해 적절한 온도가 유지되며, 자기장이 존재하여 자외선이나 방사선과 같은 해로운 우주선을 막아 주어 생명체를 보호해 준다. ㄱ. 대륙 지각과 해양 지각이 구분되어있는 것은 생명체가 살 수 있는 조건이 아니다.

08. 답 ②

해설 금성은 태양과의 거리가 너무 가까워 물이 모두 끓어 증발해 버리기 때문에 액체 상태의 물이 존재할 수 없다. 또한 높은 대기압과 짙은 이산화 탄소의 농도로 인한 온실 효과로 평균 온도가 너무 높기 때문에 물과 생명체가 모두 존재할 수 없다.

유형 익히기 & 하브루타 18~21쪽

[유형1-1] ②
01. ⑤ 02. ②, ③
[유형1-2] ③
03. ③ 04. ⑤
[유형1-3] ④
05. ② 06. ⑤
[유형1-4] (1) 나 (2) 다
07. ④ 08. ⑤

[유형1-1] 답 ②

해설 핵과 맨틀의 분리가 일어날 무렵 원시 지구의 크기는 현재의 0.6배 정도였다. 미행성체의 충돌에 의해서 계속 성장해야 현재의 지구 크기가 될 수 있으므로 이 시기 이후에도 미행성체의 충돌은 계속 되었음을 알 수 있다. ① 원시 지구는 수많은 미행성체들이 충돌하면서 크기가 점점 커지면서 달의 크기 정도까지 되었다. ③ 대기 중에 있던 수증기가 비로 되어 내리면서 마그마에서 빠져나온 물과 함께 원시 바다를 형성되었다. ④ 마그마 바다 속 철과 니켈과 같은 무거운 금속 성분들은 가라앉아 핵을 이루었고, 상대적으로 가벼운 규산염 물질들은 핵의 바깥쪽으로 맨틀을 이루었다. ⑤ 원시 대기는 미행성체에 포함되어 있던 수증기, 이산화 탄소, 수소 등이 주요 성분이었다.

01. 답 ⑤

해설 지구계는 미행성 충돌과 원시 대기의 형성(다) → 마그마 바다 형성(나) → 맨틀과 핵의 분리 → 원시 지각, 원시 바다 형성(가) 순으로 형성 되었다.

02. 답 ②, ③

해설 맨틀과 핵이 분리된 후 미행성체들의 충돌이 줄어들면서 지구의 온도가 내려가기 시작했고, 대기 중에 있던 수증기가 비로 되어 내리면서 지표가 더욱 냉각되면서 원시 지각을 형성하였다.

[유형1-2] 답 ③

해설 A는 아르곤, B는 산소, C는 이산화 탄소, D는 질소이다. ① 생물의 광합성에 의해 대기 중에 공급되기 시작한 대기의 구성 성분은 산소인 B이다. ④ 아르곤(A)은 원시 지구가 형성될 당시 화산 활동으로 인하여 방출된 기체로 원시 지각이 형성된 후 화산 활동이 줄어들면서 거의 일정하게 유지되었다. ⑤ 생명체들의 광합성으로 대기의 구성 성분인 산소가 공급되기 시작하였다.

03. 답 ③

해설 ① 원시 생명체는 태양풍과 자외선을 피해 원시 바다에서부터 출현하였다. ② 원시 대기는 화산으로 방출된 기체들과 미행성 충돌로 방출된 기체들인 수증기, 이산화 탄소, 수소, 메테인, 암모니아 등으로 이루어졌을 것으로 추정된다. ④ 원시 지각은 대륙 지각과 해양 지각의 구분이 없었다. ⑤ 해저에 일어난 화산 활동으로 인한 많은 양의 염화 이온이 바닷속으로 녹아들어갔고, 강한 산성의 비와 강물이 육지의 지각으로부터 광물질들을 녹여서 바다로 운반하여 현재와 같은 바닷물을 만들었다.

04. 답 ⑤

해설 원시 생명체는 태양풍과 자외선을 피해 원시 바다에서 출현하였다.(ㄹ) 바다 생명체들이 광합성을 하여 바다에 산소를 공급(ㄷ)하였고, 대기 중 산소의 양이 늘어나면서 생명체의 진화가 급격히 이루어졌다. 축적된 산소에 의해 오존층이 형성(ㄱ)되면서 육상에서 생명체들이 살 수 있게 되었다(ㄴ).

[유형1-3] 답 ④

해설 ① 태양이 중심별이 된다. ② 태양계에서 생명 가능 지대에 속하여 생명체가 존재하는 행성은 지구(B) 뿐이다. ③ 중심별과의 거리가 멀면 물이 얼음이 되고, 너무 가까우면 물이 모두 증발하게 된다. ⑤ 중심별의 질량이 클수록 생명 가능 지대가 중심별에서 멀어지고, 그 폭은 넓어진다.

05. 답 ②

해설 지구에 생명체가 살 수 있는 조건은 항성인 태양에서 적당한 거리 만큼 떨어져 있기 때문에 액체 상태인 물이 존재하고, 지구 공전 궤도의 이심률이 작아 원에 가까운 타원으로 일 년 동안 온도 변화가 크지 않아 생명체가 살기에 좋은 환경을 이룬다.

06. 답 ⑤

해설 별의 질량이 클수록 별의 중심 온도가 높으며, 별의 광도도 증가한다. 이때 별 중심의 에너지 소모율도 높아지기 때문에 별의 수명이 짧아진다. 짧아진 수명만큼 생명체가 발생하여 진화할 만큼 충분한 시간동안 에너지의 확보가 어려워지기 때문에 생명체가 살기 어려워진다.

[유형1-4] 답 (1) (나) (2) (다)

해설 (가)는 지구, (나)는 금성, (다)는 화성이다. (나) 금성은 태양과의 거리가 너무 가까워 물이 모두 증발해버리고, 높은 대기압과 짙은 이산화 탄소 농도로 인한 온실 효과로 평균 온도가 너무 높기 때문에 생명체가 살아갈 수 없다. (다) 화성은 표면에 과거에 물이 흐른 흔적이 있으나 생명체의 존재나 흔적은 발견된 적이 없다. 지구 크기의 절반 정도로 중력이 약하여 대기가 희박하고 온실 효과가 거의 없어 일교차가 매우 크기 때문에 생명체가 살 수 없는 환경이다.

07. 답 ④

해설 화성에 생명체가 살 수 없는 이유는 태양과의 거리가 너무 멀어 지표상의 물이 모두 얼어버리기 때문에 액체 상태의 물이 존재할 수 없기 때문이다. 또한 대기 중의 이산화 탄소가 대부분 드라이아이스로 변하여 농도가 낮아지고, 대기압도 낮아 온실 효과가 거의 없어 일교차가 매우 크기 때문에 생명체가 살 수 없는 것이다.

08. 답 ⑤

해설 A는 금성, B는 지구, C는 화성이다.

ㄴ. 화성에는 이산화 탄소와 질소가 존재하지만 태양과의 거리가 멀어 대기 중의 이산화 탄소가 대부분 드라이 아이스로 변하여 아주 적은 양이 존재하며, 대기압도 낮아 온실 효과가 거의 없어 일교차가 매우 크기 때문에 생명체가 살 수 없는 환경이다.

창의력 & 토론마당 22~25쪽

01

〈예시 답안〉 $N = 10 \times 0.5 \times 2 \times 1 \times 0.01 \times 0.01 \times 10{,}000 = 10$

해설 드레이크는 그때 당시의 은하에서 행성간 통신이 가능한 문명을 가진 행성을 10개라고 보았다. 수천억 개의 항성계에서 10개 정도 존재한다는 것은 확률로는 수백억분의 1인 것이다. 이는 사실상 존재하지 않는 것과 같다고 볼 수 있는 것이다. 아직까지 생명이 탄생하는 비율이나 진화하는 비율, 다른 행성간 통신하는 비율, 문명의 존속 기간의 경우에는 지구만 알고 있는 상태이므로 확실한 데이터가 없기 때문에 이 숫자가 올바른 숫자인지에 대해서는 과학자들 사이에서도 의견이 분분하다.

02

마그마 바다가 형성되지 않았다면 철 성분이 지구 중심부로 가라앉지 않았기 때문에 지구 표면에 현재의 지각에 함유된 양보다 더 많은 양의 철이 존재하게 될 것이다. 철의 함유량이 높은 암석은 밀도도 더 크다. 우주에서 날아온 운석이 이와 같이 철 산화물 함량이 높아 같은 크기의 암석보다 무거운 것이다.

03

(1) 지각 형성 시기 = ㉠, 바다 형성 시기 = ㉡

(2) A 시기에는 대기 중 이산화 탄소의 조성비가 급격히 감소하였다. 이는 원시 바다가 형성된 후 대기 중 이산화 탄소가 해수에 용해되면서 석회암을 형성하였기 때문이다. B 시기에는 산소의 조성비가 증가하였다. 이는 원시 바다에 광합성을 하는 생명체가 출현하기 시작하면서 광합성에 의해 대기에 산소가 공급되었기 때문이다.

해설 원시 대기의 주요 성분은 수증기, 이산화 탄소, 일산화 탄소, 질소, 수소, 메테인, 암모니아 등 이었다. 수증기는 태양빛에 의해 일산화 탄소와 반응하여 이산화 탄소와 수소가 되었고, 수소는 가벼워서 지구 바깥으로 날아가버렸다. 수증기는 비로 내려 바다를 형성하게 되었다. 따라서 공기중 이산화 탄소의 비율이 증가하는 시점인 ㉠ 시기에 지각이 형성되었음을 알 수 있다. 또한 대기 중 이산화 탄소 농도가 줄어든 ㉡ 시점은 바다가 형성된 시기 임을 알 수 있다. 이는 빗물에 의해 이산화 탄소가 용해되어 바닷물 속으로 들어가게 되었기 때문이다.

대기 중 산소의 조성비가 증가하면서 오존층이 형성되

었고, 이후 육상 생물이 출현하게 되었다.

질소의 경우 지구의 형성 초기부터 대기의 조성비만 달라졌을 뿐 거의 일정한 분압을 유지하고 있다. 원시 바다에서 광합성 생물이 출현한 약 35억 년 전에 생물체에 흡수되었고, 생물체의 시체가 퇴적물이 되어 바다에 침전되면서 아주 약간 감소하였을 뿐이다. 그 후 대기와 지표 사이에 질소의 평형 상태가 유지됨으로써 대기 중 질소는 거의 일정하게 유지되었다.

04

(1) 생명 가능 지대가 중심별에서 더 멀어지고 그 폭은 넓어지게 된다.
(2) 화성이 생명 가능 지대 범위에 들어가기 위해서는 태양의 질량이 조금 더 커지거나, 화성의 공전 궤도 반지름이 조금 더 작아지면 생명 가능 지대 범위 안에 들어갈 수 있을 것이다.
(3) 지구에는 대기가 있지만, 달에는 대기가 없기 때문이다.

해설 중심별의 질량이 클수록 별의 중심 온도가 높으며, 별의 광도가 증가한다. 따라서 생명 가능 지대가 중심별에서 멀어지고 그 폭은 넓어지게 된다.

지구의 질량에 비해 달의 질량은 매우 작고(지구의 0.0123배), 중력값도 지구가 6배가 더 크다. 따라서 달은 대기를 붙잡고 있을 능력이 없다. 대기가 없기 때문에 한낮의 달 표면 온도는 120℃ 이상 까지 오르게 되어 액체 상태의 물이 남아있을 수 없는 것이다.

스스로 실력 높이기 26~31쪽

01. ⑤ 02. (1) X (2) X (3) O (4) X
03. ㉠ 핵 ㉡ 맨틀 04. 이산화 탄소 05. ㉠
06. ㉠ 질소 ㉡ 이산화 탄소 ㉢ 아르곤 ㉣ 산소
07. ㉡, ㉠ 08. ①, ④ 09. ⑤ 10. ② 11. ③
12. ② 13. ① 14. ④ 15. ③ 16. ④ 17. ③
18. ③ 19. ① 20. ③ 21. ⑤ 22. ② 23. ⑤
24. ④ 25. ④ 26. ⑤ 27. ③ 28. ③ 29. ③
30. 지구 공전 궤도의 이심률이 커지면 타원에 가까운 공전 궤도를 그리게 된다. 그때 태양과 가까운 지점으로 지구가 공전할 때는 물이 모두 끓어 증발해버리고, 태양과 먼 지점으로 지구가 공전할 때는 물이 모두 얼어버릴 것이다.

01. 답 ⑤
해설 원시 지구의 진화 순서는 ㄱ. 미행성 충돌 → ㄹ. 원시 대기의 형성 → ㄴ. 마그마 바다 형성 → ㄷ. 맨틀과 핵의 분리 → ㅂ. 원시 지각 형성 → 원시 바다 형성 이다.

02. 답 (1) X (2) X (3) O (4) X
해설 (1) 최초의 원시 지구는 수많은 미행성체들이 충돌하면서 크기가 점점 커져서 달의 크기 정도까지 되었다. 지구는 달보다 4배가 크다. 그러므로 최초의 원시 지구는 (가)보다 크기가 작다. (2) 원시 대기는 (가) 과정 이전에 형성되었다.

06. 답 ㉠ 질소 ㉡ 이산화 탄소 ㉢ 아르곤 ㉣ 산소
해설

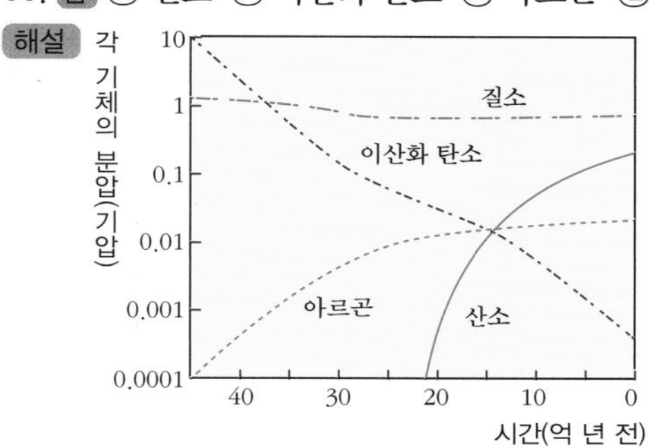

08. 답 ①, ④
해설 생명 가능 지대는 중심별의 질량이 클수록 생명 가능 지대가 중심별에서 멀어지고 그 폭은 넓어진다. 또한 중심별과 행성 사이의 거리가 멀면 행성의 물은 모두 얼음이 되고, 중심별과 행성 사이의 거리가 가까우면 물이 모두 증발하게 된다.

09. 답 ⑤
해설 ①, ③ 달의 인력으로 지구 자전축의 기울기가 안정적으로 유지된다. 지구 자전축의 기울기가 긴 시간에 걸쳐 서서히 변하기 때문에 다양한 생명체들이 환경과 기후에 적응할 수 있는 충분한 시간이 있다. ② 지구 자기장이 존재하여 우주 자외선이나 방사선과 같은 해로운 우주선을 막아주어 생명체를 보호한다. ④ 에너지원인 태양의 수명이 충분하므로으로 지구에 지속적인 에너지가 공급되어 생명체가 살 수 있다.

11. 답 ③
해설 지구계는 (나) 미행성 충돌 → (가) 마그마 바다 형성 → (다) 원시 지각, 바다 형성 순서로 형성 되었다. 생명체는 원시 바다가 형성된 후 물속에서 출현하였다.

12. 답 ②
해설 지구의 층상 구조인 맨틀과 핵의 구분은 마그마의 바다가 형성된 후 마그마 바다 속 무거운 금속 성분들을 가라앉아 핵을 이루고, 상대적으로 가벼운 규산염 물질들은 바깥쪽의 맨틀을 이루면서 형성되었다. 그러므로 (가) → (다)

과정 사이에 형성된 것이다.

13. 답 ①
해설 ㄴ, ㄹ. 원시 바다가 형성된 후 광합성을 하는 생물이 바다에 출현하기 시작하였다. 이들에 의해 공급된 산소의 양이 점차 늘어나면서 생명체의 진화가 급격히 일어났고, 오존층이 형성된 이후에는 육상 생물도 등장하였다. ㄷ. 온실 효과에 의한 온도 상승 폭은 원시 대기가 형성된 후 대기 중의 이산화 탄소와 수증기 양이 많았던 지구 생성 초기에 가장 컸다. 갈수록 미행성의 충돌이 줄어들면서 지구의 온도도 내려가기 시작하였다.

14. 답 ④
해설 A는 이산화 탄소, B는 질소, C는 아르곤, D는 산소이다. ④ 오존층은 대기 중 산소가 축적되기 시작하면서 형성되었다. ① 이산화 탄소는 온실 효과에 기여도가 높은 기체이다. 이산화 탄소의 분압이 높았던 시기는 현재보다 온실 효과로 인하여 지구의 온도가 더 높았을 것이다. ② 질소는 현재 가장 많은 양을 차지하는 기체로 대기 중 함량 변화가 거의 없다. 화산 가스 외에도 암모니아의 분해로도 생성된 질소는 약 35억 년 전 광합성이 시작되면서 생물체에 흡수되었고, 이 생물체가 죽어서 퇴적물이 되어 바다에 침전되면서 대기 중의 질소가 아주 조금 감소하게 되었다. ③ 아르곤은 원시 지구가 형성될 때 화산 활동에 의해 방출된 가스로 원시 지각이 형성된 후 지각이 안정되어 화산 활동이 줄어들자 거의 변화가 없게 되었다. ⑤ 산소는 원시 바다에서 광합성을 하는 생명체가 나타나면서 대기 중의 이산화 탄소를 흡수하여 산소를 발생시켜서 증가하게 되었다.

15. 답 ③
해설 태양풍과 자외선을 피해 원시 바다에서 출현하기 시작한 원시 생명체들은 광합성을 통해 산소를 바다에 공급하였다. 이후 대기 중의 산소의 양이 늘어나기 시작하였고, 늘어난 산소에 의해 오존층이 형성되면서 육상 생물이 등장할 수 있게 된 것이다.

16. 답 ④
해설 이산화 탄소는 초기 원시 대기의 주요 성분으로 바다가 형성된 후 많은 양이 바닷물에 용해되어 해양 생물체에 흡수되거나 석회암을 형성하면서 현재의 구성 비율까지 줄어들게 되었다.

17. 답 ③
해설 액체 상태의 물이 생명체에게 중요한 이유는 비열이 커서 많은 양의 열을 긴 시간 동안 보존할 수 있으며, 다양한 물질을 녹일 수 있는 좋은 용매로 생명체가 탄생하고 진화할 수 있는 좋은 환경을 제공하기 때문이다. 또한 물은 얼음이 되면서 밀도가 감소하여 물 위에 뜨기 때문에 물속 생물들이 겨울에 물 표면이 얼더라도 살아갈 수 있게 해 준다.

18. 답 ③
해설 중심별의 질량이 클수록 광도가 크기 때문에 생명 가능 지대는 중심별에서 더 멀어지고, 그 폭도 넓어진다. ④ 생명 가능 지대가 더 멀어지기 때문에 수성과 금성은 생명 가능 지대에 계속 속하지 못한다.

19. 답 ①
해설 ② 태양의 질량이 작아진다면 생명 가능 지대가 중심별에서 더 가까워질 것이다. ③ 수성에 생명체가 살 수 없는 것은 태양과의 거리가 너무 가까워서 물이 모두 증발해 버리기 때문에 액체 상태의 물이 존재하기 어려워서이다. ④ 태양계에서 생명 가능 지대에 속한 지구에만 액체 상태의 물이 존재한다. ⑤ 지구보다 멀리 있는 행성 중 화성을 제외한 나머지 행성들의 질량은 지구보다 크다. 하지만 그 이유와 생명체가 살 수 있는지 여부는 관련이 없다.

20. 답 ③
해설 ㄱ. A는 금성, B는 화성이다. ㄴ. 두 행성은 지구와 생성 원인이 비슷하지만 태양과의 거리가 다르기 때문에 환경은 지구와 매우 다르기 때문에 생명체가 살 수 없다.

21. 답 ⑤
해설 ①, ② A는 화살표가 바깥으로 향하고 있는 것으로 보아 상대적으로 가벼운 규산염 물질들로 핵의 바깥쪽으로 이동하여 맨틀을 이루는 것을 알 수 있다. B는 철과 니켈과 같은 무거운 금속 성분들로 중심으로 가라앉아 핵을 이루었다. ③ 원시 바다는 (다) 과정 이후 형성되었다. ④ 원시 대기는 (가) 과정에서 수많은 미행성체들이 충돌하면서 미행성체에 포함되어 있던 수증기, 이산화 탄소, 수소 등이 방출되면서 이루어진 것이다.

22. 답 ②
해설 원시 지구는 미행성의 계속된 충돌로 인한 열에너지와 원시 대기의 수증기로 인한 온실 효과로 인하여 지구의 온도가 계속 상승하였다. 이후 높은 온도로 인하여 지구를 구성하고 있는 모든 물질들이 녹아 마그마 바다를 이루게 된다. 마그마 바다가 형성된 이후 미행성체들의 충돌이 줄어들면서 지표의 온도는 낮아지기 시작하였다.

23. 답 ⑤
해설 ㄱ. 그래프에서 대기 중 산소의 양이 늘어나는 시점은 약 26억 년 전 무렵부터이다. 이때는 바다에 출현하기 시작한 광합성을 하는 생물들에 의해 산소가 바닷물에 녹아들어 가다가 점차 그 양이 증가하면서 대기로 방출되기 시작한 것이다. ㄴ. 초기 원시 대기의 주요 성분인 이산화 탄소는 바다가 형성되면서 많은 양이 바닷물에 용해되어 석회암을 형성하였다. 이는 기권과 수권의 상호 작용의 결과라고 할 수 있다. 또한 산소가 증가한 것은 생물체의 광합성에 의한 결과이므로 생물권과 기권의 상호 작용의 결과라고 할 수 있다. ㄷ. 약 43억 년 전 수증기가 급격한 감소를 보이는 것으로 보아 대기 중에 있던 수증기가 비로 되어 내리면서 바다가 형성되었음을 알 수 있다.

24. 답 ④
해설

ㄴ. 이산화 탄소는 초기 원시 대기의 주요 성분으로 바다가 형성된 후 많은 양이 바닷물에 용해되면서 대기 중의 분압이 계속 작아지게 된다. ㄷ. 광합성을 하는 바다 생명체가 출현하면서 대기 중으로 산소가 공급되기 시작하였다. ㄹ. 미행성의 충돌이 줄어들면서 지구의 온도가 낮아졌고, 원시 지각이 형성되었다.

25. 답 ④
해설 별의 질량이 작은 경우 생명 가능 지대가 중심별과 가까워진다. 중심별의 영향으로 행성들의 자전 주기가 길어지고, 행성의 자전 주기와 공전 주기가 같아지게 된다. 결국 행성의 중심별을 향하는 면이 항상 동일하게 되어 낮과 밤의 구분이 없어지게 되므로 생명체가 살기 어려워진다.

26. 답 ⑤
해설 (가)는 화성, (나)는 금성이다. ① 두 행성은 모두 '성운설'에 의해 탄생했다는 것이 학자들에 의해 가장 지지받는 이론이다. 태양계에 있던 거대한 성운이 회전과 수축을 반복하면서 원시 태양계 성운이 형성되었고, 중심부에는 태양과 그 주위에는 가스와 먼지 등이 밀집하여 티끌층을 이루었다. 이 티끌층이 응축하여 성장하면서 수많은 미행성체가 탄생하였고, 이 미행성체들의 충돌에 의해 태양계 행성들이 형성되었다는 이론이 '성운설'이다. 태양 가까이에는 무거운 성분의 미행성체가 모여 지구형 행성인 수성, 금성, 지구, 화성이 형성되었다. 즉, 화성과 금성의 생성 원인은 비슷하다. ② 두 행성에는 농도의 차이는 있지만 모두 이산화 탄소와 질소가 존재한다. ③ (나) 금성은 지구보다 태양에 가까이 위치한다. ④ (가) 화성은 대기 중의 이산화 농도와 대기압이 낮아 온실 효과가 거의 없기 때문에 일교차가 매우 크다. ⑤ (나) 금성에는 물이 모두 끓어 증발해버리기 때문에 액체 상태의 물이 존재할 수 없다.

27. 답 ③
해설 ㄱ, ㄴ. 중심별의 질량이 클수록 광도가 크기 때문에 생명 가능 지대가 중심별에서 더 멀어지고 그 폭도 넓어진다. 그러므로 중심별 B의 질량이 A의 질량보다 크고, 광도도 더 큰 별이다. ㄷ. 중심별의 질량이 다르기 때문에 같은 거리에 있더라도 행성의 평균 표면 온도가 다르다. ㉡은 생명 가능 지대보다 멀리 있는 행성이므로 생명 가능 지대에 있는 ㉣보다 평균 표면 온도가 낮을 것이다. ㄹ. 생명 가능 지대란 항성의 둘레에서 물이 액체 상태로 존재할 수 있는 거리의 범위를 말한다.

28. 답 ③
해설 A는 지속적으로 감소하는 것으로 보아 이산화 탄소임을 알 수 있다. 이산화 탄소는 초기 원시 대기(기권)의 주요 성분으로 바다가 형성되면서 바닷물에 용해(수권)되었으며 바닷물 속에서 일어나는 화학 반응으로 석회암(지권)을 형성하였다.

29. 답 ③
해설 ㄱ. 태양의 질량이 현재의 절반이 되면 생명 가능 지대가 태양에 더 가까워지고 그 폭도 좁아지기 때문에 지구는 생명 가능 지대에 속하지 못하기 때문에 액체 상태의 물이 존재하지 못할 것이다. ㄴ. 중심별의 질량이 태양의 2배인 별에서 생명 가능 지대의 범위는 공전 궤도 반지름이 약 3~4AU인 경우이다. ㄷ. 현재 금성은 태양과의 거리가 너무 가깝기 때문에 물이 모두 끓어 증발해버리기 때문에 기체 상태로 존재하고, 화성은 태양과의 거리가 멀기 때문에 지표 상의 물이 모두 얼어 고체 상태로 존재할 수 있다. ㄹ. 생명 가능 지대는 중심별의 질량이 작을수록 그 폭이 좁아지고, 중심별에 가까워 진다.

30. 답 지구 공전 궤도의 이심률이 커지면 타원에 가까운 공전 궤도를 그리게 된다. 그때 태양과 가까운 지점으로 지구가 공전할 때는 물이 모두 끓어 증발해버리고, 태양과 먼 지점으로 지구가 공전할 때는 물이 모두 얼어버릴 것이다.
해설 궤도 이심률이란 타원이 찌그러진 정도로 숫자가 작을수록 원에 가깝고, 클수록 많이 찌그러진 모양이 된다. 지구 공전 궤도의 이심률은 작기 때문에 원에 가까운 타원 궤도를 이루며 태양 주위를 공전한다. 따라서 일 년 동안 온도 변화가 크지 않기 때문에 물의 상태변화가 심하지 않아 생명체가 살기에 좋은 환경이다.

2강. 지구계의 구성과 그 역할

개념 확인 32~35쪽

1. 기권, 지권, 수권, 생물권, 외권
2. 지각, 맨틀, 외핵, 내핵 3. 혼합층 4. 생물권

확인+ 32~35쪽

1. (1) 열 (2) 대 (3) 중 (4) 성 2. 맨틀 3. ②
4. (1) 생 (2) 외

3. 답 ②

해설 수권은 태양 에너지를 저장하고, 저장된 열을 해수의 순환을 통해 고르게 분배하여 지구 전체의 에너지가 일정하도록 해주는 역할을 한다. 태양풍으로 부터 생명체를 보호하는 것은 기권의 역할이다.

개념 다지기 36~37쪽

01. ⑤ 02. ③
03. (1) 지각 (2) 내핵 (3) 외핵 (4) 맨틀 04. ⑤
05. ③ 06. ③ 07. ⑤ 08. ㉠ ㄴ ㉡ ㅂ

01. 답 ⑤

해설 ① 생물체들이 살아갈 수 있는 공간을 제공하는 구성 요소는 지권이다.
② 깊이에 따라 혼합층, 수온 약층, 심해층으로 구분되는 구성 요소는 수권이다.
③ 지구계를 구성하는 기권, 지권, 수권에 걸쳐 분포하는 구성 요소는 생물권이다.
④ 외권은 지구계와 운석 이외의 물질 이동이 거의 일어나지 않는다.

02. 답 ③

해설 ㄴ. 중간권은 위로 올라갈수록 온도가 하강하여 대류가 일어나지만 수증기가 거의 없어 기상 현상이 나타나지 않는다.
ㄷ. 대기 전체 질량의 약 75%가 분포하는 층은 대류권이다.

04. 답 ⑤

해설 대륙 지각의 평균 밀도는 약 2.7g/cm^3, 해양 지각은 약 3.0g/cm^3, 맨틀은 약 3.3~5.7g/cm^3, 외핵은 약 10~12.2g/cm^3, 내핵은 약 12.6~13.0g/cm^3 이다. 그러므로 밀도가 큰 순서대로 나열하면 내핵 〉 외핵 〉 맨틀 〉 해양 지각 〉 대륙 지각이 된다.

05. 답 ③

해설 깊이에 따른 수온의 연직 수온 분포에 의해 해수는 혼합층, 수온 약층, 심해층으로 구분한다.
혼합층(㉠)은 태양 복사 에너지에 의해 수온이 가장 높으며, 바람의 혼합 작용으로 수온이 일정한 층이다.
수온 약층(㉡)은 깊이에 따라 수온이 급격하게 낮아지는 층으로 매우 안정하여 대류가 일어나지 않기 때문에 혼합층과 심해층 사이에서 해수의 교류를 차단한다.
심해층(㉢)은 태양 복사 에너지가 거의 도달하지 않기 때문에 수온이 가장 낮고, 수온 변화가 거의 없는 층이다.

06. 답 ③

해설 ①, ③ 육수에 가장 많이 녹아 있는 성분은 탄산 수소 이온이며, 해수에 가장 많이 녹아 있는 성분은 염화 이온으로 각각의 구성 성분은 다르다.
② 수권의 약 97%는 해수가 차지한다.
④ 수권은 구성 성분에 따라 해수와 육수로 구분한다.
⑤ 수권은 지구 상에 존재하는 액체 상태의 물과 빙하 상태의 물을 말한다. 대기 중의 수증기는 기권에 속한다.

07. 답 ⑤

해설 생물권은 지구계를 구성하는 기권, 지권, 수권에 걸쳐 분포한다. 이 중 기권과 수권, 지권이 서로 접하고 있는 지표면 위에서 생물체가 가장 다양하게 번성한다. 외권에는 생물체가 존재하지 않는다.

08. 답 ㉠ ㄴ ㉡ ㅂ

해설 밴앨런대란 태양풍에서 지구의 자기장 안으로 유입된 대전 입자들이 지구 주위의 자기력선에 붙잡혀 도넛 형태로 분포하여 밀집되어 있는 공간을 말한다. 이에 의해 우주로부터 오는 유해한 우주 방사선이나 태양풍에 의한 고에너지 입자가 차단된다.

유형 익히기 & 하브루타 38~41쪽

[유형2-1] (1) 오로라, ㉠ (2) A(㉡, ㉣), B(㉠, ㉢)
01. ④ 02. ⑤
[유형2-2] ④
03. ③ 04. ④
[유형2-3] ④
05. ㉡, 수온 약층 06. ④
[유형2-4] ④
07. ④ 08. ⑤

[유형2-1] 답 (1) 오로라, ㉠ (2) A(㉡, ㉣), B(㉠, ㉢)

해설

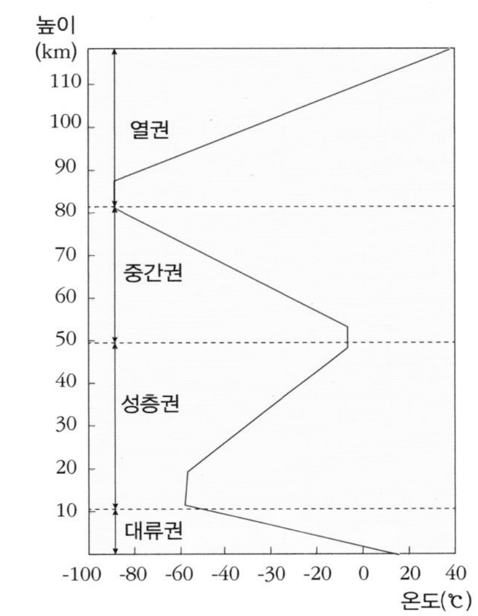

(1) 오로라는 열권에서 일어나는 현상이다.
(2) 대류 운동은 위로 올라갈수록 온도가 하강 하는 경우에만 일어난다. 그러므로 대류권(㉣)과 중간권(㉡)에서 일어난다. 반면에 위로 올라갈수록 온도가 상승하는 곳인 성층권(㉢)과 열권(㉠)에서는 대류 운동이 일어나지 않는다.

01. 답 ④

해설 ④ 지표를 흐르는 물이 일으키는 침식 작용으로 지형을 변화시키고, 퇴적과 운반 작용으로 암석의 순환에도 영향을 주는 것은 수권이다.
기권은 ①, ② 수증기와 이산화 탄소가 온실 효과를 일으켜 지표면을 보온하고, 온도를 일정하게 유지시켜준다.
③ 생물체의 호흡에 필요한 산소, 광합성에 필요한 이산화 탄소를 제공한다.
⑤ 우주 공간으로부터 지구로 날아오는 유성체를 연소시켜 분해하고, 오존층이 태양으로부터 오는 유해한 자외선을 흡수하여 생명체를 보호한다.

02. 답 ⑤

해설 전체 대기의 99%는 약 30km 높이 아래에 분포하고 있다. 주요 성분은 질소가 78%, 산소가 21%, 아르곤이 0.9%, 이산화 탄소가 0.03%, 수증기가 0.003 ~ 0.03%를 각각 차지하고 있다.

[유형2-2] 답 ④

해설

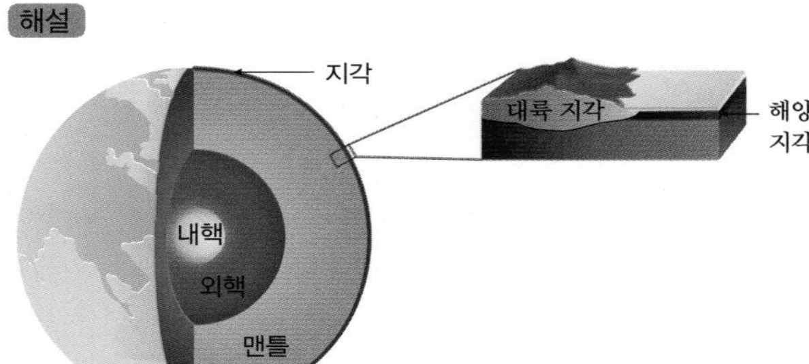

① 지각은 지구의 겉부분으로 고체 상태로 이루어진 층이다. 주로 산소와 규소로 구성되어 있다.
② 내핵은 지구의 층상 구조 중 가장 밀도가 큰 층이다.
③ 외핵은 액체 상태의 철, 니켈 및 소량의 황, 규소, 산소 등의 화합물로 이루어진 층이다.
④ 맨틀은 지구 내부에서 약 83%의 가장 많은 부피를 차지하는 층이다.
⑤ 대륙 지각은 화강암질, 해양 지각은 현무암질로 이루어져 있다.

03. 답 ③

해설 내핵은 지구 내부 층상 구조를 이루는 층들 중에서 가장 밀도가 크다. 외핵의 밀도는 약 10 ~ 12.2g/cm^3, 맨틀의 밀도는 약 3.3 ~ 5.7g/cm^3, 해양 지각의 밀도는 약 3.0g/cm^3, 대륙 지각의 밀도는 약 2.7g/cm^{3}이다.

04. 답 ④

해설 지권은 생명체들에게 서식 공간을 제공하고, 수권에 영향을 미치는 역할 뿐만 아니라 지권의 화산 활동으로 많은 가스와 화산재가 발생하면 대기의 구성 물질에 변화가 일어나기 때문에 기후 변화에도 영향을 미친다.
ㄷ. 식물에 의한 암석의 물리적 풍화 작용과 침식 작용이 일어나 지형이 변하는 것은 생물권에 의한 것이다.

[유형2-3] 답 ④

해설

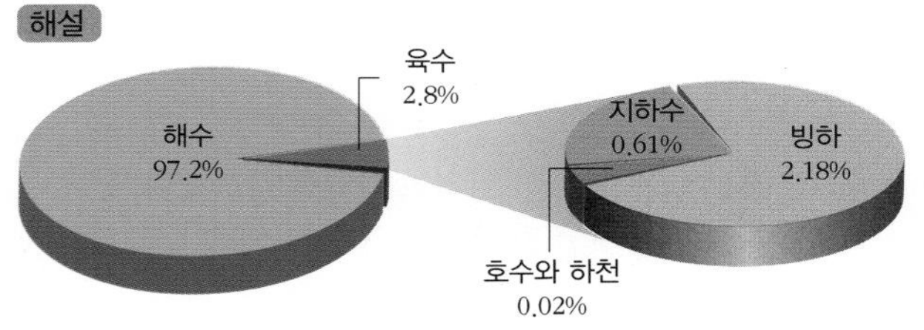

① 수권의 97.2%인 대다수를 차지하는 것은 A 해수이다. ② 해수에 가장 많이 녹아 있는 이온은 Cl^-이고, 육수에 가장 많이 녹아 있는 이온이 HCO_3^- 이다.
③ 육수의 대다수를 차지하는 것은 빙하(㉠)이고, 그 다음은 지하수(㉡)이다.
④ 해수에 가장 많이 녹아 있는 Cl^-는 해저 화산 활동에 의해 해수에 공급된다.
⑤ 해수인 A가 깊이에 따른 수온의 연직 분포에 의해 혼합층, 수온 약층, 심해층으로 구분된다.

05. 답 ㉡, 수온 약층
해설 수온 약층은 깊이에 따라 수온이 급격히 낮아지는 층으로 매우 안정하여 대류가 일어나지 않기 때문에 혼합층과 심해층 사이에서 해수의 교류를 차단한다.

06. 답 ④
해설 ㄱ. 육수에 가장 많이 녹아 있는 이온은 HCO_3^-, 해수에 가장 많이 녹아 있는 이온은 Cl^-이다. 이는 육수에 가장 많이 녹아 있는 탄산 수소 이온(HCO_3^-)과 칼슘 이온(Ca^{2+})이 바다로 흘러들어가면서 서로 결합하여 탄산 칼슘($CaCO_3$)이 되어 가라앉거나 생물체에 먹이로 흡수되어 육수 속에서 가장 많은 양을 차지하고 있던 HCO_3^- 이 해수 속에는 적은 양으로 있는 것이다. 또한 해저 화산 활동에 의해 염화 이온(Cl^-)이 해수에 공급이 되기 때문에 해수 속에는 염화 이온 성분이 가장 많다.

[유형2-4] 답 ④
해설 생물권이란 인간을 포함하여 지구에 사는 모든 생물체와 더불어 아직 분해되지 않은 유기물이 분포하는 영역을 말한다. 생물권에 속하는 식물에 의한 암석의 물리적 풍화 작용이나 침식 작용으로 지형을 변화시키기도 하고, 산림이 태양 에너지를 흡수하여 지표면 온도를 높여주기도 한다. 또한, 식물의 광합성 작용과 호흡 작용으로 산소와 이산화 탄소의 양을 조절하여 대기 조성 변화에도 영향을 준다. 생물권은 기권과 수권, 지권이 서로 접하고 있는 지표면 위에서 가장 다양하게 번성한다.
외권이란 지구 대기권 바깥 영역인 약 1,000km 높이 이상의 우주 공간을 말한다. 지구계와 외권 사이에는 운석 이외의 물질 이동은 거의 일어나지 않으나, 에너지의 출입은 일어난다. 외권의 지구 자기장에 의한 밴앨런대에 의해 해로운 우주 방사선이나 태양풍의 고에너지 입자가 차단되어 생명체와 지구가 보호된다.

07. 답 ④
해설 ① 지구 대기권 바깥 영역인 외권을 나타낸다.
②, ③ 밴앨런대는 지구 자기장에 의해 형성된다. 태양풍에서 지구의 자기장 안으로 유입된 대전 입자들이 지구 주위의 자기력선에 붙잡혀 도넛 형태로 분포하여 밀집되어 있는 공간이 밴앨런대이다.
④ 외권에 속하는 밴앨런대에 의해 우주 방사선이 차단되어 지구의 생명체를 보호한다.
⑤ 태양풍에 의한 고에너지 입자도 밴앨런대를 통과할 수 없기 때문에 지구상 생명체를 보호할 수 있다.

08. 답 ⑤
해설 생물계의 주요 역할 중 하나는 지구 표면의 지형 변화이다. 생물계에 의한 지형 변화에는 식물에 의한 암석의 물리적 풍화 작용과 침식 작용이 일어나 지형이 변하는 경우가 있으며, 토양 속 미생물에 의해 퇴적물과 토층이 형성되면서 지형이 변하기도 한다.

창의력 & 토론마당 42~45쪽

01
(1) (가) 지역은 동해, (나) 지역은 황해이다. 그 이유는 수심이 350m 이상 내려가는 것으로 보아 수심이 완만한 황해가 아닌 동해임을 알 수 있다.
(2) ㄴ, ㄷ, ㄱ. 표층 수온의 연 변화는 (나) 지역이 크다.

해설 구로시오 해류(난류)의 영향으로 동해의 2월 수온은 같은 위도상의 황해보다 더 높다. 따라서 (나) 지역의 2월의 수온이 더 낮은 것으로 보아 황해임을 알 수 있다.
(2) 우리나라 동해는 수심이 깊어 표층 수온의 연교차가 작으며, 황해의 경우 수심이 얕고 대륙의 영향을 받아 수온의 연교차가 크다.

02 ① 맨틀과 외핵 사이에서 P파만 통과하는 것으로 보아 S파는 고체 상태에서만 진행이 가능하고, 액체 상태에서는 통과하지 못하는 것을 알 수 있다. ② 같은 물질을 통과할 때의 속도 차이로 보아 S파가 P파보다 느린 것을 알 수 있다. ③ 파동의 속도는 액체 상태보다 고체 상태에서 더 빠르다.
지구 내부로 들어갈수록 지구 내부 온도는 증가한다. 지진파의 속도가 지구 내부로 들어갈수록 빨라지는 것으로 보아 지진파는 맨틀이 차갑고 단단한 암석일수록 속도가 느리고, 점차 암석이 가열될수록 진동이 전달되는 속도가 더욱 빨라지는 것을 알 수 있다.

03 ㄱ, ㄴ, ㅁ
ㄷ. 성층권 중 오존의 농도가 최대인 곳보다 상층부로 갈수록 온도가 높아진다.
ㄹ. 오존층은 자외선을 차단해준다.

해설 ㄱ. ㉠은 대류권으로 대기 전체 질량의 약 75%가 분포한다. 대류 운동이 일어나며, 수증기에 의한 기상 현상이 나타나므로 수권과 기권의 상호 작용이 가장 활발한 층이다. ㄴ. 대류권은 상층부로 갈수록 온도가 하강한다. 이는 지표 복사 에너지가 높이 올라갈수록 적게 도달하기 때문이다. ㄷ. 성층권 중 오존의 농도가 최대인 곳보다 위쪽으로 갈수록 온도가 높아진다. 이는 오존층이 태양으로부터 오는 자외선을 흡수하기 때문에 상층부로 갈수록 온도가 점점 높아진다. ㄹ. 오존층은 자외선을 차단해준다. 우주로부터 날아오는 해로운 우주 방사선이나 태양풍에 의한 고에너지 입자는 외권에 형성된 밴앨런대에 의해 차단된다.

04 (1) 오존은 자외선에 의해 만들어지지만 자외선을 차단해주는 역할도 한다. 자외선에 의해 산소 분자가 쪼개진 후 산소 원자와 산소 분자의 충돌로 오존이 생성되며, 생성된 오존이 모여 오존층을 형성한다. 이 오존층은 지구에 들어오는 자외선을 차단해주는 것이다.

(2) 오존은 산소 원자와 산소 분자의 충돌을 하면서 만들어진다. 따라서 오존이 만들어지기 위해서는 충분한 산소 원자와 산소 분자가 필요하다. 지표 부근에는 도달하는 자외선의 양이 적기 때문에 1단계 과정에 의해 일어나는 산소 원자가 부족하여 오존이 만들어지기 어렵다. 또한, 성층권보다 높은 지역에서는 산소 원자와 산소 분자는 존재하지만, 밀도가 작아 충돌한 만큼 충분하지 못하기 때문에 오존이 만들어지기 힘들다.

스스로 실력 높이기 46~51쪽

01. 지구계 02. ④ 03. 수증기 04. ④ 05. ⑤
06. ③ 07. (1) O (2) O (3) X 08. ㉠ 해수 ㉡ 육수
09. 생물권 10. 밴앨런대 11. (1) X (2) O (3) X (4) O
12. ㉡, ㉠ 13. ② 14. ② 15. ③ 16. ④ 17. ⑤
18. ③ 19. ⑤ 20. ③ 21. ③ 22. ③ 23. ④
24. ⑤ 25. ⑤ 26. ㉠ 운석 ㉡ 에너지 ㉢ 지구 자기장
27. ㄱ, ㄷ 28. 비행기의 항로로 이용되는 층은 성층권이다. 그 이유는 성층권은 높이 올라갈수록 온도가 높아져서 대류 운동이 일어나지 않으므로 기층이 안정하기 때문이다. 29. ㄴ, ㄹ 30. ㄱ, ㄴ, ㅁ

01. **답** 지구계
해설 지구계의 구성 요소는 기권, 지권, 수권, 생물권, 외권이다.

03. **답** 수증기
해설 수증기는 이산화 탄소와 함께 온실 효과를 일으키기도 한다.

04. **답** ④
해설 전리층은 이온(ion)이라는 단어와 영역(sphere)이라는 단어가 결합되어 만들어진 단어이다. 지상에서 보내는 전파를 흡수하고 반사하여 무선 통신에 중요한 역할을 한다.

05. **답** ⑤
해설 대륙 지각은 화강암질 암석, 해양 지각은 현무암질 암석, 맨틀은 감람암질 암석으로 이루어져 있다.

06. **답** ③
해설 지각을 이루는 구성 원소 중 많은 양을 차지하는 원소들 순으로 정리하면 산소 〉 규소 〉 알루미늄 〉 철 순이지만, 지구 전체를 구성하는 원소는 철 〉 산소 〉 규소 〉 마그네슘 순이다.

07. **답** (1) O (2) O (3) X
해설 (2) 수권에는 다량의 이산화 탄소가 녹아 있기 때문에 대기 중 이산화 탄소 농도를 조절한다. (3) 온실 효과를 일으켜 지표면을 보호하고, 온도를 일정하게 유지시켜 주는 것은 기권을 이루는 성분 중 수증기의 역할이다. 수권은 태양 복사 에너지에 의해 저장된 열을 해수의 순환을 통해 고르게 분배하여 지구 전체의 에너지가 일정하도록 해준다.

08. 답 ㉠ 해수 ㉡ 육수
해설 수권은 구성 성분에 따라 해수와 육수로 구분한다. 해수는 전체 수권의 97.2%를 차지한다.

09. 답 생물권
해설 생물권은 인간을 포함하여 지구에 살고 있는 모든 생물체와 아직 분해되지 않은 유기물이 분포하는 영역을 말한다. 지구계를 구성하는 기권, 지권, 수권에 걸쳐 분포한다. 식물의 광합성과 호흡 작용으로 산소와 이산화 탄소의 양을 조절하여 대기 조성 변화에 영향을 주며, 지구 전체의 온도를 조절해 준다.

11. 답 (1) X (2) O (3) X (4) O
해설 (1) 지권은 지구계의 다른 영역과 물질 및 에너지 이동이 활발하다. (3) 오존층은 기권에 존재하며 지구 생명체 유지에 중요한 역할을 한다.

12. 답 ㉡, ㉠
해설 대류권 계면은 대류 운동의 활발한 정도에 따라 높이가 달라진다. 중위도 지방의 경우에는 대류 운동이 활발한 여름철에는 높아지고, 겨울철에는 낮아진다.

13. 답 ②
해설 중간권은 성층권 위의 약 50 ~ 80km 높이까지의 층을 말한다. 대류권과 같이 위로 올라갈수록 온도가 하강하여 대류가 일어나지만, 수증기가 거의 없어 기상 현상은 나타나지 않는다.

14. 답 ②
해설

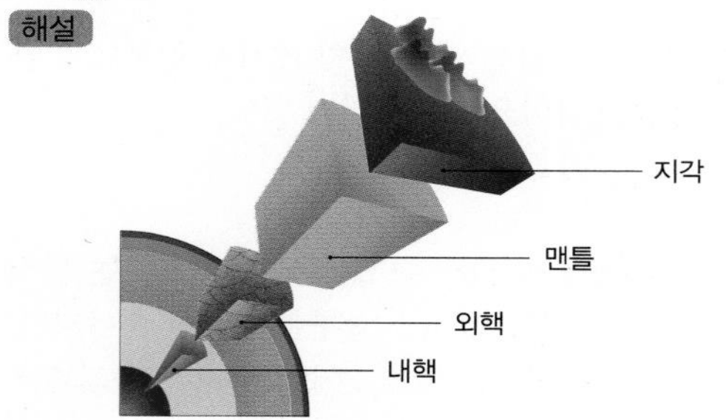

① 지구 내부 구조 중 외핵은 액체 상태로 이루어져 있다.
③ 외핵은 주로 철, 니켈 및 소량의 황, 규소, 산소 등의 화합물로 이루어진 층이다. 주로 감람암질 암석으로 되어 있는 층상 구조는 맨틀이다.
④ 암석권은 대륙 지각과 해양 지각, 상부 맨틀을 말한다.
⑤ 지각을 이루는 구성 원소 중 가장 많은 질량비를 차지하는 것은 산소(46.4%)이다.

15. 답 ③
해설 맨틀의 평균 깊이 약 2,900km 〉 외핵 2,900 ~ 5,100km 〉 내핵 5,100 ~ 6,400km 〉 대륙 지각 약 35km 〉 해양 지각 약 5km 이다.

16. 답 ④
해설

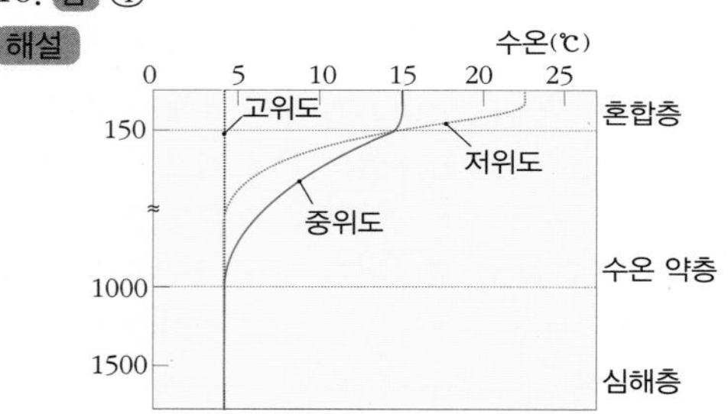

ㄱ. 고위도 지방은 태양 복사 에너지를 적게 받아 표층과 심층의 수온차가 거의 없어서 해수의 층상 구조가 나타나지 않는다.
ㄴ. 저위도 지방은 수온 약층이 잘 발달되어 있다.
ㄷ. 중위도 지방은 바람이 강하게 불기 때문에 혼합층의 두께가 가장 두껍다.

17. 답 ⑤
해설 육수에 가장 많이 녹아 있는 이온은 탄산 수소 이온 HCO_3^- 이고, 해수에 가장 많이 녹아 있는 이온은 염화 이온 Cl^- 이다.

18. 답 ③
해설 ㄱ. 생물권이란 인간을 포함하여 지구에 살고 있는 모든 생물체들과 아직 분해되지 않은 유기물이 분포하는 영역을 말한다.
ㄴ. 식물에 의한 암석의 물리적 풍화 작용과 침식 작용이 일어나 지형이 변한다.
ㄷ. 지구계를 구성하는 기권, 지권, 수권에 걸쳐 생물권은 분포하고, 이 중 기권과 수권, 지권이 서로 접하고 있는 지표면 위에서 생물체가 가장 다양하게 번성한다.
ㄹ. 산림은 토양을 비옥하게 만들며, 태양 에너지를 흡수하여 지표면 온도를 높여준다.

19. 답 ⑤
해설 ㄱ. 지구의 외핵은 철과 니켈로 이루어진 액체 상태로 이러한 물질들의 대류 현상(움직임)은 유도 전류를 발생시킨다. 이때 유도 전류에 의해 지구 자기장이 형성되는 것이다.
ㄴ. 태양이나 우주에서 날아오는 에너지가 큰 대전 입자들이 지구 자기장을 만나면 휘어지게 된다.
ㄷ. 지구 자기장 안쪽에는 태양풍을 이루는 대전 입자들이 지구 자기장에 붙잡혀 지구를 도넛 모양으로 감싸고 있는데

이를 밴앨런대라고 한다.

20. 답 ③
해설 ㄱ. 지권에서 일어나는 화산 활동으로 많은 가스와 화산재가 발생을 하면 대기의 구성 물질에 변화가 일어나기 때문에 기후 변화에도 영향을 미친다.
ㄴ. 수권은 태양 복사 에너지에 의해 저장된 열을 해수의 순환을 통해 고르게 분배하여 지구 전체의 에너지가 일정하도록 해준다.
ㄷ. 외권에는 지구 자기장에 의한 밴앨런대가 형성되어 있어 우주로부터 오는 유해한 우주 방사선이나 태양풍에 의한 고에너지 입자를 막아 주어 생명체와 지구를 보호한다.

21. 답 ③
해설 지각에서 가장 많은 양을 차지하는 원소는 산소이다.

22. 답 ③
해설 ㄱ. 대류 운동은 위로 올라갈수록 온도가 낮아지는 중간권과 대류권에서 일어난다. 하지만 대류권에서는 수증기가 있어 대기 현상이 나타나지만 중간권에서는 수증기가 거의 없어 대기 현상은 나타나지 않는다.
ㄴ. 기층 중 가장 안정한 층은 대류 운동이 일어나지 않는 성층권이다.

23. 답 ④
해설 ㄱ. 지각은 고체 지구를 이루는 겉 표면의 딱딱한 부분을 말한다. 대륙 지각은 평균 깊이 약 35km, 해양 지각은 약 5km 의 두께로 분포한다.
ㄴ, ㄹ 지구 내부에서 가장 많은 부피인 약 83%를 차지하는 층은 맨틀이다. 맨틀의 평균 깊이는 약 2,900km이며, 상부 맨틀은 유동성 있는 고체 상태(연약권)로 존재한다.
ㄷ. 지각과 맨틀의 주요 성분은 산소와 규소로 이루어진 규산염 화합물이며, 내핵과 외핵의 경우 철과 니켈이 주성분을 이룬다.

24. 답 ⑤
해설 ㄱ. 수권은 구성 성분에 따라 해수와 육수로 나뉜다. 이 중 해수가 97.2%로 대부분을 차지한다. 육지의 물인 육수는 수권에서 2.8%를 차지하며 이 중 빙하가 2.18%로 가장 많은 비율을 차지한다.
ㄴ. 해수 속에 포함된 염류는 지각을 구성하고 있는 성분 중 칼슘, 나트륨, 마그네슘 등이 빗물이나 지하수에 용해되어 공급되었고, 해저 화산 활동으로 염소 성분이 녹아들어가 포함되었다.
ㄷ. 물은 증발하여 대기 중으로 유입되거나 응결하여 떨어질 때 에너지를 이동시키는 역할을 한다. 이에 따라 상태 변화를 거치는 동안 다양한 기상 변화를 일으킨다.

25. 답 ⑤
해설 기권은 각종 기상 현상을 일으키는 역할을 한다. 기권뿐만 아니라 수권과 지권도 기상 현상과 기후 형성에 영향을 미친다. 이처럼 지구를 구성하는 여러 요소들은 서로 연관되어 상호 작용한다.

26. 답 ㉠ 운석 ㉡ 에너지 ㉢ 지구 자기장
해설 지구 자기장에 의해 형성된 밴앨런대는 우주로부터 오는 해로운 우주 방사선이나 태양풍에 의한 고에너지 입자를 막아 주어 생명체와 지구를 보호한다.

27. 답 ㄱ, ㄷ
해설 ㄴ. 공기의 밀도는 지면에서 높이 올라갈수록 감소한다. 지구를 둘러싸고 있는 대기는 지구의 중력에 의하여 지표면 근처에 더 많이 쌓이게 된다. 지표면에서 높이 올라갈수록 중력도 그만큼 작아지므로 그 양도 줄어들고, 밀도 또한 줄어들기 때문에 기압도 감소하게 되는 것이다.
ㄹ. 대류권에는 대기 전체 질량의 약 75%가 분포한다.

28. 답 비행기의 항로로 이용되는 층은 성층권이다. 그 이유는 성층권은 높이 올라갈수록 온도가 높아져서 대류 운동이 일어나지 않으므로 기층이 안정하기 때문이다.

29. 답 ㄴ, ㄹ
해설 ㄱ. 석질 운석의 구성비는 지구 전체를 구성하는 원소 구성비와 가장 비슷하다.
ㄷ. 지구 내부는 무거운 원소인 니켈과 철로 구성되어 있다.
ㄹ. 지구 내부로 갈수록 밀도가 증가한다. 따라서 지구 내부의 주요 원소 구성비가 유사한 철질 운석의 밀도가 석질 운석의 밀도보다 크다.

30. 답 ㄱ, ㄴ, ㅁ
해설 ㄱ. 바람이 강할수록 혼합 작용이 잘 일어나기 때문에 혼합층의 두께가 두꺼워진다.
ㄴ, ㅁ. 표층의 수온이 가장 높은 것으로 보아 C해역이 A와 B해역보다 저위도 지방이라는 것을 알 수 있으며, 입사되는 태양 복사 에너지의 양이 가장 많은 것도 알 수 있다.
ㄷ. 혼합층이 가장 잘 발달된 것으로 보아 중위도 지방에서 잘 나타나는 수온의 연직 분포인 것을 알 수 있다.
ㄹ. 1,000m 이상의 깊이에서는 수온 변화가 거의 없는 심해층이 나타난다.

3강. 지구계의 순환과 상호 작용

개념 확인 52~55쪽

1. 태양 에너지 2. 지권 3. 태양 복사 에너지
4. 지권, 수권

4. 답 지권, 수권
해설 석회 동굴은 석회암 지대에 만들어지는 동굴로, 지표에 탄산 이온이 녹아 있는 빗물이 스며들거나 지하수가 흐르면서 생긴다.

확인+ 52~55쪽

1. ④ 2. ②, ⑤ 3. ㉠, ㉡ 4. (1) 생 (2) 지 (3) 수

1. 답 ④
해설 밀물과 썰물 작용은 달과 태양의 인력이 지구에 작용하여 생기는 조력 에너지에 의한 현상이다.

2. 답 ②, ⑤
해설 호흡, 화산 활동에 의한 분출, 해수에서 방출, 화석 연료의 연소에 의해 대기 중 탄소의 양은 증가한다. 반면에 광합성이나 해수에 용해되는 작용에 의해 대기 중 탄소의 양은 감소한다.

3. 답 ㉠, ㉡
해설 지구상의 물의 총 증발량과 총 강수량은 같다. 따라서 물의 총량은 항상 일정하여 평형을 이룬다. 이는 육지에서 남는 물이 해양으로 이동함에 따라 물수지는 평형을 이루게 되는 것이다.

개념 다지기 56~57쪽

01. (1) 지 (2) 태 (3) 조 02. ④ 03. ⑤ 04. ③
05. ⑤ 06. ③ 07. 복사 평형
08. A : ㄱ, B : ㄷ, C : ㄴ

01. 답 (1) 지 (2) 태 (3) 조
해설 (1) 지구 내부 에너지는 지구 내부의 핵에서 방출되는 고온의 열에너지와 암석 속 방사성 원소의 붕괴에 의해 방출되는 열에너지를 말한다. 이는 지권에서 일어나는 모든 에너지의 근원이 된다. (2) 태양 에너지는 지구계의 에너지원 중 가장 큰 비중을 차지하며, 지구 환경 변화에 가장 큰 영향을 주는 에너지이다. 이는 태양의 수소 핵융합 반응에 의해 발생한다. (3) 조력 에너지는 달과 태양의 인력이 지구에 작용하여 생기는 에너지로 밀물과 썰물, 조석 현상을 일으켜 해안 지형을 변화시키고, 해안 주변의 생태계에도 영향을 준다.

02. 답 ④
해설 지구계의 에너지원 중 가장 큰 비중을 차지하는 것은 태양 에너지로 17.3×10^{16}W이며, 그 다음으로 많은 양은 지구 내부 에너지로 5.4×10^{12}W, 가장 적은 양은 조력 에너지로 2.7×10^{12}W 이다.

03. 답 ⑤
해설 ㄱ. 지권에는 석회암($CaCO_3$)이나 화석 연료 등의 형태로 탄소가 존재한다. ㄴ. 기권에는 이산화 탄소(CO_2), 일산화 탄소(CO), 탄화 수소류 등의 형태로 탄소가 존재한다. ㄷ. 생물권에는 탄소가 생물체에 흡수되어 유기물의 형태로 존재한다. ㄹ. 수권에는 탄산 이온(CO_3^{2-}), 탄산 수소 이온(HCO_3^-) 등의 형태로 탄소가 존재한다.

04. 답 ③
해설 화산 활동으로 대기 중에 이산화 탄소(CO_2)와 일산화 탄소(CO) 등이 배출된다. → 식물의 광합성을 통해 이산화 탄소(CO_2)가 흡수된다. → 식물체가 죽어서 묻힌 유해가 화석 연료를 형성한다. → 인간의 활동으로 화석 연료가 연소되면서 이산화 탄소(CO_2)가 대기 중으로 방출된다.

05. 답 ⑤
해설 ㄱ. 물이 순환할 수 있는 주요 에너지원은 태양 복사 에너지이다. ㄴ. 물은 순환을 통해 에너지를 운반하여 지구 전체 에너지를 고르게 분배할 뿐만 아니라 풍화와 침식 작용을 일으켜 지표 및 기후 변화에도 영향을 미친다.

06. 답 ③
해설 육지는 증발량보다 강수량이 많으며, 해양은 증발량보다 강수량이 적다. 따라서 육지에서 남은 물이 해양으로 이동하면서 물수지의 평형을 이룬다.

08. 답 A : ㄱ, B : ㄷ, C : ㄴ
해설 ㄱ. 화산 활동에 의한 가스가 공기 중으로 공급되면 대기 조성이 변한다. 이것은 지권에 의한 기권의 변화이다. ㄴ. 태풍은 수권에 의한 기권의 변화 즉, 수권과 기권의 상호 작용이다. ㄷ. 하천이 흐르면서 V자곡을 만드는 것은 수권에 의한 지권의 변화이다.

유형 익히기 & 하브루타 58~61쪽

[유형3-1] ④
01. ④ 02. ②
[유형3-2] ⑤
03. ③ 04. ②
[유형3-3] (1) A : 26, B : 109 (2) 물수지 평형
05. ④ 06.④
[유형3-4] ④
07. ④ 08. ⑤

[유형3-1] 답 ④
해설 ① 조석 현상은 조력 에너지에 의해 일어난다. ②, ③ 해수의 순환과 대기의 순환은 태양 에너지에 의해 일어난다. ④ 태양 에너지는 지구계의 에너지원 중 가장 큰 비중을 차지하며, 지구 환경 변화에 가장 큰 영향을 주는 에너지이다. ⑤ 태양 에너지와 흡수와 반사되는 태양 복사 에너지의 합이 같다. 따라서 지구의 온도가 일정하게 유지되는 것이다.

01. 답 ④
해설 태양 에너지는 태양의 수소 핵융합 반응에 의해 발생한 에너지이다. 조력 에너지는 달과 태양의 인력이 지구에 작용하여 생기는 에너지이다. 지구 내부 에너지는 지구 내부의 핵에서 방출되는 고온의 열에너지와 암석 속 방사성 원소의 붕괴에 의해 방출되는 열에너지이다.

02. 답 ②
해설 ㄱ, ㄹ. 생명 활동의 에너지원이 되고, 풍화, 침식, 퇴적, 운반 작용을 일으켜 지표면을 변화시키는 에너지원은 태양 에너지이다. ㄴ. 맨틀 대류에 의한 판의 운동과 지진이나 화산 활동, 조산 운동을 일으켜 지표를 변화시키고 다양한 지형을 만드는 에너지원은 지구 내부 에너지이다. ㄷ. 밀물과 썰물을 일으켜 해안 지형을 변화시키고, 해안 주변의 생태계에도 영향을 주는 에너지원은 조력 에너지이다.

[유형3-2] 답 ⑤
해설 ① 수권에서 탄소는 탄산 이온(CO_3^{2-}), 탄산 수소 이온(HCO_3^-) 등의 형태로 존재한다. ② 화산 활동에 의해 대기 중 탄소의 양은 증가하며, 지권에서 기권으로 이동한다. ③ 지구계의 구성 요소 중 지권에 지구상에 분포하는 탄소의 약 99.9%가 포함되어 있다. ④ 식물의 호흡을 통해 탄소가 생물권에서 기권으로 이동한다.

03. 답 ③
해설

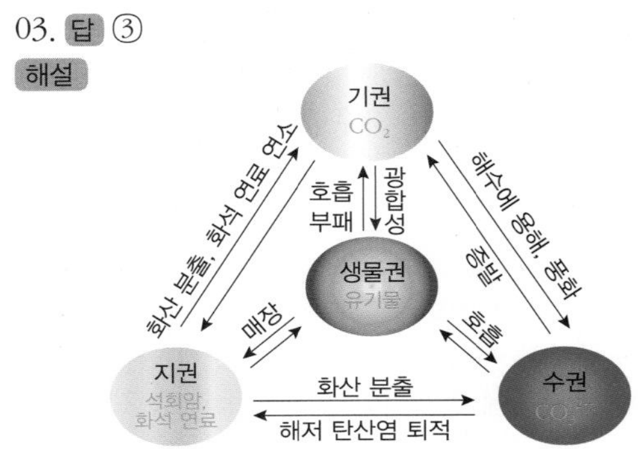

㉠ 지권에서 기권으로의 탄소의 순환은 화산 분출이나 화석 연료의 연소를 통해 석회암이나 화석 연료 등의 형태로 있던 탄소가 이산화 탄소 형태로 전환된다. ㉡ 생물권에서 기권으로의 탄소의 순환은 생물의 호흡을 통해 대기 중의 이산화 탄소로 전환된다. ㉢ 해수의 온도가 낮을수록 기체의 용해도가 증가하여 대기 중에 있던 이산화 탄소가 해수 속으로의 용해가 활발해진다. ㉣ 해저 화산활동으로 분출된 이산화 탄소가 해수 속에 용해되는 것은 지권에서 수권으로 탄소의 전환이다. 해저 탄산염의 형태로 퇴적 후 맨틀로 하강하는 것이 수권에서 지권으로의 전환이다. ㉤ 생물권에서 지권으로 탄소가 전환되는 것은 생물체의 사체가 매장되는 경우이다.

04. 답 ②
해설 지구상에 분포하는 탄소의 약 99.9%가 지권에 포함되어 있다. 지권에서 탄소는 석회암($CaCO_3$)이나 화석 연료의 형태로 존재한다.

[유형3-3] 답 (1) A : 26, B : 109 (2) 물수지 평형
해설 물이 순환할 때 물의 총량은 항상 일정하다. 이를 물수지 평형이라고 한다. 즉, 총 증발량(해수의 증발량 + 육지의 증발량) = 총 강수량(해수의 강수량 + 육지의 강수량)이다. 수증기의 양이 124단위이므로 강수 A + 강수 (98) = 수증기 (124)이므로, A는 26단위이다. 마찬가지로 증발 B + 증발 (15) = 수증기 (124)이므로, B는 109단위이다.

05. 답 ④
해설

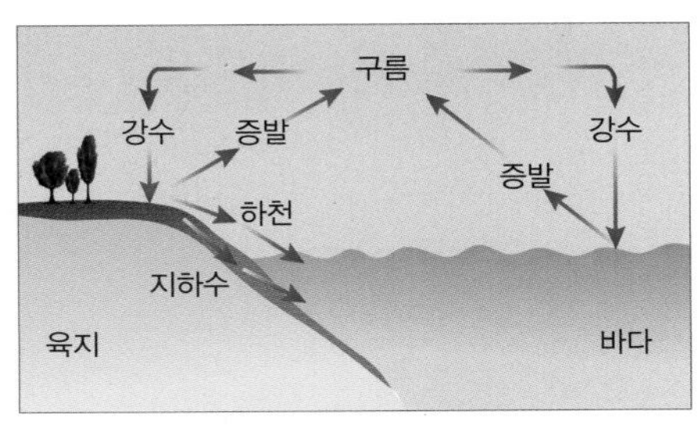

①, ② 강수 과정(A, D)은 수증기(기체)가 액체가 되는 액화

과정이므로 열이 방출된다. 반면에 증발 과정(B, C)은 액체 상태의 물이 기체 상태로 되는 기화 과정이므로 열이 흡수된다. ③ 육지에서는 증발량이 강수량보다 많다. ⑤ 물을 순환시키는 주요 에너지원은 태양 복사 에너지이다.

06. 답 ④

해설 해양에서는 증발량이 강수량보다 많고, 육지에서는 증발량이 강수량보다 적다. 하지만 육지에서 남는 물이 해양으로 이동하기 때문에 전체적인 총 증발량과 총 강수량은 항상 같아 물수지는 평형을 이루게 된다.

[유형3-4] 답 ④

해설 ① 지구계의 구성 요소들끼리는 서로에 대하여 물질과 에너지가 모두 자유롭게 출입을 하는 열린계이다. ② 판의 이동은 지구 내부 에너지에 의해 일어난다. ③ 지구계의 상호 작용은 같은 영역 끼리도 일어난다. ⑤ 지구는 구형이기 때문에 고위도로 갈수록 입사하는 태양 복사 에너지의 양이 감소하여 지구 복사 에너지의 양보다 작게 된다. 하지만 대기와 해수의 순환을 통해 저위도의 과잉 에너지가 고위도로 이동하면서 지구의 에너지가 전체적으로 평형을 이루게 된다.

07. 답 ④

해설 인간은 생물권에 속한다. 따라서 인간의 활동에 의한 대기권의 변화는 생물권과 기권의 상호 작용인 D이다. 온실 효과로 인한 기온의 상승으로 해수면이 상승하는 것은 기권과 수권의 상호 작용인 C이다.

08. 답 ⑤

해설 ⑤ 바다에서 많은 수증기가 공급되어 태풍이 발생하는 것은 수권과 기권의 상호 작용(수권에 의한 기권의 변화)의 결과이다. ① 먹이 사슬이 유지되는 것은 생물권끼리의 상호 작용의 결과이다. ② 심층 해수의 순환이 발생하여 해수가 혼합되는 것은 수권끼리의 상호 작용의 결과이다. ③ 판의 운동으로 인한 대륙 이동이 일어나는 것은 지권 끼리의 상호 작용의 결과이다. ④ 기단과 전선을 형성하여 기상 변화를 일으키고 기후를 형성하는 것은 기권끼리의 상호 작용의 결과이다.

창의력 & 토론마당 62~65쪽

01

(1) 〈예시 답안〉 햄버거와 우유 250mL, 감자튀김을 먹은 경우 = 햄버거 2,400L + 우유 200L + 감자 튀김 185L = 2,785L

(2) 〈예시 답안〉 배송을 통해 사용되는 물을 줄이기 위해 가급적 현지 농산물을 이용하고, 가공된 식품이 아닌 자연 그대로의 식품을 이용하면 좋을 것 같다.

01. 해설 주요 식품의 물발자국은 다음과 같다.

식품	물발자국	식품	물발자국
토마토 1개	13L	감자 1개	25L
커피 1잔	140L	빵 1조각	40L
사과 주스 1잔	190L	오렌지주스1잔	170L
홍차 1잔	35L	우유 1잔	200L
오렌지 1개	50L	사과 1개	70L
계란 1개	135L	치즈 없은 빵	90L
감자 튀김	185L	햄버거	2,400L
닭고기 1kg	4,325L	소고기 1kg	15,415L
돼지고기 1kg	5,988L	초콜릿 1kg	17,196L
피자 한 판	1,259L	소가죽 1kg	17,093L

02

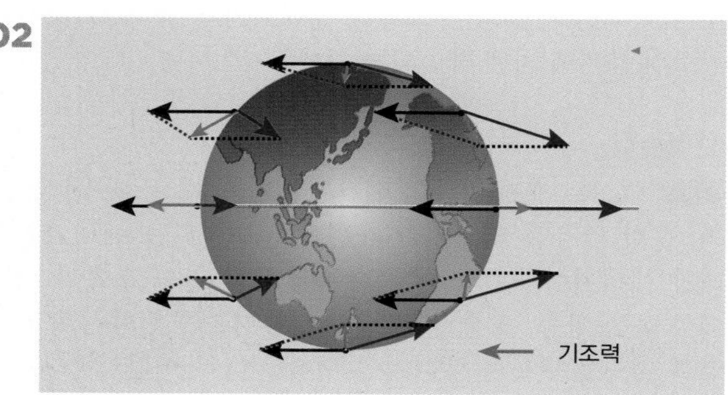

해설

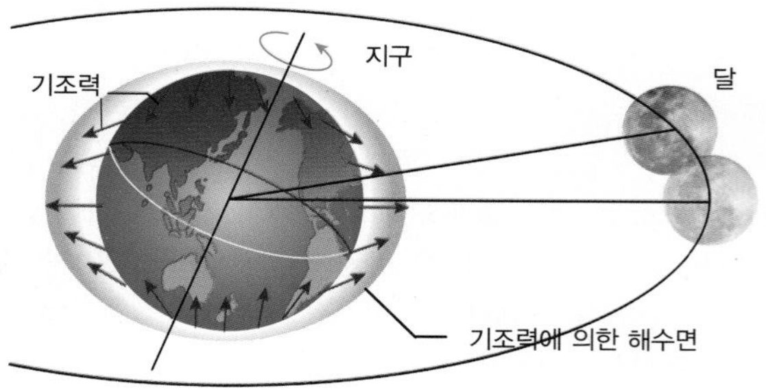

기조력은 밀물과 썰물을 일으키는 힘이다. 기조력에 영향을 미치는 천체는 달과 태양이다. 기조력의 크기는

천체의 질량에 비례하고 (지구와 천체사이의 거리)^{3}에 반비례한다. 따라서 태양은 달보다 질량은 크지만 거리가 더 멀기 때문에 태양에 의한 기조력은 달에 의한 기조력의 0.46배에 불과하다. 지구는 자전하기 때문에 한 지점의 기조력은 시간에 따라 변하여 해수면의 높이가 시간에 따라 변하게 된다. 태양, 지구, 달이 일직선상에 위치할 때 기조력은 최대가 되며(사리), 태양과 달이 지구와 직각일 때 기조력은 최소가 되어 조차가 가장 작은 조석이 일어난다.

03

· 고생대 대멸종 : 지구 내부 에너지에 의해 발생한 지권의 화산 활동으로 기권으로 많은 양의 화산재와 수증기, 가스 등이 방출하게 되었을 것이다. 많은 양의 화산재는 태양 빛을 차단하여 생물권 중 식물들의 광합성을 어렵게 만들게 된다. 생물들의 광합성량이 줄어들면서 산소 농도가 낮아지게 되어 대부분 동물이 살아갈 수 없게 되었을 것이다. 또한 화산 가스 대부분은 수증기이기 때문에 다량의 수증기가 기권에 유입되면 폭설이나 홍수가 나게 되어 기후에 변화가 발생하여 생물체들이 살아갈 수 없었을 것이다.
· 중생대 대멸종 : 외권에서 날아온 유성으로 인하여 지권에 커다란 충격이 발생하였을 것이다. 이 충격으로 지진과 화재 등이 발생하고, 충돌하면서 발생한 많은 양의 먼지가 기권으로 유입되면서 햇빛을 차단하게 되었을 것이다. 이 때문에 고생대 때와 마찬가지로 생물권의 생물들의 광합성 능력이 낮아지게 되면서 기권 중 산소가 부족하게 되고, 식물들이 죽으면서 연쇄적으로 동물들까지 살 수 없게 되었을 것이다.

해설 고생대 대멸종의 원인으로 화산 활동에 의한 많은 양의 화산재로 인하여 햇빛이 가려지고 되었고, 식물의 광합성 능력이 낮아져 산소 농도가 매우 낮아지게 되어 대부분의 동물이 살아갈 수 없게 되었다는 가설이 가장 유력하다.
중생대 백악기 말기에 발생한 소행성 충돌로 인하여 대규모의 화재와 지진, 거대한 해일이 발생하였고 이 소행성이 충돌하면서 발생한 많은 양의 먼지가 대기 중으로 올라가 지구를 뒤덮어 햇빛을 차단하게 되었다. 이로 인하여 지구의 기온이 내려가고 햇빛을 받지 못한 식물은 광합성을 하지 못하게 되면서, 연쇄적으로 초식 동물과 육식 동물까지 영향을 받아 전체 생태계가 파괴되었다는 가설이 가장 유력하다.

04

(1) 태양 에너지는 기권과 수권에 에너지를 공급하여 대기와 해양의 순환을 일으키고, 생물권에 필요한 에너지를 공급한다. 기권과 수권에서 물과 공기의 순환을 통해 눈, 비 등의 기상 현상을 일으켜 지표를 평탄하게 하고, 지형 변화(지권)를 만든다.

(2) 지구 내부 에너지에 의해 화산이 폭발하면 많은 양의 화산재와 화산 가스가 기권으로 방출되어 햇빛을 차단하여 기온이 내려가고, 뜨거운 용암이 지표나 바다로 흘러나와 수온이 상승하는 등 생물권에 영향을 미친다. 또한 맨틀 대류에 의한 판의 운동으로 발생하는 지진에 의해 지형(지권)이 변하고, 해일(수권)이 발생하기도 한다.

스스로 실력 높이기 66~71쪽

01. (1) O (2) X (3) X 02. 기조력 03. 방사성 원소
04. ㄱ, ㄹ, ㅁ, ㅂ 05. ㉠, ㉠ 06. (1) ㉠ (2) ㉢ (3) ㉡
07. ④ 08. (1) ㉠ (2) ㉡ 09. 기권 10. 열린계
11. ④ 12. ② 13. ③ 14. ③ 15. ⑤ 16. ③
17. ④ 18. ② 19. ② 20. ⑤ 21. ① 22. ⑤
23. ⑤ 24. ④ 25. ② 26. ③ 27. ④
28. ㄷ, ㄹ 29. ④ 30. 〈해설 참조〉

01. 답 (1) O (2) X (3) X
해설 (1) 태양 에너지는 지구계의 에너지원 중 99%를 차지한다. (2) 조산 운동과 지진, 화산 활동을 일으켜서 다양한 지형을 만드는 에너지원은 지구 내부 에너지이다. (3) 지구계의 에너지원끼리는 에너지가 전환되지 않는다.

02. 답 기조력
해설 기조력에 영향을 미치는 천체는 달과 태양이다. 태양은 달보다 질량은 크지만 지구와의 거리가 더 멀기 때문에 태양에 의한 기조력은 달에 의한 기조력의 0.46배에 불과하다.

03. 답 방사성 원소
해설 방사성 원소란 원자핵이 불안정한 원소를 말하며, 이들이 방사선을 방출하고 붕괴하면서 안정한 원소가 된다.

04. 답 ㄱ, ㄹ, ㅁ, ㅂ
해설 ㄴ, ㄷ은 대기 중 탄소가 감소하는 경우이다.

05. 답 ㉠, ㉠
해설 기체는 온도가 낮을수록, 압력이 높을수록 더 많이 용해된다.

06. 답 (1) ㉠ (2) ㉢ (3) ㉡

해설 (2) 수권에서의 물은 대부분 바다에 존재한다. 바다 다음으로는 빙하의 형태로 가장 많이 존재하며, 강이나 호소, 하천, 지하수 등으로도 존재한다.

07. 답 ④

해설 ④ 판의 운동으로 인한 지각 변동, 대륙 이동, 조산 운동은 지권의 상호 작용에 의한 결과이다.

08. 답 (1) ㉠ (2) ㉡

해설 물의 상태에 따른 에너지의 흡수와 방출 관계는 다음 그림과 같다.

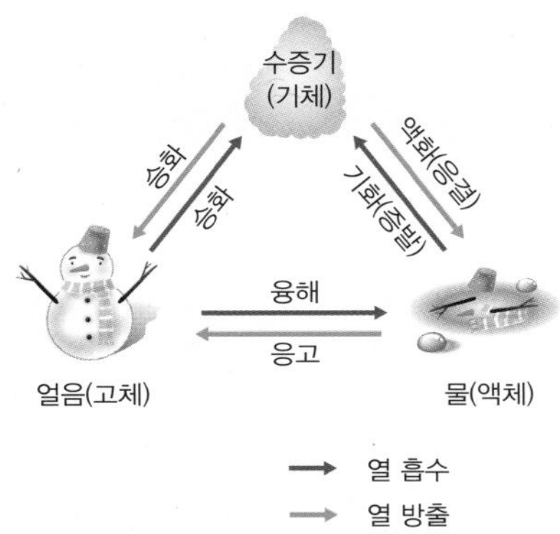

09. 답 기권

해설 태풍은 바다에서 많은 수증기가 공급되어 발생하는 수권에 의한 기권의 변화로 나타나는 현상이고, 화산 활동은 지권과 기권의 상호 작용과 관련이 깊은 현상이다. 따라서 공통된 지구계 구성 요소는 기권이다.

11. 답 ④

해설 ㄱ. 밀물과 썰물은 달과 태양의 인력이 지구에 작용하여 생기는 에너지인 조력 에너지에 의해 일어난다. ㄹ. 지진이나 화산 활동은 지구 내부 에너지에 의해 일어난다.

12. 답 ②

해설

에너지	양(W)	원인
조력 에너지	2.7×10^{12}	달과 태양의 인력
지구 내부 에너지	5.4×10^{12}	핵에서 방출되는 고온의 열에너지 & 암석 속 방사성 원소의 붕괴에 의해 방출되는 에너지
태양 에너지	17.3×10^{16}	수소 핵융합 반응

13. 답 ③

해설

	탄소의 형태
기권 → 수권(A)	CO, CO_2 → CO_3^{2-}, HCO_3^-
수권 → 지권(C)	CO_3^{2-}, HCO_3^- → $CaCO_3$
지권 → 기권(D)	$CaCO_3$ → CO_2
생물권 → 지권(E)	$C_m(H_2O)_n$ 등의 유기물 → $CaCO_3$
기권 → 생물권(G)	CO, CO_2 → $C_m(H_2O)_n$ 등의 유기물

14. 답 ③

해설 ③ D과정은 화석 연료의 연소에 의해 대기 중 탄소를 증가시켜주는 과정이다. 화석 연료 사용의 증가로 대기 중 이산화 탄소의 농도가 증가하면서 탄소 순환의 균형이 무너지고 지구 온난화가 발생하고 있다.
① 탄소는 지권의 퇴적암 형태로 가장 많이 존재하고 있다.
②해수의 온도가 높으면 기체의 용해도가 감소하여 이산화 탄소의 대기 중 방출량이 늘어난다. 즉, B로의 전환이 활발해진다. ④, ⑤ 생물체의 호흡 과정은 대기 중의 탄소를 증가시키는 요인으로 F이고, 광합성 과정은 G이다.

15. 답 ⑤

해설 수증기는 증발에 의한 총량과 같다. 따라서 육지에서의 증발 60단위 + 해수에서의 증발 320단위 = 380단위이다.

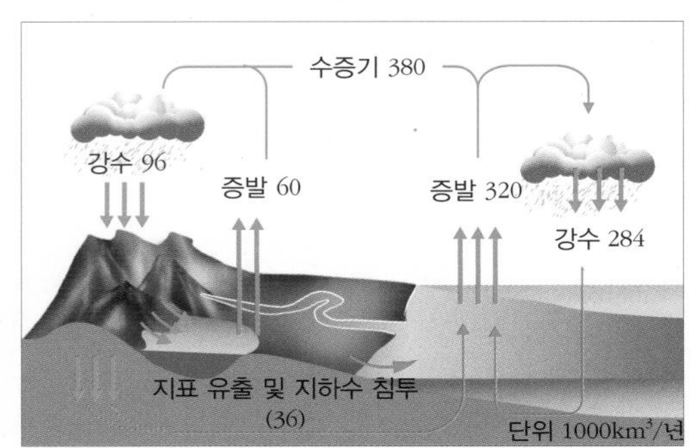

16. 답 ③

해설 ①, ② 육지로는 물이 강수로 96단위만큼 들어오고 증발로 60단위만큼 방출된다. 하지만 물이 순환할 때의 총량은 항상 일정하여 평형을 이루기 때문에 96 − 60 = 36 단위만큼 바다로 이동하게 된다. ③ 바다에서는 증발량이 강수량보다 많다. 또한 수증기의 총량은 380단위이기 때문에 해수에서의 강수(C) = 380 − 육지에서의 강수 96 = 284 단위이다. ⑤ 물이 액체에서 기체가 될 때는 열을 흡수한다.

17. 답 ④

해설 지진 해일은 지진에 의해 발생하는 해일로, 지권에 의한 수권의 변화이다. 우각호는 하천의 일부가 본래의 하천에서 분리되어 생긴 쇠뿔 모양 또는 초승달 모양의 호수로 물의 순환에 의해 생긴 지표의 변화이다. 즉 수권에 의한 지권의 변화이다.

18. 답 ②

해설

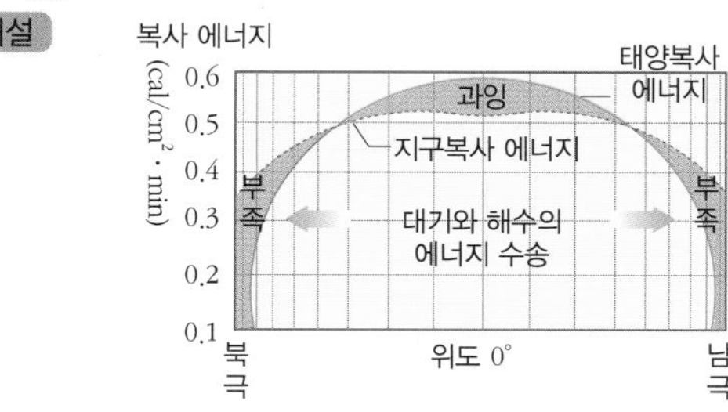

ㄱ. 저위도(B)의 과잉되어 남는 에너지가 대기와 해수의 순환에 의해 고위도(A, C)의 부족한 에너지를 채워주어 지구의 에너지가 전체적으로 평형을 이루게 된다. ㄷ. 지구가 구형이기 때문에 고위도로 갈수록 입사하는 태양 복사 에너지가 감소하는 것이다.

19. 답 ②

해설 엘니뇨나 라니냐 현상은 기권에 의한 수권의 변화이다. 엘니뇨는 적도 서태평양의 바람이 강해지면서 동태평양의 무역풍이 약해져서 발생하는 현상으로 해수의 수온이 높아져 일정한 기간 동안 지속되는 현상을 말한다. 엘니뇨는 특히 홍수나 가뭄을 야기한다. 비가 많이 오는 지역은 비가 적은 지역으로 비가 적은 지역은 비가 많이 내리는 지역으로 바뀐다던가, 태풍의 발생 지역이 적도 중앙으로 옮겨 가고 발생 빈도나 태풍의 위력이 더 강해지는 현상도 일어난다.

20. 답 ⑤

해설 ㄱ, ㄷ. 지구계를 구성하는 지권, 기권, 수권, 생물권은 물질과 에너지를 끊임없이 주고 받으면서 상호 작용하는 열린계이다. 따라서 한 영역에서 일어나는 변화는 다른 영역에도 영향을 끼친다. 지구계의 상호 작용은 같은 영역 안에서도 일어나며, 서로 다른 영역끼리도 일어난다. ㄴ. 생물체가 죽은 후 오랜 시간동안 땅속에서 오랜 시간동안 열과 압력을 받아 형성된 화석 연료는 인간 활동에 의해 화석 연료의 연소로 대기 중으로 방출되며, 방출된 이산화 탄소는 기권에 영향을 미친다.

21. 답 ①

해설

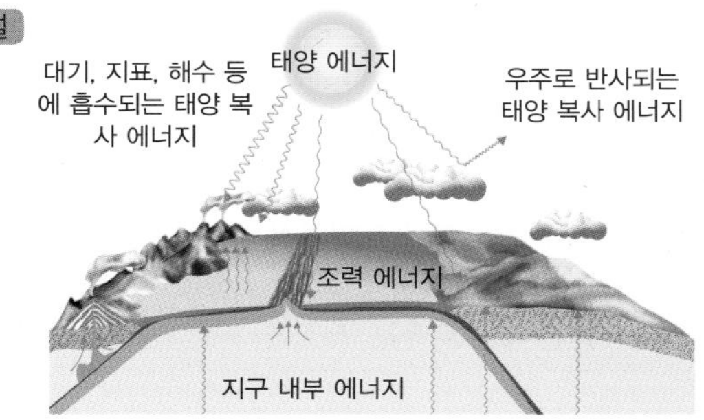

ㄱ. 태양 에너지는 지구계의 에너지원 중 가장 큰 비중을 차지하며, 지구 환경 변화에 가장 큰 영향을 준다. ㄴ. 태양 에너지는 에너지원의 약 99%를 차지한다. ㄷ. 대기, 지표, 해수 등에 흡수되는 태양 복사 에너지(12.1×10^{16}W)와 우주로 반사되는 태양 복사 에너지(5.2×10^{16}W)의 합은 지구로 들어오는 태양 에너지(17.3×10^{16}W)와 같다. 따라서 지구의 평균 기온은 일정하게 유지된다.(지구의 복사 평형) ㄹ. 지권은 태양 에너지, 조력 에너지, 지구 내부 에너지 모두에 의해 변할 수 있다. 지구 내부 에너지는 지권에서 일어나는 모든 에너지의 근원이 될 뿐이다.

22. 답 ⑤

해설

기권
호흡 분해 60
광합성 121
생물권
지표 배출 60
화석 연료 연소 5.5
방출 90
용해 92
지권
수권
단위 : $\times 10^{12}$kg

ㄱ. 기권으로 들어오는 탄소의 유입량 = 지표 배출 60 + 화석 연료 연소 5.5 + 수권에서 방출 90 + 생물체의 호흡과 분해 60 = 215.5 기권에서 나가는 탄소의 유출량 = 생물체의 광합성 121 + 수권에 용해 92 = 213 그러므로 기권에서 탄소의 유입량이 유출량보다 많다. ㄴ. 나무를 많이 심으면 광합성량이 증가하므로 A가 증가한다. ㄷ. 해수의 수온이 상승하면 기체의 용해도는 감소하게 된다. 따라서 용해되는 양(B)은 감소하고 방출되는 양은 증가한다. ㄹ. 지권에 존재하는 탄소의 양이 가장 많다.

23. 답 ⑤

해설

	유입량($\times 10^3$km^3)	유출량($\times 10^3$km^3)
해양	강수(284) + 육지에서 바다로 유출(36) = 320	증발(320)
육지	육지에 강수(96)	증발(60) + 바다로 유출(36)
대기	해양에서 증발(320) + 육지에서 증발(60) = 380	해양에 강수(284) + 육지에 강수(96) = 380

ㄱ. 각 영역에서 유입량과 유출량은 항상 같다. 따라서 A와 B는 같다.

24. 답 ④

해설 ㄱ. 과정 ㉠은 지표에 노출된 암석이 풍화, 침식, 운반, 퇴적 작용으로 퇴적물이 되는 과정이다. 이는 물과 공기, 그리고 생물의 작용으로 진행된다. ㄴ. 석유와 석탄과 같은 화석 연료는 생물권의 사체가 땅속에 묻혀 오랜 시간

동안 고온과 고압하에 생성된다. ㄷ. 마그마의 생성은 지구 내부에서 일어나며 지구 내부 에너지에 의해 용융되어 생성된다. ㄹ. 판의 운동으로 인한 지각 변동과 대륙 이동은 지구 내부 에너지에 의해 일어나는 지권끼리의 변화이다.

25. 답 ②

해설 ㉡ 화산 폭발에 의해 대기 조성의 변화가 생기는 것은 지권에 의해 기권이 변하는 것이다. ㉣ 표층해류가 발생하는 것은 기권에 의한 수권의 변화이다. ㉥ 곡류는 수권에 의해 지권이 변한 것이다. 따라서 지구계의 구성 요소들간의 상호 작용을 나타낸 그림은 아래와 같이 완성된다.

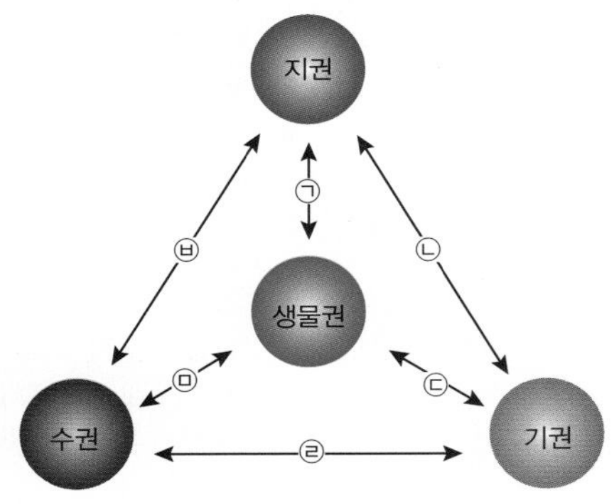

26. 답 ③

해설 A는 기권과 생물권의 상호 작용(㉢), B는 지권과 생물권의 상호 작용(㉠), C는 기권과 수권의 상호 작용(㉣), D는 수권과 생물권의 상호 작용(㉤)이다.

27. 답 ④

해설 ① 지구 내부 에너지에 의해 화산 폭발과 지진이 일어나고 그로 인한 지형의 변화가 생긴다. ② 인명과 재산에 피해를 주었기 때문에 생물권에도 영향을 주었다. ③ 화산재가 기권의 성층권에 도달하게 되면 태양 빛을 차단하거나 대기 조성에 변화를 주기도 한다. ⑤ 태양 빛이 달라진 이유는 화산 활동에 의한 대기 조성의 변화로 산란되는 빛이 달라지기 때문이다. 따라서 이 현상도 지권에 의한 기권의 변화라고 볼 수 있다.

28. 답 ㄷ, ㄹ

해설 ㄱ. 강수량과 증발량의 차이만으로 더 많은 비가 온다고는 볼 수 없다. 남반구 해양에서 강수량과 증발량의 차이가 북반구보다 큰 것은 남반구의 해양의 분포가 북반구보다 더 많기 때문이다. ㄴ. 육수의 유입량이라는 것은 육지에서 해양으로의 물의 이동량을 말한다. 즉 $0.78 + 0.47 = 1.25 \times 10^6 m^3/s$ 이다. ㄷ. 해양에서의 증발량은 강수량보다 많다. 반면에 육지에서는 강수량이 증발량보다 많다. 따라서 육지에서 남는 물이 해양으로 이동하여 물수지 평형을 이루는 것이다. 전체 해양에서 강수량 − 증발량 = $-1.25 \times 10^6 m^3/s$ 이다. 이는 증발량이 강수량 보다 $1.25 \times 10^6 m^3/s$ 만큼 크기 때문에 실제 증발량은 전체 육수의 유입량 = $0.78 + 0.47 = 1.25 \times 10^6 m^3/s$ 값보다 큰 값이다. ㄹ. 대서양에서는 강수량 − 증발량의 값이 음의 값이므로 증발량이 강수량 보다 크다는 것이다. 그러므로 대서양은 −1.15만큼 물이 부족하다. 이때 육지에서 0.61 만큼의 물이 유입이 되어도 $-1.15 + 0.61 = -0.54$만큼 물이 부족하므로 물수지 평형이 되기 위해 다른 해양에서 그만큼의 물이 유입되어야 한다.

29. 답 ④

해설 ① A : 기권에 의한 수권의 변화로는 파도와 표층 해류가 발생하고, 엘니뇨와 라니냐 현상이 일어난다. ② B : 기권에 의한 생물권의 변화로는 바람에 의한 종자와 포자가 운반되며, 광합성과 호흡 작용으로 가스가 이동한다. ③ C : 수권에 의한 지권의 변화로는 물의 흐름에 의해 침식과 운반, 퇴적 작용으로 지표가 변하는 것이다. ⑤ E : 생물권에 의한 지권의 변화로는 화석 연료와 토양이 생성되고, 생물에 의한 풍화 작용으로 지표가 변하는 것이다.

30. 답 (1) 화석 연료의 사용이 증가하면 지권에 있던 탄소가 기권인 대기 중으로의 유입이 늘어나게 된다. 온실 기체의 일종인 이산화 탄소의 유입이 증가하면 온실 효과에 의해 지구가 온난화된다. 이에 따라 수온도 증가하게 되어 수권에 있던 탄소의 대기 중 방출량도 증가하게 되어 지구 온난화가 더욱 가속화된다.

(2) 태양에서 지구 대기로 들어오는 에너지를 띤 입자가 기권 상층부의 공기 입자(주로 산소나 질소 원자)와 부딪쳐서 빛이 나는 것(오로라)이다. 이는 외권과 기권의 상호 작용의 결과이다.

해설 (1) 고체는 수온이 증가할수록 더욱 많이 녹을 수 있다. 즉 고체의 용해도는 수온에 비례한다. 반면에 기체의 용해도는 수온에 반비례한다. 그러므로 지구의 온도가 높아지게 되면 해수의 온도가 증가하게 되고, 이산화 탄소의 용해도가 감소하게 되므로 수권에 녹아있던 탄소가 기권으로 방출되게 된다.

(2) 오로라는 주로 지구의 고위도 상층 대기에서 빛이 나는 현상을 말하는데 극광이라고도 한다. 오로라는 태양으로 부터 날아온 에너지를 띤 대전 입자가 지구 자기장과 상호 작용하여 기권 상층부의 대기에서 일어나는 대규모 방전현상이다. 오로라는 황록색, 붉은색, 황색, 오렌지색, 푸른색, 보라색, 흰색 등이 있다. 저위도 지방에서 나타나는 붉은색 오로라는 산소에서 나오는 빛에 의한 것이며, 고위도 지방에서 나타나는 붉은색 오로라는 질소에 의한 것이다.

4강. Project 1

논/구술 72~73쪽

01

〈예시 답안〉 ① 지구에 더 이상 생명체가 살기 어려워질 경우를 대비하여 인류의 새로운 터전을 찾는 것이 필요할 것이다.
② 생명체가 존재하는 외계 행성이 지구보다 나이가 적은 행성일 경우 우주의 기원이나 생명의 기원을 밝히는데 도움이 될 것이다.

02

〈예시 답안〉 케플러 452b에 도달하기 위해서는 빛의 속도로 1,400년을 이동해야 하므로 현실적으로 갈 수가 없는 거리이다. 반면에 화성의 경우 지구와 가장 가까이 있을 때의 거리가 약 7,800만 km로 유인 우주선으로 약 18개월이면 도달할 수 있다고 한다. 따라서 만약 이주한다고 해도 도달 가능한 시간이므로 가장 현실적인 대안으로 화성을 꼽는 것이다.

탐구 74~75쪽

[탐구-1] 자료 해석

1. 화성의 크기는 지구의 절반이다. 행성이 클수록 중력이 강하고, 중력이 강할수록 대기를 더욱 강한 힘으로 붙잡아 둘 수 있게 된다. 화성의 중력은 지구 중력의 40% 정도밖에 되지 않아 화성의 대기압은 지구 대기압의 1% 이하 밖에 되지 않는다. 대기압이 낮은 행성에서 액체의 물은 모두 증발하여 수증기가 되고, 태양으로부터 받은 자외선에 의해 이 수증기는 산소와 수소로 갈라진다. 이때 수소는 매우 가벼우므로 우주 공간으로 더욱 쉽게 날아가 버리고, 물의 재료인 수소가 없어지므로 행성에서 물이 사라져 버리는 것이다.

2. 태양이 점점 밝아짐에 따라 생명 가능 지대의 범위가 점점 지구의 바깥쪽으로 이동할 것이다. 현재 지구가 속해 있는 생명 가능 지대는 온실 효과가 적절하게 유지되어 물이 존재할 수 있는 온도 범위 내에 있을 수 있다. 하지만 생명 가능 지대가 점점 바깥으로 이동하게 됨에 따라 오히려 온실 효과에 의한 온도 상승과 태양에 의한 온도 상승 효과로 인하여 물이 모두 증발해 버릴 수 있기 때문에 지구에는 생명체가 살 수 없을 것 같다.

[탐구-2] 자료 해석

일년 간 바다에 내리는 총 강수량과 바닷물의 총 부피를 통해 바다에서 물분자가 체류하는 시간을 구할 수 있다.

$$\left(\text{체류 시간} = \frac{\text{바닷물의 총 부피}}{\text{바다에 내리는 총 강수량}}\right)$$

따라서 바닷물의 총 부피를 알면 주어진 자료를 이용하여 체류 시간을 구할 수 있다.

해설 바닷물의 총 부피는 $1.37 \times 10^9 \text{km}^3$ 이다. 따라서 물분자가 바다에서 체류하는 시간은 다음과 같다.

$$\text{체류 시간} = \frac{\text{바닷물의 총 부피}}{\text{바다에 내리는 총 강수량}} = \frac{1.37 \times 10^9 \text{km}^3}{284{,}000 \text{km}^3/\text{년}}$$

$$= \frac{1.37 \times 10^9 \text{km}^3}{2.84 \times 10^5 \text{km}^3/\text{년}} \fallingdotseq 4{,}800\text{년}$$

서술 76~77쪽

01

〈 예시 답안 〉 ① 가까운 거리는 걸어서 이동하고, 대중 교통을 주로 이용한다.
② 사용하지 않는 전기 제품의 플러그는 뽑는다.
③ 이면지를 사용한다.
④ 양치컵을 사용한다.
⑤ 불필요한 물건은 사지 않는다.
⑥ 음식을 남기 않는다.
⑦ 가급적 국내에서 생산하는 제품을 구입한다. 등

해설 TV 시청을 1시간 줄이면 590g, 컴퓨터 사용 시간을 1시간 줄이면 600g, 안 쓰는 전기 제품 플러그를 뽑으면 1,190g, 전등을 1시간 끄면 180g, 양치컵을 사용하면 40g, 전기 장판 사용을 1시간 줄이면 1,780g, 난방을 1도 낮추면 가구당 연간 231kg, 샤워 시간을 1분 줄이면 7kg의 이산화탄소 배출을 줄일 수 있으며, 이산화탄소를 2,770g을 줄이면 나무를 1그루 심는 효과가 있다고 한다.

하루동안 행하는 19가지의 행동으로 배출되는 이산화탄소 배출량

시간	행동	이산화탄소배출량
7시	일어나자마자 마시는 생수 500ml 한병	11g
7시 5분	외출을 위해 씻는 시간 15분	86g
7시 30분	헤어드라이어로 머리 말린 시간 5분	43g
	무심코 켜놓은 TV 30분	20g
7시 50분	아침을 데우기 위해 사용한 전자레인지 1분 20초	392g
7시 55분	가전 제품의 플러그를 꽂은채 외출	360g
8시 30분	학교와 직장에 가기 위해 이용한 자동차 이용 시간 30분	6,360g
9시	하루 일과를 위해 켜놓은 컴퓨터 10시간	258g
11시	겨울철 집, 직장 등에서의 실내 온도 26도 10시간	1,500g
12시 20분	점심식사로 이탈리아 수입산 파스타 1봉지	330g
14시 30분	음료수를 먹기 위해 사용한 일회용컵 1개	11g
16시 30분	아무 생각없이 사용한 종이 10장	29g
19시	마트에서 콜라, 샴프 등 구입	600g
19시 30분	물건을 담기 위한 비닐 봉지 구입	24g
20시	음식물로 꽉 찬 냉장고 24시간	554g
21시	세탁기 돌리기 1시간	791g
22시	핸드폰 충전 1시간	0.9g
23시	스탠드 켜놓고 책읽기 1시간	10g
24시	형광등, 스탠드 켜놓고 잠들기 7시간	72g
총 사용량		11.45kg

출처 : CAP 서울기후행동 가이드북

Ⅱ 고체 지구의 변화

5강. 화산

개념 확인 80~83쪽

1. ⑤ 2. (1) X (2) X (3) X 3. 순상 화산
4. (1) 피해 (2) 이용

2. 답 (1) X (2) X (3) X
해설 (1) 온도가 높은 용암일수록 SiO_2 의 함량이 낮다.
(2) 온도가 낮은 용암일수록 화산체의 경사가 급하다.
(3) 현무암질 용암은 유문암질 용암보다 휘발성 기체가 적어 조용한 분출을 한다.

확인+ 80~83쪽

1. (1) × (2) ○ 2. SiO_2 함량
3. ④ 4. ②

1. (1) 화산 분출물은 고체인 화산 쇄설물, 액체인 용암, 기체인 화산 가스로 이루어져 있다.

4. 답 ②
해설 석회 동굴은 석회암 지층 밑에서 물리적인 작용과 화학적 작용에 의하여 이루어진 동굴이다

개념 다지기 84~85쪽

01. ② 02. ⑤ 03. ④ 04. ① 05. ④ 06. ①
07. ⑤ 08. ④

01. 답 ②
해설 화산은 지하의 마그마가 지각을 뚫고 지표로 분출되는 현상을 말한다. 화산 가스는 대부분 수증기이며 많을 수록 폭발적인 분출을 한다.

02. 답 ⑤
해설 화산 분출물은 화산 활동에서 분출되는 모든 물질을 말하며 화산 쇄설물, 용암, 화산 가스로 이루어져 있다. 화산 가스는 대부분 수증기로 이루어져 있다. 용암은 마그마에서 화산 가스가 빠져나가고 남은 액체 상태의 물질을 말한다. SiO_2 함량에 따라 현무암질, 유문암질 용암으로 구분한다. 화산쇄설물은 입자의 크기에 따라 화산진, 화산재, 화산력, 화산입자로 구분한다.

03. 답 ④
해설 (가)는 순상 화산이고, (나)는 종상 화산이다.
용암의 온도는 (가)가 (나)보다 높았다. 용암의 점성, 용암의 SiO_2 함량은 (가)가 (나)보다 작았다. (가)는 (나)보다 휘발성 기체의 양이 적기 때문에 조용한 분출을 한다.

04. 답 ①
해설 용암 A는 유문암질 용암, 용암 B는 현무암질 용암이다. 용암 A 는 용암 B 보다 온도가 낮으며 휘발성 기체의 양이 많기 때문에 폭발적인 분출을 한다. 그리고 경사가 급한 화산을 만든다,
용암 B 는 용암 A 보다 SiO_2 함량이 적다. 휘발성 기체의 양이 적기 때문에 조용한 분출을 한다.

05. 답 ④
해설 성층 화산은 순상 화산에 비하여 유동성이 작은 용암으로 만들어져 화산체의 경사가 급하며 온도가 낮은 용암에 의해 생성되었고, 화산체를 이루는 암석의 색은 밝다. 그리고 SiO_2 함량이 높은 용암에 의해 생성되었다.

06. 답 ①
해설 ㄱ. 온도가 낮은 용암일수록 점성이 크고 휘발성 기체가 많다.
ㄴ. 유동성이 크고 점성이 작은 용암일수록 생성되는 화산체의 경사가 완만하다.
ㄷ. 종상 화산은 순상 화산보다 상대적으로 온도가 낮은 용암이 분출해서 만들어진다.

07. 답 ⑤
해설 점성이 큰 마그마가 폭발하면서 만들어진 경사가 급한 화산체로 SiO_2 함량이 많은 유문암질 용암이 분출하여 형성하는 것은 종상 화산이다.

08. 답 ④
해설 마그마의 분출로 인해 우리가 사용할 수 있는 지하자원의 양은 증가하게 된다.

유형 익히기 & 하브루타 86~89쪽

[유형5-1] ②
01. ① 02. ⑤
[유형5-2] ①
03. ③ 04. ②
[유형5-3] (1) (가) 순상 화산 (2) (나) 성층 화산
05. ⑤ 06. ①
[유형5-4] ①
07. ② 08. ③

[유형5-1] 답 ②
해설 A는 용암으로 액체상태이며 SiO_2 함량으로 유문암질과 현무암질로 구분한다. B는 화산 가스로 양이 많으면 폭발적으로 분출한다. C는 화산재로 화산 쇄설물에 속하며 입자의 크기는 지름 0.06 mm ~ 0.25 mm 이다.

01. 답 ①
해설 화산 가스의 70%는 수증기로 이루어져 있다. 화산 쇄설물은 입자 크기에 따라 화산재, 화산력, 화산 암괴로 구분한다.

02. 답 ⑤
해설 A는 화산 쇄설물, B는 용암, C는 화산 기체이다. ㄱ. 방출된 화산 쇄설물의 일부는 성층권까지 올라간다. ㄴ. 용암은 온도가 높을 수록 유동성이 크다. ㄷ. 화산 기체를 많이 포함하는 용암은 폭발성이 강하다.

[유형5-2] 답 ①
해설 그림 (가)는 순상 화산이고, 그림 (나)는 종상 화산이다. 그림 (다)의 A는 종상 화산이고 B는 순상 화산이다. 온도는 순상 화산이 종상 화산보다 높다. 순상 화산을 형상하는 용암은 현무암질이다. 용암을 분출할 때 종상 화산이 순상 화산보다 화산 가스를 많이 분출한다. 제주도의 산방산을 형성하는 용암의 특성은 종상 화산에 가깝다.

03. 답 ③
해설 그림 (가)는 순상 화산이고 (나)는 성층 화산이다. 순상 화산은 성층 화산보다 높은 온도에서 만들어졌다. 그리고 화산 폭발시 화산 가스의 양이 적다. 성층 화산은 순상 화산보다 SiO_2 함량이 많고 격렬하게 분출했다. 용암대지를 형성하는 용암의 종류는 순상 화산과 비슷하다.

04. 답 ②
해설 그림 A는 종상 화산이고 B는 성층 화산, C는 순상 화산이다. ㄱ. 분출된 용암의 온도는 순상 화산이 가장 높다. ㄴ. 종상 화산은 순상 화산보다 경사가 급한 화산체를 만든다. ㄷ. 용암의 이동 속도가 가장 빠른 것은 현무암질 용암으로 만들어진 순상 화산이다.

[유형5-3] 답 (1) (가) 순상 화산 (2) (나) 성층 화산
해설 그림 (가)는 순상 화산이고, 그림 (나)는 성층 화산이고, 그림 (다)는 종상 화산이다. 유동성이 큰 화산은 점성이 작은 용암으로 만들어진 순상 화산이고, 성층 화산은 층상 구조를 가진다.

05. 답 ⑤
해설 그림 (가)는 제주도의 한라산이며, 순상 화산이다. (나)는 일본의 후지산이며 성층 화산이다. 순상 화산을 만든 용암은 성층 화산보다 온도가 높고, 점성이 작으며, 유동성이 크고, 색이 어두운 현무암질이다.

06. 답 ①
해설 종상 화산은 순상 화산에 비해 온도가 낮고, 점성이 커서 유동성이 작은 용암에 의해 만들어졌다. 따라서 화산의 경사가 크며, 휘발 성분이 큰 기체를 많이 포함한다.

[유형5-4] 답 ①
해설 그림 (가)는 화산 기체이고 (나)는 용암, (다)는 화산 쇄설물이다. 화산 기체는 대부분 수증기지만 소량의 이산화황과 염소가 들어있어 위험하다. 용암은 마그마가 지표로 분출 되는 것으로 농경지를 덮고, 산과 들에 있는 식물을 죽게한다. 화산 쇄설물은 화산 활동으로 인한 충격 등으로 부서진 상태로 분출되는 것으로 성층권까지 올라가 지구의 기후를 변화시킨다.

07. 답 ②
해설 화산 가스에 이산화 황이 들어있어 산성비를 내릴 것이다. 화산재가 성층권에 머물면서 전세계의 기후 변화를 일으킨다. 천지가 범람해서 홍수가 일어날 것이다. 용암으로 인해 산불과 화재가 발생할 것이다. 화산 가스 분출로 인해 사람과 가축이 질식사할 것이다.

08. 답 ③
해설 (가)는 화산 가스이고, (나)는 화산재이다. ㄱ. 화산 가스에 포함된 황화 수소 등의 유독 가스는 사람과 가축의 질식사를 일으킬 수 있다. ㄴ. 화산재는 항공기의 시야 확보를 방해하며, 화산재가 기체에 유입되면 고장을 일으켜 항공기 운항에 지장을 초래한다. ㄷ. 화산 이류는 화산 쇄설물이 물에 섞여 저지대로 빠르게 흘러내리는 것으로, 화산 가스와 화산 쇄설물이 섞여 흘러내리는 화산 쇄설류와는 다르다.

창의력 & 토론마당 90~93쪽

01 (나), 탐보라, 크라카타우 화산 분출은 성층 화산에 속하므로, (가)와 같이 용암의 점성이 작아 조용한 분출과는 달리 화산 분출물과 가스가 비교적 많이 나오는 편이므로 화산재로 전지구를 뒤덮는 재해를 가져온 것이다.

해설 그림 (가)는 하와이의 화산 분출로 유동성이 큰 용암이 흘러 내려와 땅을 뒤덮고 있는 모습이 보인다. 이러한 현무암질로 되어있는 순상 화산은 분출되는 화산 가스의 양이 적고 폭발성이 적으며, 용암대지의 지형을 만든다. 그림 (나)는 성층 화산의 대표적인 예인 후지산의 화산 분출이다. 성층 화산은 안산암질 용암으로 형성되며, 용암분출과 화산쇄설물의 분출이 번갈아가며 일어나서 화산체를 형성하며, 중간 정도의 점성과 폭발성이 있다. 마지막으로 종상화산은 유문암질 용암으로 형성되며, 가장 격렬한 분출을 가져오며, 용암의 점성이 가장 커서 경사가 가장 급한 화산의 형태가 만들어지게 된다.

02 (1) 한라산은 용암의 온도가 높고, 점성이 작아 유동성이 크므로, 현무암질 용암이 흘러, 경사가 완만한 형태의 화산을 형성한다. 하지만, 제주도의 산방산은 온도가 상대적으로 낮고, 점성이 커서 유동성이 작으므로, 경사가 큰 형태의 화산을 형성한다.
(2) A- 화산재에 무기질이 풍부하여 비옥한 토양으로 변한다. 화산 활동을 통해 이산화탄소가 대기 중으로 방출되어 온실효과가 커진다. 화산폭발로 인한 화산재가 대기권을 뒤덮는다.
B- 지열 발전소를 이용할 수 있다. 화산재나 화산 가스에 의해 기후가 변하거나 생태계에 변화를 가져온다.
C- 화산지대에 온천이 분포하여 관광지로 이용된다. 분출된 화산 가스와 화산재에 포함되어 있던 이산화탄소와 무기물이 수권에 용해되어 염분을 변화시킨다.

03 (1) 화산쇄설물- 화산 쇄설물이 가까운 지표를 뒤덮는다. 그리고 화산재에 의해 수년 동안 햇빛이 차단되어 기후 변화가 나타난다.
용암- 방출되는 막대한 양의 용암은 농경지를 덮고, 산과 들에 있는 식물을 죽게 한다.
화산 가스- 이산화 탄소와 이산화 황은 온실 가스로 작용하여 지구의 온도를 높이는 역할을 한다.

(2) 화산 지대에는 특이한 모양의 지형이 많이 생기기 때문에 관광지로 이용되는 경우가 많다. 그리고 지하의 뜨거운 마그마로 인해 주변의 지표가 뜨거운데, 그 열을 이용하여 전기를 만드는 것이 지열 발전이다. 또한, 용암과 화산 쇄설물에는 식물 생장에 필요한 여러 가지 성분이 많이 들어 있기 때문에 화산 지형이 오랜 시간이 지나면 식물이 자라기 좋은 기름진 토양으로 변하기도 한다.

04 (1) 지구의 화산 활동은 판이 지하로 섭입되면서 압력이 높아지고, 용융점 감소로 인해 암석의 일부가 녹아 마그마가 형성되면서 일어나기 시작한다.
이러한 마그마가 지하의 한 곳에서 점점 고이면서 규모가 커지고 지각의 약한 부분이나 단층, 균열이 일어났던 틈을 따라 지표면으로 분출되면서 화산 폭발이 일어나게 된다.

(2) 판의 운동으로 인해 판의 경계를 따라 화산지역이 제한적으로 분포되고, 화산 활동의 크기도 결정되었지만, 판의 이동이 없다면 마그마가 압력이 큰 지하에 거대한 크기로 만들어질 것이고, 화산 분출 시에는 막대한 에너지가 한꺼번에 나와서 그 지역의 피해가 심화될 가능성이 있다.

스스로 실력 높이기 94~99쪽

01. ③ 02. (1) X (2) O (3) O (4) O 03. ③
04. 현무암질 용암 05. ㉠ 종상 화산 06. ①, ④, ⑤
07. ㉠ 높고, ㉠ 큰 08. ②, ③ 09. ⑤
10. ㉠: 화산재, ㉡: 용암 11. ④ 12. ① 13. ⑤
14. ② 15. ⑤ 16. ⑤ 17. ④ 18. ② 19. ④
20. ⑤ 21. ① 22. ④ 23. ⑤ 24. ⑤ 25. ⑤
26. ② 27. ③ 28. ④ 29. ⑤ 30. 〈해설 참조〉

1. 답 ③
해설 화산 기체는 70% 가 수증기로 이루어져 있다.

2. 답 (1) X (2) O (3) O (4) O
해설 (1) A는 용암이다.

3. 답 ③
해설 화산 쇄설물은 화산 활동에 수반하여 분출되는 고체 물질로 입자 크기에 따라 화산진, 화산재, 화산 암괴 등으로 구분한다.

4. 답 현무암질 용암
해설 SiO_2 함량이 50% 내외이며 점성이 작고 온도가 높으며 화산체 경사가 완만한 용암은 현무암질 용암이다.

5. 답 ㉠ 종상 화산
해설 종상화산은 점성이 큰 마그마가 폭발하여 만들어진 경사가 급한 화산체로 SiO_2 함량이 많은 유문암질 용암이 분출하여 만들어진 것이다.

6. 답 ①, ④, ⑤
해설 종상 화산은 순상 화산보다 점성이 크고, 휘발성 기체의 함량이 많으며, 화산체의 경사가 급하다.

7. 답 ㉠ 높고, ㉠ 큰
해설 그림 (가)는 순상 화산이고 (나)는 종상 화산이다. 순상 화산은 종상 화산보다 온도가 높고 유동성이 큰 용암으로 만들어진 화산체이다.

8. 답 ②, ③
해설 현무암질 용암은 온도가 높고 점성이 작아 유동성이 크다. SiO_2 함량이 적고 화산체의 경사가 완만하다.

9. 답 ⑤
해설 화석은 퇴적층에서 발견된다.

10. 답 ㉠: 화산재, ㉡: 용암
해설 화산 활동에서 분출된 화산재는 성층권까지 상승하여 햇빛이 차단되어 기후 변화가 일어난다. 방출되는 막대한 양의 용암은 농지를 덮고, 산과 들에 있는 식물을 죽게 한다.

11. 답 ④
해설 (가)는 용암이고 (나)는 화산 가스, (다)는 화산 쇄설물이다. ㄱ. 용암은 SiO_2 함량으로 구분한다. ㄴ. 용암은 화산 주변의 지형을 변화시킨다. ㄷ. 화산 쇄설물이 방출되면 햇빛의 반사율이 증가하여 기후 변화가 일어난다. ㄹ. 화산 가스 중에서 가장 많은 양을 차지하는 것은 수증기이다.

12. 답 ①
해설 (가)는 화산재이고 (나)는 화산력, (다)는 화산 암괴이다. ㄱ. 화산 쇄설물은 입자의 크기에 따라 구분한다. ㄴ. 대기 중 체류 시간이 가장 짧은 것은 입자의 크기가 가장 큰 화산 암괴이다. ㄷ. 화산재가 대기로 방출되면 햇빛의 반사율이 증가한다.

13. 답 ⑤
해설 SiO_2 함량이 높을 수록 온도가 낮아지고 화산체의 경사가 급해진다. 그리고 SiO_2 함량이 낮을수록 점성이 작고, 유동성이 커진다. 조용한 분출을 한다.

14. 답 ②
해설 (가)는 조용한 분출을 하기 때문에 현무암질 용암이다. (나)는 폭발적인 분출을 하기 때문에 유문암질 용암이다. 현무암질 용암은 SiO_2 함량이 적고 온도가 높으며 점성이 작다. 그리고 유동성이 크고 휘발성 물질이 적다. 유문암질 용암은 SiO_2 함량이 많고 온도가 낮으며 점성이 크다. 그리고 유동성이 작고 휘발성 물질이 많다.

15. 답 ⑤
해설 유문암질 용암의 온도는 낮고 유동성이 작으며 화산체의 형태는 종상 화산이다.

16. 답 ⑤
해설 분석구는 마그마가 폭발적으로 분출하여 화산 쇄설물이 쌓여 만들어진 비교적 작은 화산체이다. 순상 화산이나 성층 화산의 측면 또는 열극이나 단층을 따라 형성하며 대표적인 예로는 제주도의 기생화산이 있다.

17. 답 ④
해설 제주도의 한라산은 순상 화산이고 산방산은 종상 화산이다. 순상 화산은 현무암질 용암으로 종상 화산은 유문암질 용암으로 만들어졌기 때문에 암석의 색은 한라산이 더 어둡다. 순상 화산은 종상 화산보다 점성이 작은 용암이 분출한 것이다.

18. 답 ②

해설 화산은 지하의 마그마가 지각을 뚫고 지표로 분출되는 현상이다. 현무암질 용암은 유문암질 용암보다 온도가 높다. 화산 쇄설물은 입자의 크기에 따라 화산재, 화산력, 화산 암괴 등이 있다. 종상 화산은 격렬한 분출을 통해 형성되었다. 화산 쇄설물들에 의해 인명, 재산에 피해를 가져온다.

19. 답 ④

해설 그림 (가)는 화산 기체이고 (나)는 화산 쇄설물이다. ㄱ. 화산 쇄설물 중 화산재는 성층권까지 분출되어 기후 변화를 일으킨다. ㄴ. 격렬한 화산일수록 화산 가스의 양이 많아진다. ㄷ. 화산 쇄설물 중 화산재에 해당한다.

20. 답 ⑤

해설 ㄱ. 후지산은 성층 화산이다. ㄴ. 안산암질 용암으로 형성되었다. ㄷ. 마그마가 분출과 폭발을 반복하여 만들어진 화산체이다. ㄹ. 온천이 발달해 관광명소가 되었다.

21. 답 ①

해설 그림을 보면 암석 A를 뚫고 분출된 후 암석 B가 형성되었으므로 암석 A가 암석 B보다 먼저 생성되었다는 것을 알 수 있다. 용암의 점성은 종상 화산이 더 크다. 종상 화산은 유문암질 용암에 의해 생성되었다.

22. 답 ④

해설 A는 종상 화산이고 B는 성층 화산, C는 순상 화산이다. ㄱ. 용암이 가장 멀리까지 이동할 수 있는 것은 순상 화산이다. ㄴ. 용암과 화산 쇄설물을 교대로 분출하는 것은 성층 화산이다. ㄷ. 현무암질 용암으로 생성된 것은 순상 화산이다. ㄹ. 같은 유형의 화산에서 용암의 냉각 속도가 빠를수록 화산체의 경사가 커진다.

23. 답 ⑤

해설 ㄱ. 일본에 쌓인 백두산의 화산 쇄설물은 입자의 크기가 작은 화산진과 화산재로 구성된다. ㄴ. 마그마의 가스 함량이 높을수록 화산의 폭발력은 커진다. ㄷ. 북한에서 발생한 화산 때문에 남풍보다 북풍이 우세할 때 남한의 피해가 더 클 것이다.

24. 답 ⑤

해설 이 화산은 분출형 화산이다. ㄱ. 용암이 굳어져서 만들어진 암석은 현무암일 것이다. ㄴ. 이 지역은 화산 쇄설물에 의한 피해가 적었을 것이다. ㄷ. 분출한 용암은 순상 화산체를 형성했을 것이다.

25. 답 ⑤

해설 화산 지대에서는 유용한 광물들을 채굴하여 사용할 수 있다. 화산재의 입자 크기가 작아 태양 복사 에너지를 차단하여 지구의 평균기온을 떨어뜨리는 역할을 한다. 활동 중인 화산 부근에는 온천이나 간헐천이 많아서 관광 휴양지로 개발할 수 있다. 화산재가 쌓이는 지역의 식물들은 대부분 죽지만 화산재 속의 인, 칼륨 등은 토양을 비옥하게 한다.

26. 답 ②

해설 킬라우에아 화산은 강물처럼 흘러내리는 특성을 가지고 있기 때문에 SiO_2 함량이 적고 유동성이 큰 현무암질 용암일 것이다. ㄱ. 수백 킬로미터 떨어진 공항에 화산재가 두껍게 쌓이는 것은 종상 화산의 특징이다. ㄴ. 큰 폭발 소리 후 날아온 돌들이 지붕으로 떨어져 내리는 것은 종상 화산의 특징이다. ㄷ. 용암의 제방을 녹이고 집을 태우면서 도로까지 흘러왔다.

27. 답 ③

해설 용암 A는 순상 화산을 형성하고 용암 B는 종상 화산을 형성한다. ㄱ. (가)의 분출형 화산 활동은 순상 화산체를 형성한다. ㄴ. 용암 A는 B 보다 점성이 작고 유동성이 크다. ㄷ. 용암 A는 분출형, B는 폭발형으로 나타난다.

28. 답 ④

해설 다음 그림은 분석구에 대한 그림이다. 분석구는 화산 쇄설물이 쌓여서 만들어진 수백 m 이하의 소형 화산체이다. 순상 화산이나 성층 화산의 측면 또는 열극이나 단층을 따라 형성한다.

29. 답 ⑤

해설 한라산은 순상 화산이고 현무암질 용암이다. 산방산은 종상 화산이고 유문암질 용암이다. ⓐ 산방산은 종상 화산이다. ⓑ 종상 화산은 폭발형 화산이다. ⓒ 유문암질 용암은 현무암질 용암보다 가스 성분이 많았다. ⓓ 용암의 점성은 유문암질 용암이 현무암질 용암보다 크다. ⓔ 생성 당시에 유문암질의 용암보다 현무암질의 용암의 온도가 높다.

30. 답 화산재의 긍정적인 효과는 식물 생장에 필요한 여러 가지 성분이 많이 들어 있기 때문에 화산 지형이 오랜 시간이 지나면 식물이 자라기 좋은 기름진 토양으로 변하기도 한다.

부정적인 효과는 가까운 지표를 뒤덮어 식물들의 생장을 방해한다. 그리고 화산재에 의해 수년 동안 햇빛이 차단되어 기후 변화가 일어난다.

6강. 지진

개념 확인 100~103쪽

1. ⑤ 2. (1) O (2) X (3) O 3. 외핵
4. (1) O (2) O

1. 답 ⑤
해설 지구 온난화로 해수면의 높이 상승은 지진이 발생하는 원인이 아니다.

2. 답 (1) O (2) X (3) O
해설 (1) P파는 관측소에 가장 먼저 도착했다. (2) 진폭이 가장 큰 지진파는 L파이다. (3) 지표면을 따라 전파되는 지진파는 L파이다.

확인+ 100~103쪽

1. (1) O (2) X 2. PS시 3. ③ 4. ⑤

1. 답 (1) O (2) ×
해설 (1) 지진이 발생한 지하의 지점을 진원이라고 한다. (2) 규모는 지진이 발생할 때 사람의 느낌이나 주변 물체의 흔들림 정도를 나타낸 것으로 진원과 상관없이 일정하다.

4. 답 ⑤
해설 하와이는 열점으로 판의 경계가 아니지만 마그마가 생겨 화산 활동과 지진이 일어나는 지역이다.

개념 다지기 104~105쪽

01. ① 02. ⑤ 03. ④ 04. ⑤ 05. ⑤ 06. ⑤
07. ③ 08. ⑤

01. 답 ①
해설 동일한 지진은 두 관측소 A, B에서 각각 측정했을 때 규모는 같고, 진도는 관측소가 위치한 지역의 지질 상태에 따라 달라진다.

02. 답 ⑤
해설 지진의 생성 원인은 자연 지진과 인공 지진이 있다. 지진이 발생하는 지하의 지점을 진원이라고 한다. 진도는 진원으로부터 거리가 가까울수록, 규모가 클수록 커진다. 지진은 지구 내부의 지각 변동에 의해 발생한 에너지가 지표로 나와 땅이 흔들리는 현상이다. 천발지진은 진원의 깊이가 70km 이내이다.

03. 답 ④
해설 ㄱ. L파는 진폭이 가장 크므로 많은 피해를 준다. ㄴ. 지진 관측에서 두 번째로 도착하는 지진파는 S파이다. ㄷ. 지진파는 지구 내부 구조를 파악하거나 지하자원을 찾는데 활용되기도 한다.

04. 답 ⑤
해설 관측소에서 일정 거리 떨어진 곳에서 지진이 발생했기 때문에 지진 발생 시각은 P파 도달 이전 시각이다. P파만 액체를 통과할 수 있다. PS시는 P파와 S파의 속도가 다르기 때문에 진앙에서 멀어질수록 길어진다. L파 도달 이후 지면의 흔들림이 가장 크다. 기록된 지진 모습을 통해 PS시를 알 수 있다. P파의 속도와 S파의 속도를 알면 관측소에서 진원까지의 거리를 구할 수 있다.

05. 답 ⑤
해설 ㄱ. 지진계에는 항상 P파가 먼저 도달하고 S파는 두 번째로 기록된다. ㄴ. 지진계는 관성을 이용하여 지진의 도착 시간과 세기를 측정하는 기계 장치이다. ㄷ. 지진파의 속도 변화를 통해 지구 내부를 4개의 층으로 나눌 수 있다는 것을 알 수 있다.

06. 답 ⑤
해설 ㄱ. 진앙의 거리는 A 관측소가 B 관측소보다 가깝다.
ㄴ. 진원으로부터 거리가 가까운 (가)의 A 관측소에서 진도가 더 크므로 관측된 지진 기록 모습은 ㉡이다.
ㄷ. 지진이 발생한 곳에서 가장 가까운 지표면의 지점을 진앙이라고 한다.

07. 답 ③
해설 해령 화산대 · 지진대는 태평양, 대서양, 인도양의 심해저에 위치한 해저 산맥을 따라 발달하였고 전 세계 지진의 5%이다.

08. 답 ⑤
해설 화산대와 지진대의 분포는 거의 일치한다. 화산 활동은 태평양 주변부에서 가장 활발하며 전 세계 화산과 지진의 80%가 분포하며, 특정한 지역에 좁고 긴 띠 모양으로 분포한다. 지진대, 화산대는 변동대에 속하고, 주로 대륙 주변부에 발달한다. 대륙의 중앙부에는 거의 분포하지 않는다.

유형 익히기 & 하브루타 106~109쪽

[유형6-1] (1) X (2) O (3) O
01. ④ 02 . ②
[유형6-2] ①
03. ④ 04. ①
[유형6-3] ②
05. ① 06. ②
[유형6-4] ④
07. ⑤ 08. ④

[유형6-1] 답 (1) X (2) O (3) O
해설 (1) 지진의 규모는 지진이 발생할 때 나오는 실제 에너지를 나타낸 것이므로 같은 지진이라면 A 관측소와 B 관측소에서 같은 규모로 측정된다.
(2) 지진의 진도는 측정한 곳에서의 흔들림 등을 측정한 것이므로 진원에 가까운 A 관측소가 B 관측소보다 크다.
(3) 관측소에 도달하는 지진파는 진원으로부터 거리가 멀어질수록 P파와 S파의 도착 시간 간격이 커진다.

01. 답 ④
해설 ④ 같은 규모일 때 천발 지진은 진앙 가까이에서 발생하고, 땅의 흔들림을 심하게 전달하므로 심발 지진보다 더 큰 피해를 입힌다. 진도는 진원으로부터 먼 거리에 위치할수록 작아지고, 진도가 작을수록 지진 피해가 작다. 규모는 지진이 발생할 때 방출되는 에너지를 기준으로 정한 지진의 세기로 절대적인 수치이고, 진도는 지진의 감진 정도 또는 피해 정도를 기준으로 정한 지진의 세기로 상대적인 수치이다.

02. 답 ②
해설 ㄱ. 진원은 지진이 발생한 지점으로 A점에 해당한다.
ㄴ. B는 단층면으로 그림처럼 단층 작용으로 지진이 발생하였다.
ㄷ. A는 진원으로 진앙은 진원 바로 위의 지표면의 지점이다.

[유형6-2] 답 ①
해설 그림 (가)의 A는 P파이고, B는 S파이다. 그림 (나)는 횡파를 그림 (다)는 종파를 나타낸다. ㄱ. S파(지진파 B)는 외핵을 통과할 수 없다.
ㄴ. P파(지진파 A)가 S파(지진파 B)의 속도보다 더 빠르다.
ㄷ. P파는 그림 (다) 모양의 종파의 특성을 나타낸다.
ㄹ. 횡파(S파)가 종파(P파)보다 더 큰 피해를 입힌다.

03. 답 ④
해설 ㄱ. (가)는 종파를 (나)는 횡파를 나타낸다. ㄴ. 지진파의 전파 속도는 (가)가 (나)보다 빠르다. ㄷ. 지진파의 피해는 (가)가 (나)보다 작게 나타난다.

04. 답 ①
해설 ㄱ. 그림 (가)는 횡파이고, (나)는 종파이다. ㄴ. (가)는 (나)보다 이동 속도가 느리다. ㄷ. (가)는 액체 상태의 매질을 통과하지 못한다.

[유형6-3] 답 ②
해설 A는 P파와 S파 모두 도달하여 기록된다. B는 암영대로 P파와 S파 모두 도달하지 않기 때문에 기록되지 않는다. C 는 액체상태인 외핵을 통과할 수 있는 P파만 기록된다.

05. 답 ①
해설 ㄱ. 지진이 처음 기록되는 시기(P파 도달)와 진폭이 갑자기 커지는 시기(S파 도달)의 차이(PS시)는 A보다 B가 크다. ㄴ. PS시가 커질수록 진원으로부터의 거리가 멀어지므로 A가 B보다 가깝다. ㄷ. 지진의 진도는 진동이 심한 A가 B보다 크다. ㄹ. 같은 지진이므로 지진의 규모는 A와 B 지역에서 같다.

06. 답 ②
해설 지진계의 모든 부분은 진동하지만 무거운 추는 관성 때문에 정지해 있으므로 추 끝에 달려 있는 펜에 의해 진동하는 회전 원통에 감긴 기록지 위에 지진의 진동량이 기록된다.

[유형6-4] 답 ④
해설 화산 활동은 대서양보다 태평양 연안에서 활발하다. 지진과 화산 활동이 일어나는 곳은 대체로 일치한다. 지진과 화산 활동의 발생 지역은 띠 모양으로 분포한다. 지진은 판의 주변부에서 활발하므로, 태평양 주변부나 대륙의 경계 지역에서 더 활발하다.

07. 답 ⑤
해설 ㄱ. 지진대와 화산대는 대체로 일치한다. ㄴ. 태평양의 중심부보다 주변부에서 지진이 더 자주 발생한다. ㄷ. A는 대서양 중앙 해령 지진대로 천발 지진만 발생한다.

08. 답 ④
해설 ㄱ. A는 인도네시아 부근으로 알프스-히말라야 지진대에 해당한다. ㄴ. A와 B는 변동대에 해당한다. ㄷ. 규모 8.5 이상의 지진이 발생한 곳은 대부분 환태평양 지진대이며, 일부는 알프스-히말라야 지진대에서 발생하였다.

창의력 & 토론마당 110~113쪽

01

(1)

진도	A > B > C
규모	A = B = C

(2) 25초

(3) ②

해설 (1)

	규모	진도
정의	지진이 발생할 때 나오는 실제 에너지를 나타낸 것	지진이 발생할 때 사람의 느낌이나 주변 물체의 흔들림 정도를 나타낸 것
표기	아라비아 숫자	로마자
진원과의 관계	지진 발생 지점과 상관없이 일정	지진 발생 지점으로부터 멀수록 작아짐

(2) $d = \dfrac{V_S \times V_P}{V_P - V_S} \times$PS시 ($\because \dfrac{d}{V_S} - \dfrac{d}{V_P}$ = PS시)

200km = $\dfrac{V_S \times V_P}{V_P - V_S} \times$PS시 = 8×PS시

∴ PS시 = 25초

(3) ㄱ. 6시 30분 30초는 A관측소에서 처음으로 P파가 관측된 시간이다. ㄴ. 세 관측소와 지진기록을 짝지으면 진앙으로부터 거리가 가장 가까운 A가 가장 먼저 지진이 기록되기 때문에, 각각 A-㉠, B-㉡, C-㉢이다. ㄷ. 지진에 의한 건물의 흔들림이 가장 크게 나타나는 지역은 진앙으로부터 거리가 가장 가까운 ㉠이다.

02

(1) 추의 질량을 크게 하는 것이 더 좋다. 질량이 클수록 관성이 더 커지기 때문에 움직이지 않아 지진을 더 잘 기록할 수 있다.

(2) 이 지진계는 수직 방향 진동만 기록되므로 수직 방향 지진만을 분석할 수 있다. 수평 방향의 지진에도 동서 방향과 남북 방향 두 대의 지진계가 필요하다. 땅의 모든 흔들림을 기록하기 위해서는 총 3개의 지진계가 필요하다. 따라서 2개의 지진계가 더 필요하다.

(3) '후풍지동의'는 지진의 발생 여부, 처음 지진의 방향만을 알 수 있지만 지진의 규모와 시간에 다른 지진의 변화 등을 알 수 없다. 현대의 지진계는 펜에 의해 회전원통에 진동을 기록하기 때문에 지진의 규모와 시간에 따른 지진의 변화 등을 알 수 있다.

03

(1) 이 지진파는 고체, 액체를 모두 통과하므로 P파라고 할 수 있다.

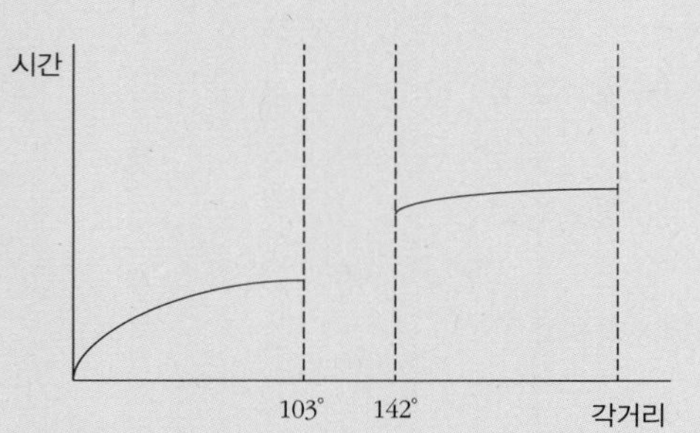

(2) 지구 내부로 갈수록 구성 물질이 달라지면서 지진파의 속도가 변해 굴절하게 되는데, 깊이 들어갈수록 물질의 지진파의 속도가 증가하여 굴절각이 입사각보다 커진다. 이것이 반복되면서 깊이 들어갈수록 기진파의 경로가 아래로 볼록한 모양이 만들어진다.

해설 (1) 지구 표면이 곡선이고, 깊이에 따라 지진파의 속도가 증가하기 때문에 지진파의 진행 방향이 아래로 볼록한 형태로 휘어지게 된다. 지진파의 속도가 깊이에 따라 증가하는 경우에는 입사각보다 굴절각이 크게 나타나기 때문에 아래 〈그림〉처럼 아래로 볼록한 모양으로 굴절한다. 암영대에는 지진파가 도달하지 않는다.

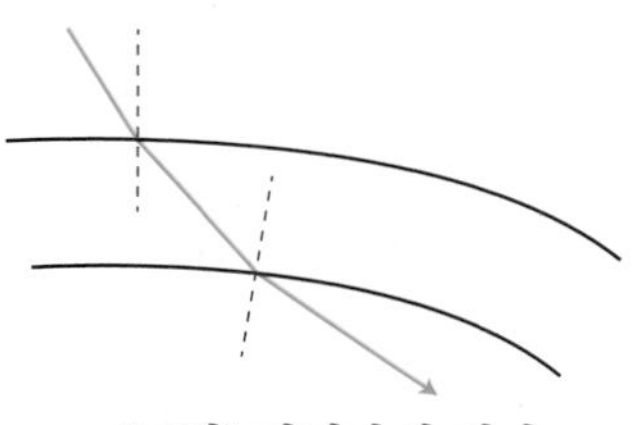

〈그림〉 지진파의 전파

04

(1) 규모는 지진이 발생할 때 나오는 실제 에너지를 나타낸 것이므로 이 지진의 규모는 어디에서나 9.0으로 관측된다.
진도는 지진에 의해 관측지점에서의 진동의 정도나 피해 정도를 나타내는 것이므로, 진도는 진원으로부터의 거리가 가까울수록, 지진의 규모가 클수록 커진다. 같은 지진을 관측한 것이므로 진원으로부터의 거리가 먼 부산에서는 진앙에서 가까운 지역보다 진도가 더 작게 관측될 것으로 예상된다.
(2) 해저에서 대규모 지진이 발생하여 바다 밑바닥에서 솟아오르거나 가라앉으면서 해저 지형의 변화가 생겨 해수면이 요동쳐서 파장이 긴 파가 발생하여 전파된다. 지진 해일파는 빠른 속도로 퍼져나가 해안가에 엄청난 피해를 일으킬 수 있다.

스스로 실력 높이기 114~119쪽

01. ④ 02. ㉠ 규모 ㉡ 진도 03. ③
04. A : P파 B : S파 C : L파 05. 주시 곡선
06. (1) O (2) X (3) X (4) O 07. ②
08. ㉠ 지진파 ㉡ 관성 09. ③, ④ 10. ③ 11. ②
12. ④ 13. ② 14. ④ 15. ① 16. ④ 17. ②
18. ② 19. ② 20. ④ 21. ② 22. ⑤ 23. ②
24. ③ 25. ③ 26. ⑤ 27. ③
28. A : ㉣ B : ㉠ C : ㉡ 29. ③ 30. 〈해설 참조〉

1. 답 ④
해설 진원 바로 위에 있는 지표면의 지점을 진앙이라고 한다.

2. 답 ㉠ 규모 ㉡ 진도
해설 동일한 지진에 대한 규모는 진원으로부터의 거리에 관계없이 일정하다. 진도는 지표에서의 진동 및 피해 정도를 수치화한 것이다.

3. 답 ③
해설 진폭이 가장 큰 지진파는 L파이다. 지진 발생의 주요 원인은 단층작용이다. 지표면을 따라 전파되는 지진파는 L파이다. 지진이 발생한 곳에서 가장 가까운 지표면의 지점을 진앙이라고 한다. 대륙의 주변부에서 지진이나 화산 활동이 활발하게 일어나고 있다.

6. 답 (1) O (2) X (3) X (4) O
해설 (1)(가)는 횡파(S파)를 (나)는 종파(P파)를 나타낸다. (2) 횡파는 고체만 통과 가능하다. (3) 처음으로 도달하는 파는 종파(P파)이다. (4) 횡파는 종파보다 속도가 느리다.

7. 답 ②
해설 진행속도는 P파 〉S파 〉L파이고, 진폭은 L파 〉S파 〉P파이다.

8. 답 ㉠ 지진파 ㉡ 관성
해설 지진계는 지진의 진동을 알아내 지진파를 기록하는 기계로, 지진계의 모든 부분을 진동하지만 무거운 추는 관성 때문에 정지해 있으므로 추 끝에 달려 있는 펜에 의해 회전 원통에 감긴 기록지 위에 진동이 기록된다.

9. 답 ③, ④
해설 P파는 종파이고 진폭이 제일 작다. 피해 정도가 작고 전파 속도가 빠르며, 고체 액체를 모두 통과할 수 있다.
10. 답 ③
해설 화산대와 지진대의 분포는 거의 일치한다. 지진이 발생하는 곳에서 화산 활동이 일어나지 않을 수도 있다. 화산 활동이 활발하게 일어나는 지역을 화산대라고 한다. 화산 활동과 지진은 태평양 화산대에서 가장 많이 일어난다.

11. 답 ②
해설 지진은 지구 내부 에너지에 의해 발생한다. 지진 자체의 분출에너지를 측정한 것이 규모이므로 진원으로부터 멀어져도 규모는 일정하다. 지진파를 연구하는 이유는 지구 내부의 구조나 조성물질을 알기 위해서이다. 진앙으로부터 멀어질수록 진도가 작아지므로 지진의 피해는 작아진다. 진원 깊이에 따라 천발, 중발, 심발 지진으로 구분한다.

12. 답 ④
해설 지진파는 진원으로부터 멀리 있는 지역일수록 늦게 전파되며, 진도가 작아진다. 같은 지진은 어느 지역에서나 규모가 같게 측정된다. ㄱ. 진도는 A가 B보다 크다. ㄴ. 규모는 A와 B에서 모두 같다. ㄷ. ㉠은 B의 지진 기록이다.

13. 답 ②
해설 P파와 S파는 지구 내부로 전달되는 실체파이다. S파는 고체만 통과한다. 진폭이 가장 큰 것은 L파이며 가장 큰 피해를 입힌다. 지진 관측소에 가장 먼저 도착하는 지진파는 속도가 가장 빠른 P파이다. P파가 전파될 때 물질의 진동방향은 파의 진행 방향에 평행하므로 종파이다.

14. 답 ④
해설 A는 지각이고 B는 맨틀이고 C는 외핵이고 D는 내핵이다.
지각과 맨틀의 경계는 모호면이다. 맨틀에서는 P파가 S파보다 빠르다. P파는 고체, 액체인 지구 전체 물질을 통과할 수 있다. 외핵은 S파가 전파되지 않으므로, 액체 상태로 추정 할 수 있으나 액체인 외핵을 S파는 통과할 수 없으므로 내핵으로 S파는 전파될 수 없다. 3500km 부근은 액체 상태인 외핵 내부이므로 P파만 전파가 가능하다.

15. 답 ①
해설 ㄱ. 이 지진 기록의 최대 진폭은 A에서 가장 크다. ㄴ. 같은 지진이므로 지진의 규모는 모두 같다. ㄷ. 세 그래프는 서로 다른 지역 관측소에서의 관측 결과이므로 시간 구간이 반드시 같다라고 할 수는 없으므로 P파가 도달하는 시간을 비교할 수는 없으나, P파와 S파의 도달 시간 차이(PS시)는 비교가능하다. B그래프의 PS시가 가장 길기 때문에 B지역이 진원으로부터 가장 멀리 떨어져 있다고 할 수 있다.

16. 답 ④
해설 ㄱ. 암영대는 P파와 S파가 모두 도달하지 않는 곳을

말한다. ㄴ. 지진파가 지구 내부에서 불연속면을 통과하면서 심하게 굴절되어 생기는 영역이다. ㄷ. 진원지에서 지구 중심까지의 수직선을 기준으로 103°~142° 사이이다.

17. 답 ②
해설 A 구간은 지각이고 B 구간은 맨틀이고, C 구간은 외핵이고, D 구간은 내핵이다. 지각은 대륙지각과 해양지각으로 이루어져 있다. 대륙지각은 화강암질, 해양지각은 현무암질로 이루어져 있다. 맨틀은 지구내부에서 가장 부피를 많이 차지한다. 외핵은 P파만 통과한다. 내핵은 외핵보다 온도가 높지만 압력이 매우 높기 때문에 고체 상태로 존재한다. 각 층의 밀도를 크기순으로 나열하면 D > C > B > A이다.

18 답 ②
해설 지진계는 추의 관성을 이용하는 것이므로 진동 시 추는 움직이지 않는다. 추의 무게가 무거울수록 관성이 크므로 지진이 정확하게 기록된다. 지진 기록을 위해 수평 방향으로는 동서방향과 남북방향 두 대의 지진계가 필요하고, 수직지진계가 필요하다. 총 3개의 지진계가 필요하다. 회전 원통(지진계 몸체)이 오른쪽으로 이동하면 멈춰있는 추의 펜에 의해 왼쪽으로 기록이 되므로 회전 원통에 나타나는 지진 기록의 방향은 지표의 진동방향과 반대이다.

19. 답 ②
해설 A 지진과 B 지진이 발생할 때 거리가 다르므로 PS시와 지진파의 진폭은 다르게 나타난다. 진원으로부터 멀수록 진도가 작아지기 때문이다. 그러나 두 진원의 진앙은 같고, 매질이 같으므로 S파의 속도도 같다.

20. 답 ④
해설 ㄱ. 규모 7.0 이상의 심발 지진은 환태평양 부근에서 발생한 것이다. ㄴ. 규모 7.0 이상의 지진은 환태평양 지진대에서 가장 많이 발생했다. ㄷ. 지진의 진도는 진앙으로부터 멀어질수록 작아진다.

21. 답 ②
해설 ㄱ. A는 B 지역보다 진도가 작으므로 피해가 작다. ㄴ. B와 C 지역에서 지진의 규모는 동일하다. ㄷ. 지진파가 최초로 도달하는 데 걸리는 시간은 서울이 더 오래 걸린다.

22. 답 ⑤
해설 ㄱ. P파 도착 시간과 PS시가 관측소 A가 관측소 B보다 각각 더 빠르고 작기 때문에 진원까지의 거리는 A가 B보다 가깝다. ㄴ. 지진파의 진도가 B에서 더 크므로 최대 진폭은 A보다 B에서 크다. ㄷ. 동일한 지진이므로 A지역과 B지역에서의 지진의 규모는 같게 관측된다.

23. 답 ②
해설 ㄱ. 지진파는 깊게 들어갈수록 속도가 증가한다. A 지점으로 진행하는 동안 깊은 곳으로 갔다가 다시 나오므로 속도는 빨라지다가 느려진다. ㄴ. B지점에 도달하기 위해서는 외핵을 통과해야 하나 S파는 외핵을 통과할 수 없으므로 S파는 도달하지 못한다. ㄷ. P파의 주시 곡선은 같은 거리를 가는 시간이 작은 ㉡이다.

24. 답 ③
해설 ㄱ. 우리나라에도 내진 설계가 필요하다. ㄴ. 규모가 클수록 지진의 발생 빈도는 감소한다. ㄷ. 우리 나라의 지진은 특정 지역에서 일어나지 않고 대체로 고르게 분포한다.

25. 답 ③
해설 ㄱ. PS시의 길이는 (가) < (나)이다. ㄴ. A는 속도가 느린 횡파(S파), B는 속도가 빠른 종파(P파)의 성질을 나타낸다. ㄷ. 그래프 상의 지진파의 진폭의 크기는 (가) > (나)이다.

26. 답 ⑤
해설 ㄱ. 밀도는 지구 내부로 들어갈수록 증가한다. ㄴ. A ~ B구간은 외핵으로 액체 상태이기 때문에 S파가 소멸된다. ㄷ. 지진파의 속도 분포로부터 지구 내부의 층상 구조를 파악할 수 있다.

27. 답 ③
해설 지진 기록을 보면 10분에 P파가, 20분에 S파가 기록되었다. 주시 곡선에서 맨아래 것인 P파가 10분일 때와 두 번째 것인 S파가 20분일 때의 진앙 거리가 일치하는데, 진앙 거리는 5000km이다.

28. 답 A : ㉣ B : ㉠ C : ㉡
해설 A : 지진 발생 지점으로 90° 떨어진 지점이므로, P파와 S파가 모두 도달하며 P파가 먼저 도착한다.
B : 지진 발생 지점으로부터 125° 떨어진 지점이므로 암영대이며, P파와 S파가 모두 도착하지 않는다.
C : 지진 발생 지점으로부터 180° 떨어진 지점이므로, 외핵을 거쳐 P파만 도달한다.

29. 답 ③
해설 A는 용융점, B는 온도를 나타낸다. (가)에서 용융점이 온도보다 높은 지역은 고체 상태인 맨틀과 내핵임을 알 수 있다. B는 지구 내부의 온도이므로 이것만 가지고는 구성 물질을 알 수 없다. C는 지구 내부의 밀도를 나타낸다. 지진파의 속도는 밀도와 비례한다.

30. 답 지구의 내부(매질)를 통과할 수 있으므로, 매질의 밀도에 따라 지진파의 진행 속도와 진행 방향이 달라지는 성질을 이용하는 것이다.

7강. 판 구조론의 정립 과정

개념 확인 120~123쪽

1. 조산 운동 2. (1) O (2) X (3) O 3. 판
4. (1) O (2) X

2. 답 (1) O (2) X (3) O
해설 (2) 해령으로부터 멀어질수록 바다 속 퇴적물의 두께가 두꺼워진다.

4. 답 (1) O (2) X
해설 (2) 해령은 발산형 경계에서 발달한 지형이다.

확인+ 120~123쪽

1. (1) X (2) O 2. ④ 3. ② 4. ④

1. 답 (1) X (2) O
해설 (1) 리아스식 해안과 피오르드는 침강에 대한 증거이다. 융기에 대한 증거는 스칸디나비아 반도의 융기, 해안단구, 하안 단구가 있다.

3. 답 ②
해설 해양판의 발산으로 해양판이 멀어지면서 상승한 마그마는 해령을 형성하고, 새로운 해양 지각이 생성된다.

4. 답 ④
해설 대서양 중앙해령은 발산형 경계이다.

개념 다지기 124~125쪽

01. ① 02. ⑤ 03. 해저 확장설 04. ④
05. ② 06. ⑤ 07. ③ 08. ⑤

01. 답 ①
해설 ㄱ. 두꺼운 퇴적물이 쌓여 지각의 두께가 두꺼워지면 새로운 평형을 찾아 아래로 침강한다. ㄴ. 높은 산에서 해양 생물의 화석이 발견되는 것은 지각이 융기되거나, 해수면이 내려가는 해퇴현상 때문이다. ㄷ. 빙하기 이후 간빙기에서는 누르던 빙하가 녹으면서 지각의 무게가 감소하면 지각이 평형을 유지하기 위하여 융기된다.

02. 답 ⑤
해설 습곡 산맥은 산맥의 중심부에 마그마의 관입으로 인한 화성암과 광역 변성 작용을 받아 변성암이 나타난다. 습곡 산맥은 두 대륙이 충돌하면서 강한 횡압력을 받아 퇴적물이 밀려 올라가면서 습곡과 단층이 생기면서 형성된다. 지각의 두께가 두꺼워지면서 새로운 평형을 찾아 아래로 침강하는 것은 조륙 운동에 관한 설명이다.

03. 답 해저 확장설
해설 해령에서 맨틀 물질이 치솟아 올라 새로운 해양 지각을 생성하고, 생성된 지각은 맨틀 대류를 따라 해령을 중심으로 양쪽으로 멀어져 해저가 확장한다고 주장하였다. 해저 확장설의 증거로 해령으로부터 멀어질수록 암석의 나이가 점점 많아지고, 해양 지각 위의 퇴적물의 두께가 두꺼워진다.

04. 답 ④
해설 ① 고생물의 화석이 발견되기 때문에 과거 지구는 빙하로 덮여 있지 않았다. ② 베게너는 바다를 헤엄쳐 건널 수 없는 고생물의 화석이 여러 대륙에서 발견되는 것으로 보아 붙어 있던 과거의 대륙이 오랜 시간에 걸쳐 서서히 갈라지고 이동하여 현재와 같은 대륙과 해양의 분포를 이루게 되었다고 주장하였다. ③, ④, ⑤ 남아메리카,아프리카, 오스트레일리아, 남극 대륙 등에서 유사한 종의 화석이 발견되는 이유는 모든 생물체가 전 지구상에서 동시에 진화한 것이 아니라 대륙이 이동했기 때문이다.

05. 답 ②
해설 발산형 경계에서는 해령과 열곡대가 발달한다. 수렴형 경계에서는 해구, 호상 열도, 습곡 산맥이 발달한다. 보존형 경계에서는 변환 단층이 발달한다.

06. 답 ⑤
해설 ㄱ. 해령은 발산형 경계에서 발달한 지형으로 새로운 해양판이 생성된다. ㄴ. 해령은 맨틀 물질이 상승하면서 해령을 형성한다. ㄷ. 해령에서는 판이 양쪽으로 분리되어 멀어지므로 양쪽에서 잡아당기는 장력이 작용하여 정단층이 만들어질 수 있다. ㄹ. 해령은 발산형 경계로 화산 활동이 활발하고 천발 지진이 발생한다.

07. 답 ③
해설 변환 단층은 판의 생성이나 소멸 없이 서로 엇갈리는 보존형 경계에서 발달한다. A ~ C, D ~ F는 발산형 경계이고, B ~ C, D ~ E는 판이 같은 방향으로 이동하기 때문에 판 경계가 아니다.

08. 답 ⑤
해설 ① 수렴형 경계는 판과 판이 서로 충돌하면서 판이 소멸되는 경계를 말한다. ② 충돌형 경계에는 해구와 호상 열도, 습곡 산맥이 발달한다. ③ 화산 활동이 활발하고 천발 지진과 심발 지진이 모두 발생한다. ④ 밀도가 큰 해양판이 밀도가 작은 대륙판 아래로 비스듬히 들어간다. ⑤ 안데스 산맥은 해양판인 나즈카 판이 대륙판인 남아메리카 판 아래쪽으로 섭입하면서 페루-칠레 해구가 생성되면서, 그 주변에 만들어진 습곡 산맥이다.

유형 익히기 & 하브루타 126~129쪽

[유형7-1] (1) X (2) X (3) O	01. ④	02. ②
[유형7-2] (가) ㄴ (나) ㄹ	03. ②	04. ④
[유형7-3] ④	05. ②	06. ①
[유형7-4] ①	07. ②	08. ①

[유형7-1] 답 (1) X (2) X (3) O
해설 (1) 습곡 산맥은 두꺼운 퇴적암의 지층으로 되어있다.
(2) 해안 단구는 조륙 운동에 의해 만들어진 지형이다.
(3) 바다 밑에 쌓였던 퇴적층이 밀려 올라와 만들어졌으므로 산 정상에서 암모나이트 같은 바다에서 살았던 생물의 화석이 발견되기도 한다.

01. 답 ④
해설 ① 조산 운동은 지층들이 횡압력을 받아 생성된다. ② 피오르드 지형은 조륙 운동(침강)의 증거이다. ③ 조산 운동의 원인은 맨틀의 대류에 의해 판이 충돌하기 때문이다. ④ 산맥의 중심부에는 마그마의 관입으로 인한 화성암이 나타난다. ⑤ 맨틀의 상승부에는 해령이 형성되어 새로운 지각이 만들어지고, 해령을 중심으로 양쪽으로 멀어진다.

02. 답 ②
해설 세라피스 사원은 육지에 있던 것이 바다에 잠겼다가 육상으로 다시 올라온 것으로, 사원이 있던 육지가 침강하였다가 다시 융기하였다.

[유형7-2] 답 (가) ㄴ (나) ㄹ
해설 대륙 이동설은 과거에는 지구 상의 모든 대륙이 하나로 붙어 있었는데, 오랜 시간에 걸쳐 서서히 갈라지고 이동하여 현재와 같은 대륙과 해양의 분포를 이루게 되었다고 설명하는 이론이다. 증거로 해안선의 일치, 지질 구조의 연속성, 빙하의 분포와 이동 방향, 고생대 화석의 분포가 있다. 해저 확장설은 해령에서 맨틀 물질이 치솟아 올라 새로운 해양 지각을 생성하고, 생성된 지각은 맨틀 대류를 따라 해령을 중심으로 양쪽으로 멀어져 해저가 확장된다고 설명하는 이론이다. 증거로 해령으로부터 멀어질수록 바다 속 퇴적물의 나이가 점점 많아지고, 퇴적물의 두께가 두꺼워진다.

03. 답 ②
해설 ㄱ. 순서대로 나열하면 (나)→(가)→(다)이다. ㄴ. (나)는 고생대 말로 판게아를 이루고 있었다. (가)는 신생대 말로 인도 대륙과 유라시아 대륙 사이에서 히말라야 산맥이 형성되었다. (다)는 중생대 말로 인도 대륙이 북상하고, 남아메리카 대륙이 갈라져 그 사이에 대서양이 생겨났다.

04. 답 ④
해설 ㄱ. A는 발산형 경계로 새로운 판이 형성된다. ㄴ. 지진과 화산 활동이 활발한 곳은 발산형 경계인 A와 수렴형 경계인 C이다. ㄷ. A에서 C로 갈수록 지각의 연령이 오래되었기 때문에 해저 퇴적물의 두께는 두꺼워진다.

[유형7-3] 답 ④
해설 ㄱ. 암모나이트는 중생대 바다에서 번성했던 생물이다. 암모나이트 화석을 포함하는 지층은 중생대의 바다에서 형성되었다. ㄴ. 산맥의 정상부에 신생대 지층이 있는 것으로 보아 이 산맥의 지층은 신생대에 퇴적되었고 그 후 습곡 작용을 받아 융기했다는 것을 알 수 있다. ㄷ. 히말라야 산맥은 인도판(대륙판)과 유라시아 판(대륙판)이 충돌하여 형성된 습곡 산맥이다.

05. 답 ②
해설 ①, ② A는 발산형 경계로 판이 새로 생성되는 지역이다. 주로 해령과 열곡대가 발달한다. ③ B는 수렴형 경계로 판이 소멸되는 지역이다. ④ B는 주로 해령과 호상 열도, 습곡 산맥이 발달한다. 수렴형 경계는 판이 소멸되는 지역이다. A(해령)과 B(수렴형 경계)에서는 모두 천발 지진이 발생하지만, 심발 지진은 수렴형 경계에서만 발생한다.

06. 답 ①
해설 ㄱ. 유라시아 판은 대륙판이고, 태평양 판은 해양판이다. 해양판보다 대륙판이 더 두껍다. ㄴ. 판의 경계에서는 지진과 화산 활동이 활발하게 일어나므로 판의 경계는 지진대 및 화산대와 대부분 일치한다. ㄷ. 그림에서처럼 마주하는 판의 대부분은 이동 방향이 반대이고, 이동 속도도 다르다.

[유형7-4] 답 ①
해설 A는 두개의 판이 충돌하는 수렴형 경계 부근에서 생성되는 호상 열도로, 해구와 나란하게 발달한다. B는 두

판이 어긋나게 이동하는 곳에 발달한 변환 단층이다. 변환 단층은 두 판이 서로 어긋나게 이동하고, 새로운 판이 생성되거나 소멸되지 않는다. 판의 경계에서는 모두 천발 지진이 발생하고, 심발 지진은 수렴형 경계에서만 발생한다. C는 발산형 경계에 만들어진 해령으로 맨틀 대류가 상승하면서 판을 밀어올리는 힘에 의해 형성되는 해저 산맥이다. 수렴형 경계에서 습곡 작용으로 형성되는 산맥과 다르다. D에서는 해양판이 대륙판의 아래로 섭입하고 있다. 이러한 판의 수렴형 경계에서는 맨틀 대류가 하강하고 있다.

07. 답 ②

해설 ㄱ. A는 수렴형 경계로 해양판이 대륙판 아래로 섭입하며 오래된 해양 지각이 소멸된다. ㄴ. B는 변환 단층으로 맨틀 대류가 상승하거나 하강하지 않기 때문에 화산 활동이 거의 일어나지 않는다. C는 해령으로 맨틀 대류가 상승하므로 화산 활동이 활발하게 일어난다. ㄷ. 맨틀 대류는 해구인 A에서는 하강하고, 해령인 C에서는 상승한다.

08. 답 ①

해설 ㄱ. 대서양 중앙 해령은 두 해양판의 발산형 경계이므로 A에 해당한다. ㄴ. B는 보존형 경계로 두 판이 엇갈려 이동하면서 천발 지진이 자주 발생한다. ㄷ. C는 두 대륙판이 수렴하여 충돌하는 경계이므로 지진은 자주 발생하지만 화산 활동은 거의 일어나지 않는다.

창의력 & 토론마당 130~133쪽

01

(1) 63km (2) 4.7km

해설 (1) 보상면 : 누르는 압력이 같은 지점을 연결한 선이며 이때 압력은 다음과 같이 구한다.

$$\Delta p = \rho g \Delta h$$

Δp : 압력 변화량 ρ : 암석의 밀도

g : 중력 가속도 h : 높이 변화량

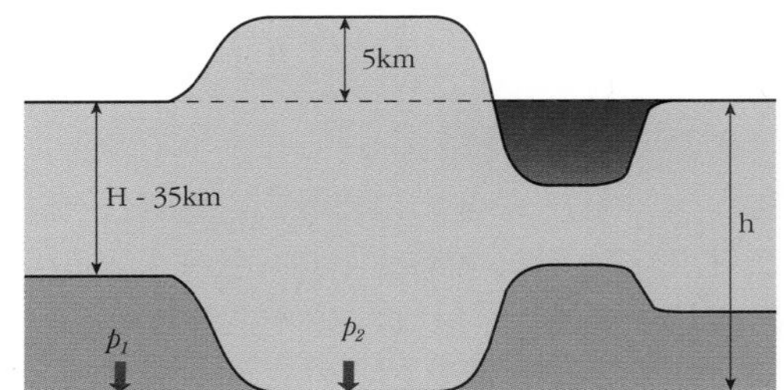

$p_1 = (2.8g/cm^3 \times g \times 35km) + [3.3g/cm^3 \times g \times (h - 35)km]$

$p_2 = 2.8g/cm^3 \times g \times (h + 5)km$

$p_1 = p_2$ 이므로, $h = 63km$

따라서 보상면의 깊이는 63km 이다.

(2) 산맥이 깎이면 상부맨틀이 융기하며, 보상면이 상승한다. 보상면의 상승 높이를 Δh 라고 하면,

$\therefore 3.3g/cm^3 \times 9.8m/s^2 \times \Delta h = 2.8g/cm^3 \times 9.8m/s^2 \times 2km$, $\Delta h \fallingdotseq 1.7km$ 이다.

산맥은 침식으로 2km 깎여나가고, 보상면은 1.7km 상승하므로 산맥의 높이는 5 - 2 + 1.7 = 4.7 km 이다.

02

(1)

	지형 특징	조륙운동
남해안	리아스식 해안	침강
동해안	해안 단구	융기

(2) 나무 도막을 B 위에 A를 올려놓으면 나무 도막 B는 처음보다 물속에 더 많이 잠기며 가라앉게 된다. 이것은 조륙 운동의 침강에 해당하는 것으로 높은 산이 바다속으로 가라앉아 섬으로 남은 지형인 다도해와 빙하에 의해 만들어진 좁은 만인 피오르드 해안을 예를 들 수 있다.

(3) A : 침식, B : 퇴적, C : 지각 융기, D : 지각 침강

해설 (1) 남해안의 리아스식 해안은 육지가 가라앉거나 해수면이 올라가 육지가 바닷속에 가라앉아 이루어진 해안으로 해안선이 복잡하며, 지각의 침강에 의해 생성된 지형이고, 동해안의 해안 단구는 파도에 의한 침식 작용을 받은 후, 지각의 융기에 의해 생성된 대표적인 지형이다.

03

(1) 해령에서 더 멀리 떨어져 있는 해양판 A가 B보다 퇴적물의 두께가 두껍고, 퇴적물의 연령이 더 많다.

(2) 해령에서 더 멀리 떨어져 있는 해양판 A가 먼저 생성되어 오래된 해양판이므로 온도가 더 낮고, 두꺼운 퇴적물로 부터 강한 압력을 받아 밀도가 더 크다. 따라서 해양판의 기울기가 더 급하다.

(3) ㄴ, ㅂ

(4) 해령 : (나), 해구 : (가)

해설 (3) ㄱ. 대서양 중앙해령 : 해양판 - 해양판 (발산형)
ㄴ. 안데스 산맥 : 대륙판 - 해양판(수렴형)
ㄷ. 히말라야 산맥 : 대륙판 - 대륙판(수렴형)
ㄹ. 동아프리카 열곡대 : 대륙판 -대륙판(발산형)
ㅁ. 산안드레아스 단층 : 대륙판 - 해양판(보존형)
ㅂ. 마리아나 해구 : 대륙판 - 해양판(수렴형)

(4) (가)는 수렴형 경계로 호상 열도, 해구, 습곡 산맥이 발달하고, (나)는 발산형 경계로 해령이 발달하고, (다)는 보존형 경계로 변환 단층이 발달한다.

04

(1) B에서 A로 가면서 해령으로부터 멀어짐으로 퇴적물의 두께가 점점 두꺼워지면서 퇴적물의 나이가 점점 많아진다.
(2) 일본과 히말라야 산맥은 둘다 판과 판의 충돌로 형성되었다. 일본은 해양판이 대륙판 밑으로 섭입하면서 해구, 호상 열도가 생성된 지형이고, 히말라야 산맥은 대륙판과 대륙판이 충돌하여 융기하여 습곡 산맥을 형성한 지형이다.

해설 (2) 공통점은 둘 다 수렴형 경계로 판과 판이 충돌하여 형성되었다는 점이다. 일본은 밀도가 높은 해양판이 밀도가 낮은 대륙판 밑으로 침강하면서 생성되었다. 반면 히말라야 산맥은 모두 밀도가 비슷하게 낮은 대륙판의 충돌에 의해 생성되었기 때문에, 어느 하나가 다른 판 밑으로 침강하지 못하고 서로 밀어내므로, 두 판의 경계는 거대한 습곡 산맥을 형성한다.

스스로 실력 높이기 134~139쪽

01. ① 02. ㉠, ㉡ 03. (나) → (가) → (다) 04. ③
05. 해저 확장설 06. (1) X (2) O (3) O (4) X
07. ② 08. ㉠ 암석권 ㉡ 두껍 ㉢ 작다
09. ②, ③, ⑤ 10. ③ 11. ④ 12. ⑤ 13. ①
14. ③ 15. ③ 16. ④ 17. ② 18. ② 19. ①
20. ② 21. ② 22. ⑤ 23. ① 24. ⑤ 25. ⑤
26. ① 27. ② 28. ④ 29. ③ 30. ④

1. 답 ①
해설 융기의 증거로 해안 단구, 스칸디나비아 반도의 융기가 있고, 침강의 증거로 리아스식 해안, 피오르드 가 있다.

2. 답 ㉠, ㉡
해설 조륙 운동은 지각 위에 퇴적물이 퇴적되거나 침식되면서 생성된 무게에 의한 상하 방향의 힘을 받아 서서히 융기하거나 침강하는 현상을 말한다. 침식된 부분은 가벼워져 융기하고, 퇴적된 부분은 무거워져 침강한다.

3. 답 (나) → (가) → (다)
해설 (가)는 맨틀 대류설, (나)는 대륙 이동설, (다)는 해저 확장설이다. 1912년 베게너는 판게아라는 초대륙으로 모든 대륙이 하나로 모여 있다가 분리되면서 이동하여 현재와 같은 대륙 분포를 이루었다고 주장하였다. (대륙 이동설) 1928년 홈스는 지구 내부의 뜨거운 열에 의해 맨틀이 가열되어 대류가 일어나면서 대륙이 이동한다고 주장하였다. (맨틀 대류설) 1962년 헤스는 해령에서 새로운 해양 지각이 만들어져 맨틀 대류에 의해 양옆으로 이동하면서 해저가 점점 넓어지고, 해구에서 소멸한다고 주장하였다. (해저 확장설)

4. 답 ③
해설 대륙 이동설은 과거에는 지구 상의 모든 대륙이 하나로 붙어 있었는데 오랜 시간에 걸쳐 갈라지고 이동하여 현재와 같은 대륙과 해양의 분포를 이루게 되었다고 베게너가 주장하였다. 대륙 이동설의 한계로 대륙을 이동시키는 원동력에 대한 근본적인 원인을 제시하지 못했다. 증거로 해양선 일치, 지질 구조의 연속성, 빙하의 분포와 이동 방향, 고생대 화석의 분포가 있다.

6. 답 (1) X (2) O (3) O (4) X
해설 (가)는 발산형 경계이고, (나)는 섭입형 경계이다. (4) (나)의 대표적인 예로는 안데스 산맥, 일본 해구, 마리아나 해구가 있다. 산안드레아스 단층은 보존형 경계의 대표적인 예이다.

7. 답 ②
해설 A는 맨틀 대류가 하강하는 해구이고, B는 맨틀 대류가 상승하는 해령이다.

8. 답 ㉠ 암석권 ㉡ 두껍 ㉢ 작다.
해설 암석권은 지표로부터 약 100km 까지의 단단한 부분으로, 지각과 상부 맨틀의 일부를 포함한다. 판은 암석권의 조각을 말하며, 맨틀 연약권의 움직임(대류)에 따라 이동한다. 대륙판은 두께가 두껍지만 밀도가 작고, 해양판은 두께가 얇지만 밀도가 크다.

9. 답 ②, ③, ⑤
해설 새로운 판이 만들어지는 경계는 발산형 경계이며, 해령이 발달한다. 천발 지진은 판의 경계에서의 공통된 특징이며, 심발 지진은 수렴형 경계 중 섭입형에서만 발생한다. 화산활동은 마그마가 상승하거나 판이 섭입되는 경우에 발생한다.

10. 답 ③
해설 ㄱ. (가)는 수렴형 경계이므로 습곡 산맥이 형성될 수 있다. (가)와 같이 해양판과 대륙판이 충돌하여 습곡 산맥을 형성하는 예로는 안데스 산맥이 있다. ㄴ. (나)는 수렴형 경계이므로 천발, 심발 지진이 모두 발생한다. ㄷ. (가)에서는 해양판이 대륙판 아래로 섭입하므로 대륙판 쪽에서 화산 활동이 일어나지만 (나)에서는 밀도가 작은 두 대륙판이 충돌하므로 화산 활동이 거의 일어나지 않는다.

11. 답 ④

해설 (나)는 에어리의 지각 평형설이다. ㄴ. 밀도가 일정한 나무도막이 두껍게 혹은 얇게 물에 떠 있는 것 처럼 지각이 맨틀 위에 떠 있다는 것이 에어리 설이다. 지각의 밀도가 다르다는 것은 에어리의 지각 평형설로 설명할 수 없다. ㄷ. 모호면의 두께가 일정하지 않다는 것은 에어리의 지각 평형설로 설명할 수 있다.

12. 답 ⑤

해설 히말라야 산맥은 맨틀의 대류에 의해 인도 판과 유라시아 판이 충돌하여 발생한 횡압력으로 생성된 습곡 산맥이다.

13. 답 ④

해설 베게너는 현재 대륙에 남아 있는 빙하의 흔적과 이동 방향을 따라 대륙을 연결하면 남극 대륙 주변으로 모인다는 것을 대륙 이동설의 증거로 제시하였다. ① 맨틀 대류는 1928년 홈스가 대륙을 이동시키는 힘이라고 주장하였다. 대륙 이동설은 대륙이 이동하는 힘의 근원을 설명하지 못해 대부분의 과학자들이 인정하지 않았던 이론이다. ③ 하나였던 초대륙이 여러 개로 갈라지기 시작한 것은 중생대이고, 현재와 같은 수륙 분포를 가지게 된 것은 신생대이다. ⑤ 해령에서 멀어질수록 해양 지각의 나이가 많아지는 것은 해저 확장설의 증거이다.

14. 답 ③

해설 ㄱ. B는 해양 지각의 연령이 0이므로 해령이다. 해령에서는 맨틀 대류가 상승하여 새로운 해양 지각이 생성된다. ㄴ. 해령으로부터 멀어지면 해양 지각의 연령이 증가하므로 해저 퇴적물의 두께는 해양 지각의 연령이 많을수록 두꺼워진다. 따라서 해저 퇴적물의 두께는 C보다 A에서 두껍다. ㄷ. 해령에서 생성된 해양 지각은 맨틀 대류에 의해 해저가 확장되면서 해령으로부터 점차 멀어진다. 따라서 해양 지각의 연령이 대칭적으로 분포하는 것은 해저 확장으로 생기는 현상이다.

15. 답 ③

해설 ㄱ. 고생대 말기의 A 지역은 대륙판과 대륙판이 멀어지는 발산형 경계로 아프리카, 남아메리카가 이동하기 전의 모습이다. 따라서 A 지역은 맨틀 대류의 상승부였다. ㄴ. 발산형 경계로 천발 지진이 자주 발생하였다. ㄷ. 발산형 경계로 화산 활동이 활발했다. ㄹ. 발산형 경계로 판이 생성되는 지역이다.

16. 답 ④

해설 판은 연약권 위에 놓여 있어 맨틀 대류에 의해 이동한다. 연약권은 판(암석권)에 비해 밀도가 크다. 판은 지각과 상부 맨틀의 일부를 포함한 단단한 암석으로 된 암석권을 말한다.

17. 답 ②

해설 ㄱ. 일본 부근에서는 밀도가 큰 태평양 판이 밀도가 작은 유라시아 판 아래로 섭입하는 경계가 나타난다. 따라서 유라시아 판 쪽에서 화산 활동이 활발하게 일어난다. ㄴ. 일본 해구는 섭입형 경계에서 만들어졌다. ㄷ. 유라시아 판은 대륙판이고, 태평양 판은 해양판이다. 유라시아 판은 태평양 판보다 밀도가 작다.

18 답 ②

해설 B는 해양판과 대륙판의 수렴형 경계에 해당하며 해양판의 섭입에 의해 해구가 발달한다. ① A는 두 대륙판의 수렴형 경계로 습곡 산맥이 분포한다. ③ C는 보존 경계로 변환 단층이 분포하며, 천발 지진이 일어나지만 화산 활동은 거의 일어나지 않는다. ④ D는 발산형 경계인 해령으로 새로운 해양 지각이 생성되어 확장된다. 화산활동과 천발 지진이 일어난다. ⑤ A와 B는 수렴형 경계이고, C는 보존형 경계이고, D는 발산형 경계이다.

19. 답 ①

해설 그림 (가)는 가운데 중앙 해령이 있고 양쪽에 해양 지각이 소멸하는 수렴형 경계가 있다. (나)는 가운데 중앙 해령이 있고 대륙 주변부에는 판의 경계가 없어 계속해서 넓어지는 특징을 가진다. ㄱ. (가)는 태평양 지역의 단면과 유사하고, (나)는 대서양 지역의 단면과 유사하다. ㄴ. (나)에서 해양 지각과 대륙 지각의 경계는 판의 경계가 아니기 때문에 판의 소멸이 없다. 따라서 해양 지각의 확장으로 두 대륙은 점점 멀어진다. ㄷ. (가)는 대륙 주변부가 수렴형 경계이기 때문에 지진 활동이나 화산 활동이 활발하고, (나)는 대륙 주변부가 판의 경계가 아니기 때문에 지진 활동이나 화산 활동이 일어나지 않는다.

20. 답 ②

해설 화산과 진앙의 분포로 보아 (가)는 밀도가 큰 해양판(B)이 밀도가 작은 대륙판(A) 아래로 섭입하는 섭입형 경계를 나타내고, (나)는 맨틀 대류가 상승하여 새로운 해양 지각이 생성되는 발산형 경계를 나타낸다. 섭입형 경계와 발산형 경계 모두 화산 활동과 지진이 활발하게 일어나지만, 진원의 깊이는 다르게 나타난다. 해양판이 대륙판 아래로 섭입하는 섭입형 경계에서는 천발 지진과 심발 지진이 모두 발생하지만, 해양판이 생성되는 발산형 경계에서는 천발 지진만 발생한다. (가)에서 판 A와 B를 구성하는 암석은 서로 다르지만, (나)에서는 판 C와 D 모두 해령에서 생성된 해양 지각이므로 구성하는 암석(현무암)은 서로 비슷하다.

21. 답 ②
해설 A 지역은 해발 고도 변화량이 120m 이므로 6000년 동안 120m 상승하였다. 따라서 해발 고도의 평균 변화율은

$$\frac{120 \times 100\ \text{cm}}{6000\text{년}} = 2\text{cm/년 이다.}$$

22. 답 ⑤
해설 ㄱ. 해령에서 가장 먼 곳은 퇴적물의 두께가 가장 두껍고 바닥 퇴적물의 나이가 가장 많은 C 이다. ㄴ. 퇴적물의 두께가 가장 두꺼운 C 가 해령에서 가장 멀다. 해령에서 멀어질수록 대체로 수심이 깊어지므로 수심이 가장 깊은 곳은 C이다. ㄷ. 해령에서 새로운 해양 지각이 생성되면서 퇴적물도 함께 쌓이기 시작한다. 따라서 바닥 퇴적물의 나이는 시추 지점의 해양 지각이 생성된 시기와 거의 같다.

23. 답 ①
해설 ㄱ. 북아메리카 판 위에 판의 경계와 나란하게 화산 활동이 일어나면서 호상 열도가 분포하고 있다. 따라서 태평양 판이 북아메리카 판 밑으로 섭입하는 수렴형 경계이다. ㄴ. 섭입형 수렴 경계를 따라 해구가 발달하며, 열곡대는 발산형 경계에서 발달한다. ㄷ. 섭입형 수렴 경계에서 지진은 섭입대를 따라 일어나므로 진앙은 상대적으로 밀도가 작은 판 위에 많이 분포한다. 따라서 진앙은 태평양 판보다 북아메리카 판에 더 많이 분포한다.

24. 답 ⑤
해설 ㄱ. 천발 지진과 심발 지진이 모두 발생하므로 수렴형 경계이다. 필리핀 판과 태평양 판의 경계에서 마리아나 해구가 생성되었다. ㄴ. 진원의 분포로 보아 태평양 판이 필리핀 판 밑으로 들어가 소멸하고 있다. 화산 활동은 주로 대륙판 쪽인 필리핀 판에서 일어난다. ㄷ. 진원의 깊이는 두 판의 경계에서 필리핀 판 쪽으로 갈수록 깊어진다. 마리아나 해구에서는 태평양 판이 필리핀 판 밑으로 비스듬히 들어가 소멸되기 때문이다.

25. 답 ⑤
해설 ㄱ. A는 홍해에 위치한 발산형 경계로 시간이 지날수록 바다는 점점 넓어질 것이다. ㄴ. B는 동아프리카 열곡대로 B와 C는 발산형 경계이므로 두 지점 모두 천발 지진이 일어난다. ㄷ. D는 대륙판과 대륙판이 충돌하여 형성된 히말라야 산맥으로 화산 활동은 거의 일어나지 않는다.

26. 답 ①
해설 ㄱ. 나즈카 판은 남아메리카 판보다 해양 지각의 비슷한 연령의 등연령선 간격이 더 넓다. 따라서 판의 이동 속도는 나즈카 판이 남아메리카 판보다 빠르다. ㄴ. A와 C는 해양 지각이 생성되는 판의 발산형 경계이므로 심발 지진이 발생하지 않는다. ㄷ. B 지역은 해양판이 대륙판 아래로 섭입 되는 판의 수렴형 경계이므로 맨틀 대류의 하강부에 해당한다.

27. 답 ②
해설 ㄱ. 스칸디나비아 반도의 융기는 과거 존재하던 빙하가 녹아 지각이 가벼워지면서 새로운 평형을 이루기 위해 지각이 융기된 것이다. ㄴ. 1만년 동안 A는 0 m 융기하였고, B는 250m 융기하였다. ㄷ. A에서 B로 갈수록 많이 융기되었기 때문에 1만년 전 빙하의 두께는 A에서 B로 갈수록 두꺼웠을 것이다.

28. 답 ④
해설 열점은 고정되어 있으므로 판의 이동과 관계없이 열점과 해령과의 거리는 일정하다. ① 화산섬과 열점 사이의 거리와 나이를 이용하여 판의 이동 속도를 구해 보면 태평양 판의 이동 속도는 일정하지 않음을 알 수 있다. ② 판의 이동 방향은 4240만년 전에 바뀌었다. ③ 하와이 열도를 형성한 열점은 고정되어 있기 때문에 하와이의 새로운 화산섬은 하와이 남동쪽에 형성된다. ④ 다음 그림을 참고하면 태평양 판의 이동 방향은 북북서에서 서북서로 바뀌었다.

▲ 열점과 판의 이동에 의한 화산섬의 생성

29. 답 ③
해설 ㄱ. A는 변환 단층으로 북쪽에 있는 판은 오른쪽으로 이동하고, 남쪽에 있는 판은 왼쪽으로 이동한다. 따라서 시간이 갈수록 해령은 해구 쪽으로 점점 가까워지고 있다. ㄴ. 퇴적물의 두께는 지각의 나이가 많을수록 두꺼워지는데, 지각의 나이는 해령에서 멀수록 증가한다. B가 C에 비해 해령에서 멀기 때문에 나이가 많고 최적물의 두께가 더 두껍다. ㄷ. D는 산안드레아스 단층으로 변환 단층이 있는 보존형 경계이기 때문에 판이 생성되거나 소멸되지 않고, 화산 활동이 발생하지 않는다. ㄹ. D는 변환 단층으로 천발 지진이 자주 발생한다.

30. 답 ④
해설 ㄱ. 그림에서 빨간 실선으로 표시된 단층선은 해령과 해령 사이에 존재하는 변환 단층을 표시한 것이다. ㄴ. 검정 실선으로 표시된 단층선이 생성될 때에는 해령 부근의 변환 단층대에 위치하였으며, 그 당시에는 판이 이동하는 방향과 나란하게 단층선이 형성되었다. ㄷ. 변환 단층은 주로 해령과 해령 사이에 분포한다. A 지역의 주변에는 화산 활동이 일어나지 않으며, 따라서 변환 단층이 없으므로 해령이 존재하지 않는 것을 알 수 있다. 따라서 A 지역에서는 새로운 해양 지각이 생성되지 않는다.

8강. 풍화 작용과 사태

개념 확인 140~143쪽

1. ②, ⑤ 2. 생물학적 풍화 작용 3. ①
4. (1) O (2) X

3. 답 ①
해설 사태는 굳어 있지 않은 토양이 중력에 의해 경사면의 아래쪽으로 이동하는 현상이다. 따라서 사태를 일으키는 힘은 중력이다.

4. 답 (1) O (2) X
해설 (2) 함몰 사태는 커다란 암석 덩어리나 토사가 오목하게 파인 미끄럼면을 따라 움푹 꺼져 내려앉는 현상이다.

확인+ 140~143쪽

1. (1) X (2) O 2. ①
3. (1) X (2) O (3) X 4. 숏크리트

1. 답 (1) X (2) O
해설 (1) 풍화 작용을 일으키는 중요한 요인은 물과 공기이다.

2. 답 ①
해설 정장석은 가수 분해 작용에 의해 점토 광물인 고령토로 변한다.

3. 답 (1) X (2) O (3) X
해설 (1) 평평한 곳보다 경사각이 큰 곳에서 사태가 발생하기 쉽다. (2) 집중 호우 등으로 인해 토양에 물이 많이 포함되면 토양과 암석 입자 사이의 공극이 줄어들어 입자들 사이의 마찰력이 감소하므로 사태가 발생하기 쉽다. (3) 자갈이 모래보다 큰 경사에서 견딜 수 있다는 것은 안식각이 모래의 안식각보다 크다는 것이다.

개념 다지기 144~145쪽

01. ② 02. ④ 03. ⑤ 04. ① 05. ⑤ 06. 포행
07. ⑤ 08. ④

01. 답 ②
해설 ㄱ. 기계적 풍화 작용은 암석의 성분은 변하지 않고, 잘게 부서지는 작용이다. ㄴ. 기계적 풍화 작용을 일으키는 요인에는 압력의 감소, 물의 동결 작용 등이 있다. ㄷ. 기계적 풍화 작용의 예로는 판상 절리, 테일러스, 타포니 등이 있다. 석회동굴과 고령토는 화학적 풍화 작용의 예이다.

02. 답 ④
해설 고온 다습한 열대 지방에서는 화학적 풍화 작용이 기계적 풍화 작용보다 우세하게 일어난다. 기계적 풍화 작용은 한랭 건조한 고위도 지방, 고산 지역, 기온의 일교차가 큰 사막에서 우세하게 일어난다. ① 기계적 풍화 작용을 받으면 암석이 잘게 부서지기 때문에 암석의 전체 표면적은 증가한다. ② 물의 동결 작용은 기계적 풍화 작용을 일으키는 요인인다. ③ 화학적 풍화 작용은 암석을 구성하는 광물의 성분을 변화시킨다. ⑤ 식물의 뿌리는 기계적 풍화 작용뿐만 아니라 화학적 풍화 작용을 일으키기도 한다.

03. 답 ⑤
해설 테일러스는 경사진 산허리에 쌓인 돌 부스러기로 물이 얼었다 녹았다 반복하는 과정에서 부서진 돌 조각들이 중력의 작용으로 굴러떨어져 만들어진 것이다. ① 타포니는 주로 바닷가에 분포하는 암석 표면에서 나타나는데, 해수 속에 녹아 있는 암염이나 석고 성분이 암석 속에서 결정을 성장하여 만들어진 것이다. ② 고령토는 정장석을 구성하는 이온을 물로 치환하는 가수 분해에 의해 만들어진 점토 광물이다. ③ 석회 동굴은 석회암 지대에서 지하수의 용해 작용에 의한 지형이다. ④ 판상 절리는 암석의 내부와 외부의 압력 차이로 균열이 나타난다.

04. 답 ①
해설 ㄱ. 지하의 높은 압력에서 생성된 암석이 지표로 노출되었을 때 암석의 내부 압력과 외부 압력의 차이에 의해 암석이 팽창하고 균열이 생기는 박리 작용은 기계적 풍화 작용에 속한다. ㄴ. 박리 작용은 압력의 변화에 의해 나타나므로, 지표 부근에서 생성된 화산암보다는 지하 깊은 곳에서 생성된 심성암에서 잘 나타난다. ㄷ. 판상 절리는 지하의 높은 압력에서 생성된 암석이 지표로 노출되어 암석의 내부 압력과 외부 압력의 차이에 의해 암석이 팽창하여 균열이 생기는 것이다. 물이 여러 차례 얼었다 녹았다 하면서 암석이 작은 조각들로 부서지며 생성되는 것은 테일러스이다.

05. 답 ⑤
해설 ㄱ. 사태는 굳어 있지 않은 토양이 중력에 의해 경사면의 아래쪽으로 이동하는 현상이다. 따라서 사태를 일으키는 힘은 중력이다. ㄴ. 토양이 물로 포화되면 마찰 계수가 크게 작아지면서 안식각도 작아지기 때문에 경사가 급한 지

형에서는 산사태가 발생한다. ㄷ. 경사각이 안식각보다 크면 불안정하여 붕괴되기 쉽다.

07. 답 ⑤
해설 ㄱ. 힘 A는 마찰력으로, 마찰력이 클수록 물체는 잘 미끄러지지 않는다. ㄴ. 경사각 θ가 커질수록 경사면을 따라 미끄러져 내려가려는 힘 B도 커져 사태가 일어날 수 있다. ㄷ. 힘 B가 A보다 크면 물체는 아래로 움직이려는 힘이 크기 때문에 경사면을 따라 미끄러지는 사태가 발생한다.

08. 답 ④
해설 ㄱ. 지진이 발생하면 떨림이 지반을 약하게 하는 등 사면의 평형에 영향을 주어 사태가 발생할 가능성이 높아진다. ㄴ. 집중 호우에 의해 갑자기 토양이 많은 물을 포함하게 되면 토양 입자 사이의 마찰력을 감소시켜 사태가 발생할 가능성이 높아진다. ㄷ. 사면의 경사각이 작아지면 토양이 경사면에서 미끄러지지 않고 버티는 힘은 커지고 토양을 아래쪽으로 이동시키려는 힘은 작아지므로 사태의 발생 가능성이 낮아진다. ㄹ. 광산 개발로 토양의 상태를 바꿔 놓으면 안식각이 변하기 때문에 산사태가 발생하기 쉽다.

유형 익히기 & 하브루타 146~149쪽

[유형8-1] ③
01. ③ 02. ②
[유형8-2] ①
03. ③ 04. ②
[유형8-3] ⑤
05. ② 06. ③
[유형8-4] ①
07. ⑤ 08. ②

[유형8-1] 답 ③
해설 ㄱ. 암석 성분의 변화없이 잘게 부서지는 현상은 기계적 풍화 작용에 해당한다. ㄴ. 암석이 잘게 부서질수록 암석의 전체 표면적은 증가한다. ㄷ. (가)에서 (다)로 갈수록 암석의 표면적이 넓어지므로 화학적 풍화 작용이 활발해진다.

01. 답 ③
해설 기계적 풍화 작용이 많이 진행되어 암석이 잘게 부서지면 공기나 물과 접하는 표면적이 넓어져서 화학적 풍화 작용이 잘 일어난다. ① 풍화에 가장 큰 영향을 미치는 요인은 물과 공기이다. ② 박리 작용은 지하 깊은 곳에 있던 암석이 지표로 융기하여 압력이 감소할 때 일어난다. ④ 석회암 지대에 생긴 석회 동굴은 용해 작용으로 화학적 풍화 작용에 의해 형성된 것이다. ⑤ 암석은 기계적 풍화 작용과 화학적 풍화 작용을 함께 받아 토양으로 변한다.

02. 답 ②
해설 ㄱ. (가)는 동결 작용으로 기계적 풍화 작용에 해당한다. 기계적 풍화 작용은 한랭 건조한 지역에서 잘 일어난다. ㄴ. (나)는 압력의 변화에 의한 풍화 작용으로 예로는 판상 절리가 있다. ㄷ. (가)와 (나)는 암석의 성분 변화 없이 물리적인 힘에 의해서 잘게 부서지는 현상이기 때문에 기계적 풍화 작용에 해당한다.

[유형8-2] 답 ①
해설 (가) 과정은 용해 과정이다. (나)는 산화 작용이다. (다)는 가수 분해 작용이다. ㄱ. (가)는 이산화 탄소가 녹아 있는 지하수와 석회암이 반응하여 석회 동굴이 만들어지는 용해 과정이다. ㄴ. (나)는 철 성분을 포함하고 있는 휘석이 산화 작용에 의해 적철석으로 변하는 화학적 풍화 작용이다. ㄷ. (다)는 정장석이 이산화 탄소가 녹아 있는 물과 반응하여 고령토로 변하는 것으로 가수 분해 작용이다. 가수 분해는 화학적 풍화 작용이기 때문에 고온 다습한 열대 지방에서 잘 일어난다.

03. 답 ③
해설 ㄱ. (가)는 석회 동굴의 내부를 나타낸 것이다. 석회 동굴은 석회암이 이산화 탄소가 녹아 있는 물에 용해되어 형성된 것으로 석회암 지대에 잘 발달한다. ㄴ. (나)는 기계적 풍화 작용에 의해 형성된 테일러스를 나타낸 것이다. 기계적 풍화 작용은 한랭 건조한 극지방이나 고산 지대 등에서 잘 일어난다. ㄷ. 석회 동굴은 주로 화학적 풍화 작용 중 용해 작용으로 생성되며, 테일러스는 주로 기계적 풍화 작용 중 물의 동결 작용에 의해 생성된다.

04. 답 ②
해설 고온 다습한 환경에서 우세하게 일어나는 풍화 작용은 화학적 풍화 작용이다. 기계적 풍화 작용은 한랭 건조한 환경에서 우세하게 일어난다. (가)는 암석 표면에서 약한 부분이 풍화되면서 움푹하게 파인 구멍인 타포니로 기계적 풍화 작용에 해당한다. (나)는 대리암으로 만든 조각상이 산성비에 의해 훼손된 모습으로 화학적 풍화 작용에 해당한다. (다)는 풍화된 돌들이 가파른 낭떠러지 밑이나 경사진 산허리에 쌓인 것으로 테일러스라고 하며 중력에 의한 기계적 풍화 작용에 해당한다.

[유형8-3] 답 ⑤

해설

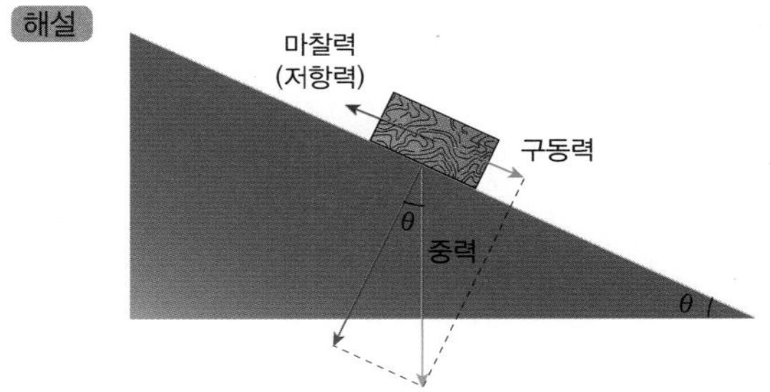

ㄱ. 사면의 경사각이 커지면 사태가 발생할 확률이 높아진다. ㄴ. 저항력이 감소하면 사태가 발생할 확률이 높아진다. ㄷ. 구동력이 커지면 사태가 발생할 확률이 높아진다.

05. 답 ②
해설 경사면에서 물체가 미끄러져 내리지 않는 최대각을 안식각이라고 한다. 안식각보다 경사도가 크면 물체는 이동한다. ㄱ. (가)의 안식각보다 (나)의 안식각이 크기 때문에 경사면의 안정도는 물이 약간 포함되어 있는 (나)가 (가)보다 크다. ㄴ. (나)에서 젖은 모래에는 표면 장력이 작용하여 두 나무판 사이의 마찰력을 증가시킨다. ㄷ. 집중 호우 시의 사태는 물질 사이가 물로 포화되어 쉽게 흘러 내리는 (다)에 해당한다.

06. 답 ③
해설 경사가 급한 언덕이 무너져 완만해진 사면은 안정해졌으므로 사태가 일어날 확률이 낮다. ① 식생이 파괴되면 사면 물질을 지탱하고 결합하던 물질이 약해지므로 사태가 일어나기 쉽다. ② 사면 물질에 물의 함량이 포화되면 사태가 일어나기 쉽다. ④ 판의 경계로 지진이 자주 일어나는 지역은 안정도가 낮게 되어 사태가 일어나기 쉽다. ⑤ 안식각보다 경사각이 크면 불안정하여 사태가 일어날 확률이 높아진다.

[유형8-4] 답 ①
해설 (가)는 암석 낙하, (나)는 미끄럼 사태, (다)는 포행을 나타낸 것이다. 사면의 기울기가 급할수록 사면에 놓인 물질의 이동 속도가 빠르기 때문에 기울기가 급한 곳에서 일어나는 암석 낙하가 이동 속도가 가장 빠르고, 기울기가 완만한 곳에서 일어나는 포행의 이동 속도가 가장 느리다.

07. 답 ⑤
해설 (가)는 포행이고, (나)는 미끄럼 사태이다. ㄱ. (가)는 포행으로 사면의 토양이 결빙과 해빙 과정을 통하여 팽창과 수축을 되풀이 하면서 서서히 이동하는 현상으로 한랭한 환경에서 자주 일어난다. ㄴ. (나)는 미끄럼 사태로 눈에 보이지 않는 암석 내의 균열, 층리면을 따라 발생한다. ㄷ. (가)의 포행은 매우 느리게 이동하는 현상이고 (나)의 미끄럼 사태는 토양이 집중 호우 등에 의한 안식각의 변화로 빠르게 이동하는 현상이다.

08. 답 ②
해설 ㄱ. 건조한 모래(가)보다 물이 적당히 포함된 모래(나)의 안식각은 크지만 건조한 모래(가)보다 물이 충분히 포함된 모래(다)의 안식각은 작다. ㄴ. 물이 적당히 포함된 모래(나)의 안식각이 가장 크고, 물이 충분히 포함된 모래(다)의 안식각이 가장 작다. 사면의 각도가 안식각보다 크면 불안정하여 붕괴되기 쉽기 때문에 물이 충분히 포함된 모래가 사태가 가장 잘 일어난다. ㄷ. 건조한 모래보다 물이 충분히 포함된 모래의 안식각이 작다. 따라서 토양에 비가 많이 내릴 경우 사태의 발생 가능성이 높아진다.

창의력 & 토론마당 150~153쪽

01

(1) A : 각섬석 B : 정장석, 흑운모
(2) A : Ca^{+}, Mg^{2+} B : K^{+}
(3) 각섬석

해설 (1) A과정을 지난 후 그림 속에서 각섬석 알갱이만 없어진 것으로 보아 A과정에서 풍화 작용을 받은 광물은 각섬석임을 알 수 있다. 마찬가지로 B과정을 지난 후 그림 속에서 석영 알갱이만 남은 것으로 보아 B과정에서는 주로 정장석과 흑운모가 분해된 것임을 알 수 있다.
(2) A에서는 각섬석이 풍화 작용을 받았기 때문에 Ca^{+}, Mg^{2+}가 용해되었다. B에서는 정장석과 흑운모가 풍화 작용을 받았기 때문에 K^{+}가 용해되었다.
(3) A에서 풍화된 광물인 각섬석은 가장 먼저 용해되어 빠져나가기 때문에 화학적 풍화에 가장 약한 광물이다.

02

(1) 동결 작용
(2) B
(3) $CaCO_3 + H_2O + CO_2 \underset{\text{(용해 작용)}}{\overset{\text{(침전 작용)}}{\rightleftarrows}} Ca(HCO_3)_2$

해설 (1) (가)는 잘게 부서진 암석 조각들이 산기슭에 부채꼴 형태로 쌓여 있는 지형으로 테일러스이다. 테일러스는 동결 작용에 의한 현상으로 암석 틈으로 스며든 물이 얼면서 부피가 증가하면 주위 암석에 큰 압력을 작용하기 때문에 암석 틈 사이에 물이 얼었다 녹으면서 암석은 작은 조각들로 부서져서 나타난다.

(2) B 지역이 우세하다.
기계적 풍화는 한랭 건조한 지역에서 우세하게 일어나고, 화학적 풍화는 온난 습윤한 지역에서 우세하게 일어난다. 다음 표에서 한랭 건조한 지역은 B이다.
(3) 석회암이 이산화 탄소가 녹아 있는 지하수와 반응하여 탄산수소 칼슘을 만드는 과정에서 석회암 지대의 틈을 넓혀 석회 동굴을 생성한다.

$$\underset{\text{방해석}}{CaCO_3} + \underset{\text{물}}{H_2O} + \underset{\text{이산화 탄소}}{CO_2} \underset{\text{용해 작용}}{\overset{\text{침전 작용}}{\rightleftharpoons}} \underset{\text{탄산수소 칼슘}}{Ca(HCO_3)_2}$$

03

(1) 입자의 크기가 클수록 안식각이 크다. 사면의 경사가 안식각보다 크면 불안정하여 사태가 발생한다. 따라서 입자의 크기가 작을수록 사태가 발생하기 쉽다.
(2) 입자가 둥글수록 안식각이 작다. 사면의 경사가 안식각보다 크면 불안정하여 사태가 발생한다. 따라서 입자가 둥글수록 사태가 발생하기 쉽다.
(3) 사태가 발생하지 않는다. 조금 각진 암석 입자의 크기가 4″ 일 때, 안식각은 40°보다 크다. 따라서 경사각이 40° 일 때 사태가 발생하지 않는다.

해설 (3) 사면의 경사각이 안식각보다 크면 불안정하여 사태가 발생하지만 안식각보다 작으면 안정하여 사태가 발생하지 않는다.

04

(1) ㄱ, ㄴ (2) ①

해설 (1) ㄱ. 풍화 과정에 있는 화강암은 쉽게 침식을 받고 투수성이 높아 붕괴 위험이 있다. 그리고 화강암 절벽에서는 낙석이 떨어질 수 있다. ㄴ. 셰일층은 경사져 있기 때문에 결을 따라 사면 아래로 이동할 수 있다. 그리고 셰일 위의 화강암은 폭우 시 수압의 작용으로 전체가 미끄러져 미끄럼 사태가 발생할 수 있다.
ㄷ. 점토 광물이 함유된 토양이 있는 곳에 많은 물이 함유되면 땅이 부풀어 오르기 때문에 사태로부터 안전하지 않다. ㄹ. 사암과 같은 퇴적암은 화성암이나 변성암에 비해 상대적으로 입자간 결합력이 약하다. 따라서 이 지역에 지진 등의 강한 충격이 발생하면 경사면을 변형시켜 사태가 발생할 수 있다.
(2) 불연속면이 발달한 암석에서 풍화가 진행될 때, 불연속면의 경사 방향으로 산사태의 가능성이 커진다.
①은 암석의 불연속면이 경사 방향으로 경사져 있기 때문에 풍화가 진행될수록 암석이 경사 방향으로 미끄러져 산사태가 일어날 가능성이 가장 크다.

스스로 실력 높이기 154~159쪽

01. (1) X (2) O (3) O 02. ㉠, ㉠ 03. ① 04. ③
05. ② 06. (1) O (2) O (3) X 07. ④
08. 미끄럼 사태 09. ㉠, ㉡ 10. ③ 11. ① 12. ④
13. ④ 14. ② 15. ② 16. ③ 17. ① 18. ①
19. ③ 20. ⑤ 21. ① 22. ④ 23. ⑤ 24. ⑤
25. ① 26. ④ 27. ③ 28. ② 29. ① 30. ①

1. **답** (1) X (2) O (3) O
해설 (1) 풍화 작용은 물과 공기를 쉽게 접할 수 있는 지표 부근에서 잘 일어난다.
(2) 식물의 뿌리가 자라거나 생물이 이동하면서 암석이 부서지는 생물 활동에 의해서도 풍화 작용이 일어난다. 이것을 생물학적 풍화 작용이라고 한다.
(3) 풍화는 암석이 물, 공기, 생물 등의 작용으로 잘게 부서지거나 광물 성분이 변하는 현상이다.

3. **답** ①
해설 동결 작용은 물이 얼면서 부피가 변하면서 암석의 틈을 벌리는 기계적 풍화 작용에 해당한다. 용해 작용, 산화 작용, 가수 분해는 암석의 성분을 변화시키는 화학적 풍화 작용에 해당한다. 나무의 작용은 생물학적 풍화 작용에 해당한다

4. **답** ③
해설 암석의 성분 변화 없이 물리적인 힘에 의해 잘게 부서지는 현상은 기계적 풍화 작용에 해당한다.
① 온난 다습한 지역에서는 화학적 풍화 작용이 우세하게 일어난다.
② 이끼 식물은 산을 분비하여 암석을 분해시키는 화학적 풍화 작용을 일으키기도 한다. 그리고 뿌리 등의 성장으로 암석의 틈을 벌리는 기계적 풍화 작용을 일으키기도 한다.
④ 암석이 화학적 풍화 작용을 받아 약해지면 기계적 풍화 작용에 의해 잘게 부서지기 쉽다.
⑤ 물 속의 수소 이온이 광물을 구성하는 이온을 치환하는 작용은 가수 분해로 화학적 풍화 작용에 해당한다.

5. **답** ②
해설 이산화 탄소가 물에 용해되면 탄산이 생성되고, 이러한 산성을 띠는 물이 여러 광물을 용해시키는 작용으로 용해 작용이라고 한다. 석회암이 이산화 탄소가 녹아 있는 지하수와 반응하여 녹으면서 석회 동굴을 형성하는 반응이다.

6. 답 (1) O (2) O (3) X

해설 A는 마찰력, B는 구동력, C는 중력이다.
(1) 마찰력(A)보다 구동력(B)가 크면 물체가 경사면을 따라 미끄러져 내리는 사태가 일어난다.
(2) θ 가 안식각보다 크면 불안정하여 붕괴되기 쉽기 때문에 사태가 일어난다.
(3) 사태를 일으키는 근본적인 힘은 중력이다.

7. 답 ④

해설 ㄱ. 안정률 = $\frac{저항력}{구동력}$ 이다.

사태의 가장 근본적인 원인은 중력으로 사면을 내려가려는 저항력보다 중력이 클 때 일어난다. 따라서 안정률이 1보다 작을때 사태가 일어난다.
ㄷ. 강수량이 많아 물이 사면 물질을 포화시키면 사태 물질 간의 마찰력이 감소하므로 사태가 일어날 위험성이 높아진다.

9. 답 ㉠, ㉡

해설 암석 낙하는 절벽의 사면으로부터 커다란 암석 덩어리나 암석의 파편, 흙 등이 중력에 의해 굴러 떨어지는 현상이다. 도로면의 절벽과 경사가 급한 사면에서 주로 발생하며 빠른 속도를 가진다.

10. 답 ③

해설 (가)는 암석 낙하이고, (나)는 함몰 사태이다.
ㄱ. 암석 낙하(가)는 도로면의 절벽과 경사가 급한 사면에서 주로 발생한다.
ㄴ. 토양과 암석이 마치 액체처럼 흘러내리는 현상은 미끄럼 사태에 대한 설명이다. 함몰 사태는 커다란 암석 덩어리나 토사가 미끄럼면에서 움푹 꺼져 내려 앉는 현상이다.
ㄷ. 사태를 방지하기 위해 옹벽이나 숏크리트를 설치하여 토사가 흐르지 못하게 한다.

11. 답 ①

해설 ② 암석이 생성된 후 주변의 압력 감소로 인해 나타나는 것은 판상 절리이다. 수산화 이온이 광물을 구성하는 이온을 치환하는 작용은 고령토가 생성되는 반응이다.
③ 석회암이 이산화 탄소가 녹아 있는 물에 녹아서 만들어진 것은 석회 동굴이다.
②, ⑤ 암석의 틈 속에 스며들어간 물이 증발하고 물에 녹아 있던 광물 성분이 침전하여 결정으로 성장하여 주변 암석 조각을 밀어내 분리되는 기계적 풍화 작용을 받은 것은 타포니이다.

12. 답 ④

해설 ㄱ. (가), (나), (다)로 변해가는 것은 암석이 공기나 물 등에 의해 부서지는 기계적 풍화에 해당한다.
ㄴ. 공기나 물에 노출되는 경우 암석의 표면적이 넓을수록 화학적 풍화 작용이 활발하게 일어나므로 화학적 풍화에 가장 약한 것은 (다)이다.
ㄷ. (다)의 표면적의 넓이는 1cm × 1cm × 6면 × 64개 = $384cm^2$이고, (가)의 표면적의 넓이는 4cm × 4cm × 6면 = $96cm^2$이다. 따라서 (다)의 표면적의 넓이는 (가)보다 4배 크다.

13. 답 ④

해설 ㄱ. 화학적 풍화 작용은 고온 다습한 환경에서 잘 일어난다. 따라서 A 지역보다 B 지역에서 잘 일어난다.
ㄴ. 기계적 풍화 작용은 한랭 건조한 기후가 나타나는 C 지역에서 가장 잘 일어난다.
ㄷ. 동결 작용은 기계적 풍화 작용에 해당한다. 기계적 풍화 작용은 한랭 건조한 기후에서 잘 일어나기 때문에 C 지역에서 잘 일어난다.

14. 답 ②

해설 (가)는 테일러스로 기계적 풍화 작용에 의해 형성되었고, (나)는 대리암이 산성비에 의해 부식되는 현상인 용해 작용으로 화학적 풍화 작용이다.
ㄱ. 정장석으로부터 점토 광물인 고령토가 생성되는 것은 화학적 풍화 작용인가수 분해이다.
ㄴ. 대리암은 석회암이 변성된 암석으로 주성분이 탄산 칼슘($CaCO_3$)이다. 지하수나 산성비에 의해 대리암의 탄산칼슘은 쉽게 풍화(용해)되지만, 화강암은 탄산칼슘 성분이 없으므로 화학적 풍화 작용에 상대적으로 강하다.
ㄷ. 한랭 건조한 극지방에서는 화학적 풍화 작용보다 기계적 풍화 작용이 우세하다.

15. 답 ②

해설 ㄱ. (가)의 작용은 화학적 풍화 작용 중 용해에 해당하는 것으로, 석회 동굴, 종유석, 석순, 석주 등이 형성된다. 고령토는 $2KAlSi_3O_8 + 2H_2O + CO_2 \longrightarrow Al_2SiO_5(OH)_4 + K_2CO_3 + 4SiO_2$ 의 반응으로 가수 분해 작용으로 형성된다.
ㄴ. (가)는 화학적 풍화 작용, (나)는 생물학적 풍화 작용, (다)는 기계적 풍화 작용에 해당한다. ㄷ. 지하 깊은 곳에서 형성된 화강암이 지표로 노출되면 압력이 낮아지므로 화강암의 표면이 양파 껍질처럼 벗겨 지는 박리 작용이 일어난다. 박리 작용은 (다)에 해당한다.

16. 답 ③

해설 ① 사태를 일으키는 근본적인 힘은 중력이다.

② 안정율이 1 보다 작으면 불안정하여 사태가 일어난다.
④ 집중 호우와 지진 등에 의해 지반의 상태가 변하면 산사태가 발생하기 쉽다.
⑤ 사면 물질이 도로를 막거나 주택을 파손하는 등 마을을 송두리째 파괴하기도 한다.

17. 답 ①
해설 ㄱ. 토양의 무게가 커지면 토양이 사면을 따라 내려가려는 힘인 구동력도 커진다.
ㄴ. 경사각 θ 가 커지면 구동력이 커지고 사태가 발생할 가능성이 커진다.
ㄷ. 토양이 물을 충분히 흡수하면 마찰력이 작아져 사태가 발생할 가능성이 커진다.

18 답 ①
해설 ㄱ. 경사각이 안식각보다 크면 불안정해져 사태가 일어날 수 있다.
ㄴ. 안식각은 토양의 종류나 물의 함량에 따라 달라진다. 건조한 모래를 계속 부어주면 같은 종류의 토양의 양이 달라지는 것이기 때문에 안식각은 일정할 것이다. 부어주는 모래는 사면을 타고 내려와 안식각이 일정하게 유지된다.
ㄷ. (나)에 물을 계속 뿌려주면 물로 포화되어 마찰력이 작아져 모래가 사면을 타고 내려와 안식각이 작아진다.

19. 답 ③
해설 (가)는 포행이고, (나)는 미끄럼 사태이다.
ㄱ. 이동 속도는 포행(가)이 미끄럼 사태(나)보다 느리다.
ㄴ. 사면의 경사는 포행(가)가 미끄럼 사태(나)보다 완만하다.
ㄷ. 미끄럼 사태는 폭우가 내리거나 장시간 동안 비가 내려 표토가 물로 포화될 때 잘 발생한다. 따라서 강수량이 많은 지역일수록 잘 일어난다.

20. 답 ⑤
해설 그림은 사태의 종류 중 가장 느리게 일어나는 포행이다. ㄱ. 토양 입자는 결빙이 일어날 때 가벼워지므로 사면에 수직으로 올라가서 해빙이 일어날 때에는 중력에 의해 연직 방향으로 내려앉는다. ㄴ. 포행은 사태 중 가장 느리게 일어나는 것으로, 사면의 표면이 주로 토양으로 덮여 있는 경우에 잘 일어난다. ㄷ. 산사면에서 자라는 나무들의 밑 부분이나 전신주 등의 아래 부분이 휘어지는 것도 포행의 결과이다.

21. 답 ①
해설 ㄱ. 화학적 풍화가 우세하게 일어난 지역일수록 풍화 테두리가 두껍게 나타난다. 풍화 테두리 두께가 두꺼운 A 지역이 B 지역보다 더 습윤할 것이다.
ㄴ. 화학적 풍화 작용은 고온 다습한 열대 지역에서 우세하게 일어나며, 풍화 테두리 두께가 더 두꺼운 A 지역이 B 지역보다 기온이 높을 것이다.
ㄷ. 풍화가 빨리 진행될수록 암석의 풍화 테두리 두께가 두껍게 나타날 것이다. A 지역이 B 지역보다 암석의 풍화가 더 빨리 진행될 것이다.

22. 답 ④
해설 ㄱ. 기계적 풍화에 의해 절리가 생기면 표면적이 커지기 때문에 풍화 작용이 더 잘 일어난다.
ㄴ. 산성비는 빗물에 이산화 탄소가 녹아 있다. 산성비는 대리석의 성분을 변화시키기 때문에 화학적 풍화 작용 속도를 증가시킨다.
ㄷ. 기계적 풍화 작용은 한랭 건조한 지역에서 우세하고, 화학적 풍화 작용은 고온 다습한 지역에서 우세하다.

23. 답 ⑤
해설 A 지역은 한랭 건조한 지역이고, C 지역은 고온 다습한 지역이다. ㄱ. A 는 C 보다 연평균 기온이 낮고, 연강수량이 적은 한랭 건조한 고위도 지역이다.
ㄴ. 기계적 풍화 작용은 한랭 건조한 지역에서 가장 우세하기 때문에 A 지역에서 가장 우세하다.
ㄷ. 화학적 풍화 작용은 온난 다습한 지역에서 우세하기 때문에 C 지역이 A 지역보다 활발하다. 화학적 풍화 작용으로 생성된 토양층의 두께도 C 지역이 A 지역보다 더 두꺼울 것이다.

24. 답 ⑤
해설 ㄱ. A는 아래쪽으로 이동하려는 힘(구동력), B는 물체의 이동을 억제하려는 힘(저항력)이다. 구동력이 저항력보다 크면 사면이 불안정하여 사태가 발생한다.
ㄴ. 사면의 토양이 물로 포화되면 토양 입자들 사이의 마찰력이 감소하여 물체의 이동을 억제하려는 힘이 작아진다.
ㄷ. 사면의 경사각이 안식각보다 크면 사면이 불안정하여 사태가 발생할 수 있다.

25. 답 ①
해설 ㄱ. 고운 모래에서 굵은 모래, 자갈로 갈수록, 즉, 입자의 크기가 클수록 안식각은 커진다.
ㄴ. 자갈의 안식각은 45° 이기 때문에 사면의 각도가 50° 가 되면 불안정해져 붕괴되기 쉽다.
ㄷ. 사면의 각도가 안식각보다 크면 불안정하여 사태가 발생하기 쉽다. 입자가 클수록 안식각이 커지기 때문에 사태의 발생 가능성이 낮아진다.

26. 답 ④
해설 (가)는 함몰 사태이고, (나)는 미끄럼 사태이다. ㄱ.

함몰 사태(가)는 폭우나 경사면이 매우 급할 때 커다란 암석 덩어리나 토사가 미끌림면에서 움푹 꺼져 내려앉는 함몰 사태이다.
ㄴ. 사면의 토양이 팽창과 수축을 되풀이 하면서 매우 느리게 이동하는 사태는 포행이다.
ㄷ. 사면의 물질이 물에 의해 포화될 때 사태가 더 잘 일어난다.

27. 답 ③
해설 ㄱ. 실험에서 다양한 광물로 이루어진 화강암의 온도를 변화시켜 수축과 팽창을 반복하여 잘게 부셨다. 성분의 변화가 없기 때문에 기계적 풍화 작용이다.
ㄴ. 테일러스는 동결 작용에 의해 만들어 지는 것으로 풍화된 돌들이 가파른 낭떠러지 밑이나 경사진 산허리에 쌓여 있는 지형을 말한다.
ㄷ. 다음 실험은 기계적 풍화 작용에 해당하기 때문에 한랭 건조한 지역에서 더 우세하게 나타난다.

28. 답 ②
해설 ㄱ. 안식각은 경사면에서 물체가 미끄러져 내리지 않는 최대각이다. θ_1과 θ_2는 모두 안식각이다.
ㄴ. 물이 벽돌과 판자 사이의 마찰력을 감소시켰기 때문에 안식각은 θ_2 가 θ_1 보다 작다.
ㄷ. (가)에서 안식각이 38°이므로 판자의 경사가 35°일 때 경사면은 안정하여 벽돌이 경사면을 따라 미끄러지지 않는다.

29. 답 ①
해설 ㄱ. 물에 적당히 젖은 모래는 건조한 모래보다 입자들 사이의 응집력이 커서 안식각이 크다. 건조한 모래의 안식각 ㉠은 물에 젖은 모래의 안식각 50° 보다 작다.
ㄴ. (다)는 (나)보다 물을 많이 포함하고 있기 때문에 공극을 채우고 있는 물의 양이 더 많아진다.
ㄷ. 안식각은 토양 입자의 종류와 물의 포함 정도에 따라 달라진다. (가)에서 모래의 양을 2배로 늘리더라도 안식각은 일정하다.

30. 답 ①
해설 ㄱ. 경사각이 커지면 구동력이 커지게 된다. 구동력이 마찰력보다 커지게 되면 사태가 발생한다.
ㄴ. 물로 포화되면 내부 마찰력이 감소하기 때문에 안식각이 작아진다. 따라서 안식각이 가장 작은 것은 C이다.
ㄷ. 경사면에 배수 시설을 설치하면 공극속의 양이 줄어들어 안식각이 커지고, 사면의 안정도는 커진다.

9강. Project 2

논/구술 160~161쪽

01

대륙과 대륙 사이에 판이 침강하는 해구가 있으면 차츰 대륙 사이의 거리가 좁혀진다, 이때 대륙이 충돌하면서 초대륙이 형성된다. 형성된 초대륙의 모포 효과로 고온의 맨틀이 상승하면, 해령이 형성(판이 생성)되고 해령을 중심으로 초대륙이 분열된다.

02

〈예시 답안〉 지금까지 판의 이동이나 초대륙이 형성되는 과정도 다양한 기록과 증거를 이용하여 추정하고 있는 것이다. 따라서 해석하는 연구자에 따라 의견이 다를 수도 있으며, 이전과 다른 변수로 인하여 움직임은 항상 변할 수도 있기 때문에 100 % 완벽하게 예측하기란 어려울 것이다.

해설 다음은 판게아 울티마가 형성되는 가설 중 하나이다.
① 5천만 년 후 : 아프리카가 유럽과 충돌하여 지중해는 없어지고 그 자리에는 대서양에서 걸프만에 이르는 대산맥(지중산맥(Mediterrneen. Mt))이 생성된다. 호주 대륙은 북상하여 뉴기니 및 인도네시아와 충돌하여 1만년 전 빙하시대의 대호주 대륙(그레이터 오스트레일리아)이 재형성되고 북미 대륙도 계속 북상하여 바하캘리포니아가, 그리고 아시아 캄차카 반도가 알래스카와 맞닿는다. 각 대륙이 북으로 이동하고 서북쪽으로 기울어져 북미 대륙과 유럽 일부분 등 대륙의 북반부 일부, 그리고 뉴질랜드가 극권으로 접어드는 반면 인도, 중국은 적도권에 근접하게 되며 남극대륙이 북상하여 상당 부분이 빙하권에서 벗어나게 된다. 그로 인하여 해수면이 상승하고 기온이 급상승하며 지구온난화가 발생하여 전체적인 지구의 기후가 매우 온난해진다. 대서양은 계속 확대되어 1억 년 후에는 태평양을 능가하는 최대의 대양이 된다.
② 1억 5천만 년 후 : 약 1억 년 후 극에 달한 대서양 확장의 추세가 역전된다. 북미와 남미의 동부 해안을 따라 새로 발달한 지각대의 생성으로 대서양 중앙 해령이 흡입되고 이에 따라 북미 애팔래치아 부근과 남미 동해안 지역에서 대규모의 화산 활동과 조산 운동이

일어난다. 대서양은 축소되며 태평양은 다시 넓어진다. 인도양은 점차 축소되는 대서양과 합하여 인도-대서양(Indo-Atlantic ocean)을 형성하게 된다. 그에 따라 인도양을 중심으로 북남미대륙과 유라시아-아프리카가 근접해지게 되고 남하하여 적도로 이동하게 된다. 북미와 아시아의 육지 연결 부분이 다시 분리된다. 대륙이 계속 서북쪽-동남쪽으로 기울어져 남미 대륙이 남하하여 위치가 현대와 다시 유사해지는 반면 남아프리카, 한반도 부근이 적도권에 접근한다. 남극 대륙은 남하하는 대호주 대륙과 합쳐져 중생대의 남극-호주 대륙이 재출현하게 된다. 대륙들이 전체적으로 적도권으로 위치되어 극권의 빙하권이 감소하고 광활한 대륙이 태양 복사 에너지를 흡수하며 지구의 반사율을 감소시킨다. 이로 말미암아 지구의 기온은 역시 상승하고 기후는 뜨겁고 습윤해져 초계절풍 상태가 예상되며 평균 기온이 현대보다 6도가 높았던 중생대 백악기의 기후대로 복귀하게 될 것이다.

③ 2억 5천만 년 후 : 지구의 대륙이 다시 합쳐져 새로운 초대륙이 형성된다. 대륙들이 전반적으로 남으로 이동함에 따라 유라시아와 북미 대륙의 대부분은 저위도 지방으로 남하하고 남극 대륙은 북상하여 극권에서 완전히 벗어나며 한반도는 적도권에 위치하게 된다. 북미 대륙은 더욱 남하하여 아프리카와 충돌하고 남미 대륙은 아프리카의 남쪽 끝을 둘러싸게 되어 남미의 파타고니아가 동남아시아와 맞닿게 된다. 이렇게 인도양을 중심으로 생성된 초대륙이 최후의 초대륙이라는 의미의 판게아 울티마(Pangea Ultima)다. 남극-호주 대륙은 계속 남하하게 되어 별개의 대륙으로 남게 되거나 혹은 판게아 울티마의 일부가 될 것이다. 인도-대서양은 축소되어 판게아 울티마에 둘러싸이게 되며 이후 소멸하고 태평양은 다시 최대한으로 확장되어 유일의 초대양인 초태평양으로써 초대륙과 병존하게 된다.

초대륙이 탄생하여 열대권 및 온대권에 이동 배치됨에 따라 만년설은 지속적으로 형성되거나 유지되지 않고 지구의 온난화가 매우 심해지게 된다. 각 대륙의 충돌 지점마다 산맥이 생성되어 해양풍이 진입하지 못함에 따라 산으로 에워싸인 초대륙의 내륙 거의 대부분이 황야와 대사막으로 변하여 극단적인 더위와 추위 및 극한의 가뭄이 발생한다. 그리고 초대륙의 분열 작용으로 인한 대화산 활동과 온실 효과로 기후가 극히 열악해져 고생대 말 2억 5천만 년 전 페름기의 시대처럼 지구 사상 최악의 대량 멸종이 재발할 수도 있다.

탐구 162~163쪽

[탐구] 자료 해석

1. 〈예시 답안〉 우리나라는 판의 내부에 속해 있다. 얼마전 일어난 동일본 대지진으로 판과 판의 움직임이 거세졌고, 안정된 판의 형태를 갖추기 위한 움직임으로 판 전체가 진동을 하여 우리나라에도 지진이 빈번하게 발생하는 것 같다.

2. 〈예시 답안〉 우리나라는 완벽한 지진 안전지대는 아니라고 생각한다. 이는 일본이나 지진이 빈번한 다른 나라와는 달리 상대적으로 안전하다는 것이지 완벽하게 안전한 지대는 아닌 것이다. 연도별 지진 발생 추이를 보더라도 규모는 작지만 매년 일정 횟수 이상의 지진이 발생하고 있으며, 피해를 입을 정도의 지진 또한 발생한 사실이 있다. 따라서 지진에 대한 대비가 필요할 것 같다.

해설 1. 지진 발생 빈도가 증가한 이유에 대하여 다양한 의견들이 나오고 있다. 다음은 전문가들이 주장하고 있는 지진 발생 빈도 증가에 대한 이유이다.

① 동일본 대지진 후 우리나라 동해안과 남해안 · 제주도 일원과 속리산 부근에서 지진이 증가했다. 당시 서해에서는 거의 발생하지 않다가 2년이 지난 지금에 와서 특정 지점에서 지진 발생 빈도가 증가하고 있다. 이 때문에 서해안 지진이 동일본 대지진의 영향을 받아 지금에 와서 활성화됐을 가능성이 높은 것으로 추정하고 있다. 서해안에서 유독 백령도 인근과 보령 해역에서 지진이 많이 발생한 이유는 가장 약한 부분이기 때문이다. 종이의 양쪽을 잡고 힘을 주었을 때 가장 약한 부분부터 찢어지는 것처럼 땅도 마찬가지다. 일시에 막대한 힘이 쌓이면 가장 약한 부분부터 찢어지는 것이다. 그래서 서해 전체에 힘이 쌓였다고 하더라도 전체가 다 부서지는 것이 아니라 가장 약한 부분을 따라서 힘이 방출된다. 또한 특정한 곳에서 일시적으로 지진이 많이 발생한다는 것은 그 지역에 막대한 힘이 쌓였음을 방증한다.

② 전문가들은 "서해 백령도 해역에 '활성 단층'이 존재할 가능성이 높다"고 지적한다. 한 전문가는 "규모 5 정도의 지진이 발생하면 인근에 무조건 활성 단층이 있다고 봐야 한다"고 말했다. 모 교수는 "인천 앞바다에서 빈발하는 지진은 주향(走向)이동 단층의 영향 때문"이라고 했다. 한편 또 다른 교수는 "한반도 지역에서 판의 경계가 모호해 의견이 분분한 가운데, 백령도 지역 지진은 이 경계에 대한 정보를 알려주는 단서"라고 말했다.

그에 따르면 과거 중생대 때 한반도는 남한과 북한 경계 인근 지역이 남중국판과 북중국판으로 나눠져 있었다가 세월이 흐르면서 이 두 판은 하나의 유라시아 판으로 합쳐졌다고 한다. 최근 이 판이 확장하는 움직임이 일어나면서 경계가 응력(외부 압력에 의해 받는 저항력)을 받아 지진이 발생하게 된다는 것이다.

③ 지난 2014년 4월 1일 서격렬비도에서 발생한 규모 5.1의 지진을 비롯한 해역 지진은 바다 밑의 지각에 단층이 존재하고 이곳에서 탄성 에너지에 의해 지각이 파열되어 일어나는 것으로 추정하고 있다. 서해에서 지진이 빈번하게 일어나는 원인을 밝히기 위한 연구가 있어 왔으나 아직 명확한 설명은 얻지 못하고 있다. 그 원인은 우리나라의 경우 유라시아 판의 내부에 위치하여 일본 등 판 경계 지역보다 지진 발생이 불규칙적인 점을 들 수 있다. 또한 해역의 단층면을 파악하기는 매우 어려우며 이를 위해서는 심부 탄성파 탐사 등 대형 연구가 필요하기 때문이다. 다만 그 원인으로 우리나라 인근 판과 판 사이의 충돌로 인해 전파되는 응력들이 복합적으로 작용하여 서해의 활성 단층에서 지진이 발생한 것으로 해석되며, 지난 2011년 3월 11일 동일본 대지진의 영향으로 한반도의 지각이 동쪽으로 이동하면서 그 영향이 작용했다는 주장도 있다.

2. 다음은 우리나라가 지진 안전 지대에 인지, 아닌지에 대한 전문가의 의견 중 일부이다.

우리나라는 1978년 이후 공식적으로 지진 관측을 시작한 이후로 규모 5 이상의 지진이 다섯 차례 발생했다. 또한 큰 지진을 겪어본 적이 없어 '지진 안전국가'라는 인식이 높아졌다. 하지만 이는 불과 30년이 조금 넘는 시간에 대한 기록이기 때문에 이를 가지고 긴 지질 시대에 걸쳐 발생한 지진을 판단하는 것은 무리다.
그리고 지진과 지진 사이의 시간적인 간격이 긴 점도 '지진 안전 지대'라는 인식을 갖게 하는데 영향을 준 것으로 보인다. 일본 열도는 판의 경계에 힘이 빨리 쌓이고, 태평양판과 필리핀판이 부딪치면서 1년 동안 쌓이는 힘의 양이 어마어마하다. 반면 그 힘이 한반도에 그대로 전달될 때는 일본의 100분의 1이 쌓이는 식이다. 느리게 쌓이다 보니 한 차례 지진이 발생하고 한참 후에 지진이 발생하는 것이다. 지진 간의 시간적인 간격이 길다고 해서 발생하는 지진의 최대 규모가 작다는 것은 결코 아니다. 단지 시간이 오래 걸릴 뿐이다.
아이티를 예로 들어보면, 300년 전쯤 규모 7.0의 지진이 발생해 많은 사람이 사망했다. 하지만 시간이 흐르면서 사람들은 지진을 잊어 버리고 허리케인을 걱정하며, 이를 대비하여 지붕을 무겁게 만들 던 중 대형 지진이 발생했고, 많은 사람들이 무거운 지붕에 깔려 피해를 당했다. 만약 시간 간격이 많이 지나서 큰 지진이 발생한다면 내진 설계가 미흡하고 고층 건물이 많은 우리나라에서는 아이티보다 더 큰 피해가 발생할 수 있다.

MEMO

창의력과학
세페이드